HyperWorks 进阶教程系列

Radioss

基础理论与工程高级应用

孙靖超　陆淑君　李健　陈正宇　刘家员　苏聚玥　编著

机械工业出版社
CHINA MACHINE PRESS

本书主要内容为 Radioss 求解器的理论基础、材料、单元属性、接触设置、连接设置，以及 Radioss 模型优化、Radioss 用户二次开发和 Radioss 领域应用等。汽车领域工具应用具体介绍了假人调姿、座椅机构调整、安全带建模、气囊折叠等功能；汽车碰撞工况仿真分析针对中汽研（C - NCAP）和中保研（CIRI）的汽车碰撞安全应用，讲解了建模规范、工况设置、分析结果后处理以及评价方法；电子与家电行业应用方面则详述了模型搭建、跌落仿真及多工况、准静态工况的应用案例。

本书可作为 HyperWorks 软件 Radioss 求解器的培训用书，也适合机械、汽车、航空航天、军工、重型装备、电子及家电等行业的科研和工程技术人员参考和学习。

图书在版编目（CIP）数据

Radioss 基础理论与工程高级应用/孙靖超等编著 . —北京：机械工业出版社，2021.8

（HyperWorks 进阶教程系列）

ISBN 978-7-111-68953-9

Ⅰ.①R… Ⅱ.①孙… Ⅲ.①有限元分析—应用软件—教材 Ⅳ.①O241.82-39

中国版本图书馆 CIP 数据核字（2021）第 169025 号

机械工业出版社（北京市百万庄大街22号 邮政编码100037）
策划编辑：张淑谦 责任编辑：张淑谦 赵小花
责任校对：徐红语
责任印制：郜 敏
三河市国英印务有限公司印刷
2021 年 9 月第 1 版第 1 次印刷
184mm×260mm · 17.5 印张 · 479 千字
0001—1900 册
标准书号：ISBN 978-7-111-68953-9
定价：119.00 元

电话服务　　　　　　　网络服务
客服电话：010-88361066　机 工 官 网：www.cmpbook.com
　　　　　010-88379833　机 工 官 博：weibo.com/cmp1952
　　　　　010-68326294　金 书 网：www.golden-book.com
封底无防伪标均为盗版　机工教育服务网：www.cmpedu.com

序 一

Radioss 曾被视为基于时间积分的显式碰撞仿真软件，但实际上其功能远不止于此，35 年的发展已经大大拓宽了该软件的应用领域。它的名称来自古希腊语，意思是轻松、容易，这正是显式积分法的特点以及用户使用 Radioss 所期待的方式。

汽车碰撞的有限元数值仿真是从隐式时间积分法开始的，该方法是 20 世纪 80 年代的标准方法，然而这种方法在模拟结构的后屈曲特性方面存在很大的困难。拥有更小时间步长的显式方法允许对这些非线性问题进行数值解析，但问题在于整车分析所需的计算时间过长。借助矢量超级计算机的强大性能，显式积分法已成为唯一能对车辆碰撞进行数值仿真的方法。众所周知，碰撞仿真能帮助测试工程师更好地准备测试并理解测试结果。到了 20 世纪 90 年代，碰撞仿真被证明对物理试验具有良好的预测性，因此对于具有 50000 个网格的模型设计改进很有帮助。如今，随着计算机计算性能的与日俱增（自 1990 年以来已增长 10000 倍以上），我们已经可以使用 200 万 ~ 400 万个单元进行建模仿真。

固体力学和流体力学中的守恒定律是相同的，本质区别在于其本构，应力是固体形变的函数，也是流体应变率的函数。随着任意欧拉 – 拉格朗日法的发展，Radioss 可以解决许多可压缩流体动力学和流固耦合问题。SPH（Smooth Particle Hydrodynamics，光滑粒子流体动力学）方法的引入解决了更多的流体问题，Radioss 能够通过结构 – 热耦合的方法，对冲压过程以及 3D 打印过程进行仿真。此外，Radioss 还引入了积分方程法，针对简化的水下爆炸问题进行计算仿真，从而在仿真过程中可以略去流体的建模，大大减小计算量。

Altair 在 2006 年收购了 Radioss，实现了强劲的功能充实。随着新功能的加入，Radioss 将会继往开来，不断提高其数值仿真精度和性能，例如越来越智能的接触算法、通过同类单元更易于与 CAD 相结合、引入无网格法或是引入新的本构方法。

Altair CTO　Radioss 原联合创始人

Francis Arnaudeau

序　二

从 20 世纪中期开始，有限元技术被用于提升汽车和航空航天领域产品的研发效率、舒适性和安全性，随后又广泛用于机械、家电、国防、重工、生物医疗等各个领域。如今，显式有限元算法在汽车领域的应用已经不局限于碰撞安全，而是更多地考虑到乘员安全及行人安全。未来，主动安全系统与被动安全系统的融合需求将会进一步促进生物力学模型、碰撞仿真模型的大量应用。此外，更精细、准确地反映人体生理结构，更加符合中国人体特征的生物力学模型也是未来的发展方向。新能源及智能驾驶汽车更加注重主动驾驶，乘员姿态变化多样，电池包系统安全性需要得到保障，导致显式求解计算量激增。这样一来，对显式求解器的计算精度稳定性、求解效率和相同平台下的多物理场耦合仿真提出了巨大的挑战。

Altair Radioss 是一款优秀的瞬态非线性求解器。使用 Radioss 隐式算法可实现很多连续工况问题，如金属冲压回弹、碰撞前加载预应力等。Radioss 显式求解算法也可以分析连续加载回弹问题。从生物力学模型仿真角度看，它可以解决生物力学假人复杂的姿态调整问题。除此之外，Radioss 求解器单元算法稳健，结合合理的材料数据可有效避免计算负体积现象，从而使得碰撞生物力学仿真效率大大提升。

从 2006 年 Altair 收购 MECALOG 公司开始，Radioss 求解器进入中国，并不断融合中国客户需求，提出新方法、新方案，Radioss 求解器在中国的应用场景也越来越多。本书主要作者之一孙靖超博士在显式非线性求解器算法以及生物力学等领域有着近 20 年的理论知识沉淀和行业应用经验，孙靖超博士与 Radioss 团队秉持着严谨细致的工作态度和以解决问题为目标的工作作风，致力于为客户排忧解难，并引领客户在各自的领域向前探索。这种专业精神给我们留下了深刻的印象。

本书凝聚了编者多年来根据客户需求及反馈所沉积下来的理论知识和众多典型行业应用案例，也融合了他们多年的工程经验和软件使用经验。希望本书的出版能让科研人员和工程人员更好地掌握瞬态非线性仿真技术，提高工作效率，共同促进相关行业应用水平的提升。

曹立波

湖南大学教授，博士生导师
中国汽车工程学会安全分会副主任委员
湖南大学汽车车身学科方向带头人

前　言

  Radioss 非线性求解器在 1986 年由法国 MECALOG 公司开发完成。2006 年，Altair 公司收购 MECALOG 公司之后，将 Radioss 集成到著名的 Altair 软件平台中。作为领先的有限元瞬态非线性分析求解器，Radioss 凭借其高精度、高可扩展性、高鲁棒性等特性，提供面向行业工程问题的全面解决方案，结合 Altair 公司强大的仿真、大数据、高性能、物联网软件平台，以及面向工程问题的技术支持能力，帮助用户提升产品品质、降低研发周期，实现产品在设计和验证阶段的数字孪生，为用户提供决策所需要的关键信息。

  Radioss 求解器经过 30 多年的不断迭代更新，在汽车、电子与家电、航空航天、军工、医疗等领域已处于领先地位，成为五星级模拟分析软件。解决方案、产品、技术支持和服务是 Altair 公司的核心竞争力。Altair 公司与用户共同成长，参与了航空航天、电子、船舶、轨道交通、重型机械、军工等行业众多型号和产品的研发，以及最后的实际应用，加强与各企业、科研院所、高校的仿真相关人员、领域专家交流，不仅为用户带来了价值，也对 Radioss 求解器乃至 Altair 软件平台的发展起到了巨大的促进作用。

  时光飞逝，距离上一版本 Radioss 图书的出版已经有近八年时间，Radioss 求解器已经为大众所熟知，求解器版本也随着 Atlair 软件平台更新到了 2021 版，并不断增加新功能。Altair 工程师根据用户反馈的真实需求，通过算法专家和软件专家的提炼与升华，开发出了这些简便、易用、强大的新功能。不仅如此，在过去的时间里，Altair 工程师结合整个 Altair 软件平台为用户打造了一个集物联网、仿真、大数据、高性能计算于一体，针对各个行业的、完整的解决方案。Altair 工程师和专家们也会帮助用户对其整个仿真流程的各个环节进行诊断和优化，从而达到将虚拟样机测试阶段提前到物理样机测试阶段之前的目的，这样一来，将为用户节省巨大成本，并提升产品研发交付的效率。

  本书编写团队包括孙靖超、陆淑君、李健、陈正宇、刘家园、苏聚玥。实习生邢鑫梅、吕若凡也参与了视频录制和文章校对工作。

  由于近些年 Altair 软件平台和 Radioss 求解器的改进非常迅速，再加上作者水平所限，书中不足之处在所难免，恳请各位读者提出宝贵建议。作者也希望与大家共同探讨技术问题，读者可发邮件至 info@ altair. com. cn 或者关注微信公众号 AltairChina 来与作者沟通交流。

孙靖超博士以及全体 Radioss 团队技术人员

目　　录

第1章

Radioss求解器介绍

Radioss 求解器凭借自身优秀的功能，在诸多领域有所应用。

1.1 求解器功能亮点

1）其集隐式与显式于一身的求解技术，具有高度非线性仿真能力，可支持固、气、液三相流固耦合及热力分析等多物理场仿真。

2）数学基础稳定，计算结果不受计算平台和 CPU 核数影响，结果一致性高。

3）提供多域求解（Multi-Domain）、高级质量缩放（AMS）、子模型（Sub Modeling）、混合并行求解（HMPP）等高加速比解决方案。

4）提供扩展有限元（XFEM）、高级复合材料模拟分析、有限体积法（FVM）、非线性优化（Radioss Optimization）等多种独特的模拟分析技术。

5）支持完整的材料本构模型库和材料失效模型，全面的碰撞假人模型、壁障、碰撞器和人体生物力学模型。

6）领先的复合材料成型、碰撞失效模拟分析技术。

7）集成于 Altair 软件平台，与 OptiStruct 隐式线性优化求解器、AcuSolver 流体求解器、MotionSolve 多体动力学求解器、MultiScale Designer 微观多尺度优化工具、Inspire Cast 铸造仿真工具、Inspire Form 工具等都具备丰富的接口，以实现数据传递进行耦合求解计算。

1.2 Altair 仿真平台以及全面的领域应用

（1）汽车领域

1）瞬态工况：整车安全性能、被动安全分析（约束系统、乘员与行人安全）、气囊折叠与展开等。

2）准静态工况：驾驶室安全分析，内饰、车门等部件的准静态强度分析。

3）其他：金属与复合材料零件成型过程，并导入到碰撞模型等。

（2）电子/家电/包装领域

1）瞬态工况：跌落、运输、泡沫/气柱包装吸能等。

2）准静态工况：按压、堆叠、踩踏等。

3）其他：吹塑-顶压-跌落整套分析等。

（3）其他领域

1）生物力学领域：植入体、介入体、康复医疗等。

2）军工船舶领域：冲击爆炸、高马赫数导弹侵彻、舰船相撞、海浪对水上舰船影响等。

1

3）能源开发领域：飞行物、地震对核电设施的安全影响，海上钻井平台受风浪影响等。

4）其他：降落伞、鸟撞、冰雹打击、坠撞、水上迫降、发动机包容性分析等。

1.3 Radioss 求解器格式

Radioss 求解模型文件为 ASCII 文本文件，可以通过文本编辑器进行编辑。通常，使用文本编辑器对模型进行修改并重新提交计算是最快速、便捷的方法，但也存在极大风险，如因格式不符合要求而导致模型在初始化过程中报错退出。这种情况下，也很难用软件进行检查。对 Radioss 求解器关键字还不熟悉，以及初学 Radioss 求解器的工程师，推荐使用 HyperWorks 新界面中的前处理软件进行模型检查。

注意：对于有经验的工程师，推荐在本地安装文本编辑软件。多数情况下求解模型大小会超过 50MB，推荐使用 64bit 编辑器进行编辑，以提高查找、编辑效率。NotePad＋＋、UltraEdit、TextPad、Vim 等几款软件是比较好的选择。

Radioss 模型文件（见图 1-1）以/BEGIN 关键字开始，以/END 关键字结束。当/END 关键字出现在主文件中间时，前处理工具通常不会继续读取后面的关键字，将导致模型部分信息丢失。如果/END 关键字出现在 Include 文件的结尾，则不会造成错误，只会在模型初始化过程中输出一条警告信息。

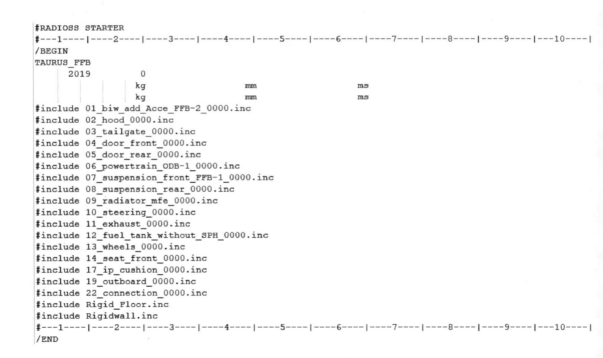

图 1-1 Radioss 模型文件

Radioss 模型文件内容每行 100 字符，每个参数根据其长度的不同占 10 或者 20 个字符。目前可使用 HyperCrash 前处理模块导出模型文件，所有关键字会按照清晰的格式重新排版（见图 1-2），这样更方便阅读。

```
#---1----|----2----|----3----|----4----|----5----|----6----|----7----|----8----|----9----|---10----|
/PART/2000001
BIW - upper wheel well - L - I
   2000001   4000240   8000002
#---1----|----2----|----3----|----4----|----5----|----6----|----7----|----8----|----9----|---10----|
/PROP/SHELL/2000001
SectShll_2000001
#   Ishell   Ismstr     Ish3n
       24        0         0
#            hm          hf          hr                dm                dn
              0           0           0                 0                 0
#   N    Istrain       Thick      Ashear            Ithick      Iplas
    5           0        1.28           0                 1          1
#---1----|----2----|----3----|----4----|----5----|----6----|----7----|----8----|----9----|---10----|
/MAT/PLAS_TAB/4000240
Steel 240 MPa
#     Init. dens.     Ref. dens.
         7.89E-9            0
#              E            Nu       Eps_p_max         Eps_t1            Eps_t2
          210000            .3              0               0                 0
#   Nfunc   Fsmooth        Chard            Fcut          Eps_f
       1         0              0               0              0
#   Ipfun         Fpscale
       0               0
# Funtions
    4000014
# Scale factors
       1
# Strain rates
       0
#---1----|----2----|----3----|----4----|----5----|----6----|----7----|----8----|----9----|---10----|
```

图 1-2　Radioss 模型 PART 关键字

1.4　Radioss 求解器的求解流程

　　Radioss 求解分析可分为两部分：starter 和 engine。通常，Radioss 仿真模型会分为 runname_0000. rad 和 runname_0001. rad 两个文件，这种形式为重新启动计算、多次加载等分析提供了便利。也允许用户将模型文件合并为 runname_0000. rad 一个文件。

1.4.1　starter 和 engine

　　Radioss starter 的输入文件为 runname_0000. rad，其中包含模型信息。运行该文件后，可以输出文件 runname_0000. out。Radioss 的 starter 负责检查模型一致性，并报告输出文件中的所有错误或警告。如果模型中没有错误，Radioss starter 将创建初始重启动文件 runname_0000. rst，它能为并行计算的每个 SPMD 的 MPI 域创建一个重启动文件。

　　Radioss 计算的第二部分称为 Radioss 的 engine 文件。Radioss 将其 engine 文件 runname_0001. rad 和 Radioss starter 创建的初始重启动文件作为输入进行计算，完成求解后将输出四类结果文件，分别是用于重启动分析的_0001. rst 文件、包含图形历程后处理信息的 A01-Ann 文件、包含时间历程后处理信息的 T01 文件和包含模型求解信息汇总信息（时间、时间步长、当前系统能量、能量误差和质量误差）的_0001. out 文件，如图 1-3 所示。

1.4.2　内存和磁盘要求

　　Radioss 的内存由 starter 自动分配，使用数量将在 starter 的输出文件中打印。

```
STARTER MEMORY USAGE        1486 MB
```

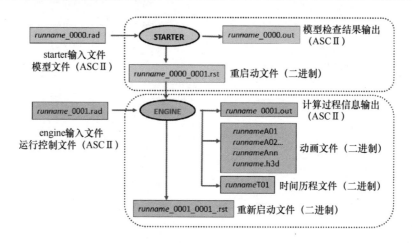

图 1-3   Radioss 模型求解过程及输入/输出文件纵览

接下来，starter 为每个 MPI 进程提供内存估计和重启动文件大小。

```
LOCAL ENGINE STORAGE EVALUATION FOR SPMD PROCESSOR    1
------------------------------------------------------
        MEMORY USED FOR REALS          80 MB
        MEMORY USED FOR INTEGERS       35 MB
        TOTAL MEMORY EVALUATION       115 MB
        RESTART FILE SIZE     60091KB
...
     LOCAL ENGINE STORAGE EVALUATION FOR SPMD PROCESSOR    18
------------------------------------------------------
        MEMORY USED FOR REALS          83 MB
        MEMORY USED FOR INTEGERS       38 MB
        TOTAL MEMORY EVALUATION       122 MB

        RESTART FILE SIZE    63349KB
```

在 Radioss 的 engine 运行完成后，engine 输出文件包含有关模拟使用的实际内存和磁盘空间的详细信息。

```
        * * MEMORY USAGE STATISTICS * *
TOTAL MEMORY USED.......................:    10284 MB
MAXIMUM MEMORY PER PROCESSOR...............:      605 MB
MINIMUM MEMORY PER PROCESSOR...............:      562 MB
AVERAGE MEMORY PER PROCESSOR...............:      571 MB


        * * DISK USAGE STATISTICS * *
TOTAL DISK SPACE USED.....................:    1421485 KB
ANIMATION/TH/OUTP SIZE....................:     200950 KB
RESTART FILE SIZE.........................:    1220535 KB
```

1.5 运行 Radioss

运行 Radioss 的方法很多，可以使用统一的求解器运行管理器（Altair Compute Console），通过提交脚本的命令行或前处理来提交计算。

1.5.1　使用 Altair Compute Console 提交 Radioss 计算

如图 1-4 所示，求解器运行管理器（Altair Compute Console 对话框）是运行 Radioss 计算的最简单方法。它包括用于选择输入文件、运行选项的交互式界面，并且具有运行 Radioss 预定义所需的所有环境变量。

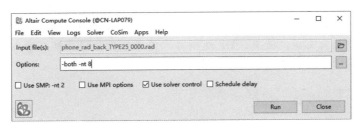

图 1-4　求解器运行管理器

根据输入的文件名，求解器运行管理器自动检测是否应运行 starter 或 engine。针对 Radioss 求解模型，也可以输入表 1-1 中的运行选项进行计算控制。当-both 命令缺失的时候，管理器会自动按照-both 方式提交。而当-nt 或者-np 提交核心数量命令缺失的时候，管理器只会调用两核进行计算。

表 1-1　求解器运行选项

选　项	参　数	描　述
-both	N/A	运行 starter 和 engine
-nt	线程数	每个 SPMD（Single Program Multiple Data，单程序多数据）MPI 域的 SMP 线程数 如：radioss　ROOT NAME_0000. rad -nt 2
-np	进程数	Radioss SPMD MPI 域进程数 如：radioss ROOT NAME_0000. rad -np 12
-mpi	i，pl，ms	指定用于多核处理器（SPMD）运行的 MPI 软件 ● i = Intel MPI（默认），使用 Radioss 时的推荐设置 ● pl = IBM Platform-MPI（以前是 HP-MPI） ● ms = Microsoft MPI 注意：命令-mpi 是可选项，当使用命令-np 时 Intel MPI 就默认使用了 指定用于并行计算（SPMD）运行的 MPI 软件
-mpipath	目录	指定 mpirun 所在的路径 HyperWorks 包括 MPI 软件，因此通常不需要 如：-mpipath ｛C：/Program Files/MPI｝
-dylib	文件	将名称设置为 Radioss 二次开发的用户子程序产生的动态库
-radopt	. radopt 文件	用于运行 RADOPT 的 Radioss 联合 Optistruct 的优化计算 注意：Radioss 的 starter 和 engine 文件需要和定义优化的 < name > . radopt 文件在同一目录下 更多信息见 Radioss 帮助文档中的 Design Optimization 章节
-sp	N/A	指定后可运行扩展单精度版本的 Radioss
-v		安装多个 Radioss 版本时可以指定一个版本运行，否则 HyperWorks 求解器运行管理器将运行最新的 Radioss 版本 如：radioss -v 14. 0. 220 ROOT NAME_0000. rad
-delay	秒数	延迟指定秒数开始 Radioss 运行

进入计算后将显示图 1-5 所示对话框，允许用户使用其中一个计算控制选项（INFO、STOP、KILL、ANIM、RFILE 和 CHKP）在计算过程中进行控制。

图 1-5　计算过程中的控制选项

注意：ANIM 和 H3D 选项可用于在当前或指定的时间或周期的创建额外的动画文件。想要查看模拟的状态时，这非常有用。使用 STOP 选项可以停止分析并创建重启动文件，该文件以后可用于继续执行解决方案。

1.5.2　使用脚本运行 Radioss

可以使用计算提交脚本从命令行启动 Radioss。当通过作业调度程序在高性能计算集群上运行 Radioss 时，应使用此脚本，因为许多环境变量已经定义、可以简化设置。求解器运行管理器中提供的所有选项都可以在这些脚本中使用。

在 Linux 上运行时，输入以下命令：

```
<install_dir>/altair/scripts/radioss "filename" -option
```

在 Windows 命令提示符下运行时，输入以下命令：

```
<install_dir> \ hwsolvers \ scripts \ radioss. bat "filename" -option
```

如需在 Windows 系统下批量提交作业，可以使用 Batch 命令提交以下内容：

```
@ echo on
CALL "C:\Program Files \Altair \2020 \hwsolvers \scripts \radioss.bat" RIVET_model_03_0000. rad -both -nt 4
CALL "C:\Program Files \Altair \2020 \hwsolvers \scripts \radioss.bat" RIVET_model_03_0000. rad -both -nt 4
```

1.5.3　从前处理中运行 Radioss

在 HyperMesh 传统界面或者 HyperWorks 新界面中创建 Radioss 有限元模型时，可以通过访问 Radioss 面板直接运行仿真，如图 1-6 和图 1-7 所示。

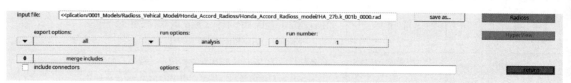

图 1-6　HyperMesh 中的 Radioss 求解器界面

图 1-7　HyperWorks 2021 中的 Radioss 求解器入口

1.6　Radioss 模型前处理

　　Altair 软件平台提供 Radioss 与多种前处理器软件的接口，如 HyperMesh 传统界面（见图 1-8）、HyperWorks 新界面（见图 1-9）、HyperCrash 及 SimLab 等。这些前处理器都可以非常方便地用于 Radioss 求解器的建模。

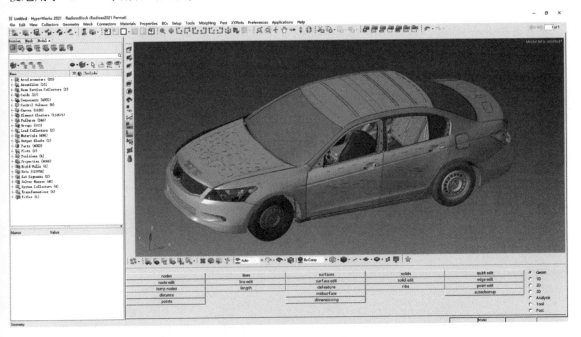

图 1-8　HyperMesh 传统界面

图 1-9　HyperWorks 新界面

HyperWorks 新界面将逐渐取代 HyperMesh 传统界面和 HyperCrash。不过，当用户安装 Altair 软件平台时这些工具还会被安装，以满足老客户的需要。HyperWorks 中有许多特定的工具可用于专门的 Radioss 碰撞和安全建模，如假人定位、座椅机构、预模拟座椅变形器、安全带布线、气囊折叠、行人碰撞和头部碰撞等。

1.7 Radioss 结果后处理

完成 Radioss 求解后可以使用图形工具来可视化和评估 Radioss 的结果。Altair 为此提供了一个专门的图形历程后处理器 HyperView，可以读取生成的 A00-Ann 文件或者 .h3d 文件，并能调用 HyperGraph 对生成的 T01 文件进行后处理。而随着 HyperWorks 新界面的不断升级，HyperWorks 将融合 HyperView 和 HyperGraph 的功能，如图 1-10 所示。这样一来，用户将面向统一的软件界面，从而降低学习成本。

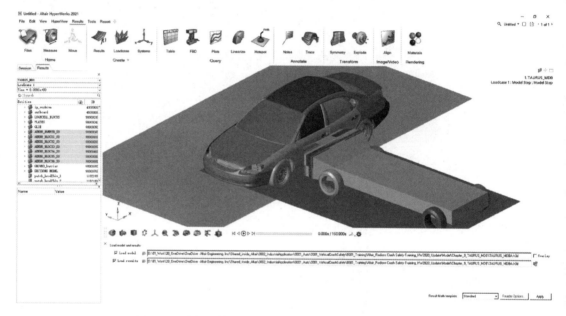

图 1-10　有限元结果在 HyperWorks 后处理界面中进行查看

HyperWorks 新版本允许在统一界面下对仿真结果进行后处理，动画、二维和三维绘图、视频和文本处理与求解器结果一起工作并生成报告，如图 1-11 所示。

图 1-11　HyperWorks 自动生成报告

第2章

显式求解和时间步长

2.1 非线性动力学基本理论

Radioss 用于非线性动力学问题的求解，本章首先介绍一下非线性有限元理论中涉及的平衡方程、质量矩阵和刚度矩阵。

1. 平衡方程

对于任意形状的物体，在力的作用下的运动满足力的平衡方程。

$$\underbrace{\int_{\Gamma} \tau_i \mathrm{d}\Gamma}_{\text{作用于表面的力}} + \underbrace{\int_{\Omega} \rho b_i \mathrm{d}\Omega}_{\text{体积力(如重力)}} = \underbrace{\int_{\Omega} \rho \frac{\partial v_i}{\partial t} \mathrm{d}\Omega}_{\text{物体运动的惯性力}} \tag{2-1}$$

式中，τ_i 是作用于物体表面积 Γ 上的力，比如接触力；b_i 是作用于物体上的加速度，此项用于描述体积力，如重力，如图 2-1 所示。

这样方程左边将作用于物体上的所有力都考虑到了，这些力会导致物体产生运动和形变。方程右边就是物体运动的惯性力。

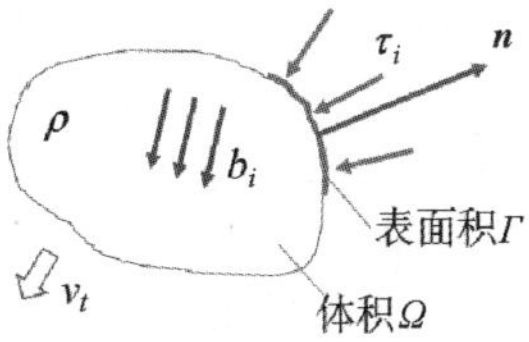

通过高斯定理可得

$$\tau_i = \boldsymbol{n}\sigma_{ij} \tag{2-2}$$

图 2-1 物理受力状况

即表面积力可以描述为体积力在以 $\boldsymbol{n}$ 为法向的表面上的投影，这样表面积力可以转换为体积力的表达方式：

$$\int_{\Gamma} \tau_i \underline{\mathrm{d}\Gamma} = \int_{\Gamma} \boldsymbol{n}\sigma_{ij}\mathrm{d}\Gamma = \int_{\Omega} \frac{\partial \sigma_{ij}}{\partial x_j} \underline{\mathrm{d}\Omega} \tag{2-3}$$

由于体积是任意的，所以用差分法可以将式（2-1）描述为

$$\frac{\partial \sigma_{ij}}{\partial x_j} + \rho b_i = \rho \frac{\partial v_i}{\partial t} = \rho \dot{v}_i \tag{2-4}$$

有限元模型用于求解一些局部空间的近似解，这种近似方法的第一步是用等价的弱形式代替平衡方程。使用适当的检验函数 (δv_i) 乘以微分方程并进行积分：

$$\int_{\Omega} \left[\delta v_i \left(\frac{\partial \sigma_{ji}}{\partial x_j} + \rho b_i - \rho \dot{v}_i \right) \right] \mathrm{d}\Omega = 0 \tag{2-5}$$

展开后为

$$\int_{\Omega} \left(\delta v_i \frac{\partial \sigma_{ji}}{\partial x_j} \right) \mathrm{d}\Omega + \int_{\Omega} \delta v_i \rho b_i \mathrm{d}\Omega - \int_{\Omega} \delta v_i \rho \dot{v}_i \mathrm{d}\Omega = 0 \tag{2-6}$$

式（2-6）第一项进一步展开为

$$\int_{\Omega}\left(\delta v_i\ \frac{\partial\sigma_{ji}}{\partial x_j}\right)\mathrm{d}\Omega = \underbrace{\int_{\Omega}\left(\frac{\partial((\delta v_i)\sigma_{ji})}{\partial x_j}\right)\mathrm{d}\Omega}_{(\text{高斯定理})=\int_{\Gamma_\sigma}[(\delta v_i)n_j\sigma_{ji}]\mathrm{d}\Gamma} - \int_{\Omega}\left(\frac{\partial(\delta v_i)}{\partial x_j}\sigma_{ji}\right)\mathrm{d}\Omega \tag{2-7}$$

所以式（2-5）可以表达为

$$\int_{\Omega}\left(\frac{\partial(\delta v_i)}{\partial x_j}\sigma_{ji}\right)\mathrm{d}\Omega - \int_{\Gamma_\sigma}[(\delta v_i)n_j\sigma_{ji}]\mathrm{d}\Gamma - \int_{\Omega}\delta v_i\rho b_i\mathrm{d}\Omega + \int_{\Omega}\delta v_i\rho\ \dot{v}_i\mathrm{d}\Omega = 0 \tag{2-8}$$

这就是通过平衡方程边界条件以及连续性得出的用于有限元的弱形式，也就是使用了虚功原理，从实际物理意义出发，式（2-8）描述的是虚功为虚内力功、虚外力功和虚惯性力功之和，即

$$\underbrace{\int_{\Omega}\left(\frac{\partial(\delta v_i)}{\partial x_j}\sigma_{ji}\right)\mathrm{d}\Omega}_{\text{虚内力功}\delta P^{\text{int}}} - \underbrace{\int_{\Gamma_\sigma}[(\delta v_i)n_j\sigma_{ji}]\mathrm{d}\Gamma - \int_{\Omega}\delta v_i\rho b_i\mathrm{d}\Omega}_{\text{边界虚外力功}}}_{\text{虚外力功}\delta P^{\text{ext}}} + \underbrace{\int_{\Omega}\delta v_i\rho\ \dot{v}_i\mathrm{d}\Omega}_{\text{虚惯性力功}\delta P^{\text{inert}}} = 0 \tag{2-9}$$

即

$$\delta P = \delta P^{\text{int}} - \delta P^{\text{ext}} + \delta P^{\text{inert}} \tag{2-10}$$

在有限元中使用形函数 $\boldsymbol{\Phi}$ 来进行近似计算。这里的检验函数也可以用形函数近似表达为

$$\delta v_i(X) = \Phi_I(X)\delta v_{iI} \tag{2-11}$$

对使用形函数的变量求导只需要对形函数求导即可，所以使用形函数的弱形式可以表达为

$$\delta v_{iI}\underbrace{\int_{\Omega}\frac{\partial\Phi_I}{\partial x_j}\sigma_{ji}\mathrm{d}\Omega}_{\text{内力}f_{iI}^{\text{int}}} - \delta v_{iI}\underbrace{\left(\int_{\Gamma_\sigma}\Phi_I n_j\sigma_{ji}\mathrm{d}\Gamma + \int_{\Omega}\Phi_I\rho b_i\mathrm{d}\Omega\right)}_{\text{外力}f_{iI}^{\text{ext}}} + \delta v_{iI}\underbrace{\int_{\Omega}\Phi_I\rho\ \dot{v}_i\mathrm{d}\Omega}_{\substack{\text{惯性力}f_{iI}^{\text{inert}}\\ \text{虚惯性力功}}} = 0 \tag{2-12}$$

即

$$f_{iI}^{\text{inert}} = f_{iI}^{\text{ext}} - f_{iI}^{\text{int}} \tag{2-13}$$

2. 质量矩阵 M

平衡方程式（2-12）中的惯性力是质量和加速度的乘积。在惯性力 f_{iI}^{inert} 中，加速度 $\dot{v}_i$（即位移 x_i 对于时间的二次导数 $\ddot{x}_i$）用形函数 $\boldsymbol{\Phi}$ 来描述，那么在 f_{iI}^{inert} 中除去加速度 $\dot{v}_i$ 的部分就是常说的质量矩阵 $\boldsymbol{M}$。

$$\dot{v}_i(X,t) = \Phi_I(X)\ \dot{v}_{iI}(t) \tag{2-14}$$

$$f_{iI}^{\text{inert}} = \int_{\Omega}\Phi_I\rho\ \dot{v}_i\mathrm{d}\Omega = \int_{\Omega}\rho\Phi_I\Phi_J\mathrm{d}\Omega\cdot\dot{v}_{iJ} = M_{ijIJ}\ \dot{v}_{jJ} \tag{2-15}$$

$$M_{ijIJ} = \int_{\Omega}\rho\Phi_I\Phi_J\mathrm{d}\Omega \tag{2-16}$$

$$\boldsymbol{M} = \int_{\Omega}\rho\ \boldsymbol{\Phi}^{\mathrm{T}}\boldsymbol{\Phi}\mathrm{d}\Omega \tag{2-17}$$

在数值计算中用积分点求和的方式近似计算函数 $f(\xi)$ 的积分。

$$\int f(\xi)\mathrm{d}\xi \approx \sum_{j=1}^{n}w_j f(\xi_j) \tag{2-18}$$

式中，w_j 是每个积分点的权重；n 是积分点个数。

所以式（2-17）中的质量矩阵 $\boldsymbol{M}$ 在数值计算中可以表达为

$$\boldsymbol{M} = \int_{\Omega}\rho\ \boldsymbol{\Phi}^{\mathrm{T}}\boldsymbol{\Phi}\mathrm{d}\Omega \approx \sum_{e}^{n}\rho\ \boldsymbol{\Phi}^{\mathrm{T}}\boldsymbol{\Phi} \tag{2-19}$$

3. 刚度矩阵 K

式（2-12）中的 σ_{ji} 用材料属性代替，即

$$\sigma_{ij} = C_{ijkl}\varepsilon_{kl} \tag{2-20}$$

式中，C_{ijkl} 是材料矩阵（张量）；ε_{kl} 是应变，可以用 $\dot{x}$（节点在前后两个时刻之间的相对位移，也可用 v 表示）。

那么内力 f_{il}^{int} 表示为

$$f_{il}^{\text{int}} = \int_{\Omega} \frac{\partial \Phi_I}{\partial x_j} \sigma_{ji} \mathrm{d}\Omega = \int_{\Omega} \frac{\partial \Phi_I}{\partial x_j} C_{ijkl}\varepsilon_{kl} \mathrm{d}\Omega = \int_{\Omega} \frac{\partial \Phi_I}{\partial x_j} C_{ijkl} \frac{\partial \Phi_I}{\partial x_j} v \mathrm{d}\Omega \tag{2-21}$$

用 $\boldsymbol{B}$ 矩阵表示形函数 $\boldsymbol{\Phi}$ 的偏导矩阵，则有

$$\boldsymbol{f}^{\text{int}} = \int_{\Omega} \boldsymbol{B}^{\mathrm{T}} \boldsymbol{C} \boldsymbol{B} v \mathrm{d}\Omega \tag{2-22}$$

$$\boldsymbol{K} = \int_{\Omega} \boldsymbol{B}^{\mathrm{T}} \boldsymbol{C} \boldsymbol{B} \mathrm{d}\Omega \approx \sum_{e}^{n} \boldsymbol{B}^{\mathrm{T}} \boldsymbol{C} \boldsymbol{B} \tag{2-23}$$

所以不考虑阻尼的情况下，平衡方程可以描述为

$$\boldsymbol{M}\ddot{x} + \boldsymbol{K}x = \boldsymbol{f}^{\text{ext}} \tag{2-24}$$

考虑阻尼的一般公式为

$$\boldsymbol{M}\ddot{x} + \boldsymbol{C}\dot{x} + \boldsymbol{K}x = \boldsymbol{f}^{\text{ext}} \tag{2-25}$$

2.2 有限元控制方程的积分算法

在 Radioss 中有 Explicit 和 Implicit 两种时间积分可供选择。

1. 显式积分法（Explicit）

对于 Explicit 和 Implicit 的区别可以通过下面这个简单的例子（不考虑阻尼）来讲解，如图 2-2 所示。

在 Explicit 求解方式中需要求解某一时刻 t_n 的动态平衡方程：

$$\boldsymbol{M}\ddot{x}_n + \boldsymbol{K}x_n = \boldsymbol{f}_n \tag{2-26}$$

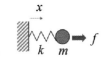

图 2-2 单质点弹簧运动

式中，$\boldsymbol{M}$ 是质量矩阵；$\boldsymbol{K}$ 是刚度矩阵；$\boldsymbol{f}_n$ 是外力矢量。

x_n 是某点在时刻 t_n 的位移，它对时间求导就是速度 $\dot{x}_n$，速度再对时间求导是加速度 $\ddot{x}_n$。在数值计算中可采用不同的方法来计算速度和加速度，比如中心差分法：

速度
$$\dot{x}_{n-1/2} = \frac{x_n - x_{n-1}}{\Delta t} \tag{2-27}$$

加速度
$$\ddot{x}_n = \frac{\dot{x}_{n+1/2} - \dot{x}_{n-1/2}}{\Delta t} \tag{2-28}$$

在时刻 t_n 已知的是位移 x_n 和速度 $\dot{x}_{n-1/2}$，需要求解的是下一时间步的位移 x_{n+1} 和速度 $\dot{x}_{n+1/2}$。为了求解这两个未知量可以用动态平衡方程先求出 $\dot{x}_{n+1/2}$，然后再用速度公式求出位移 x_{n+1}，以此类推可以求解出再下一时间步的位移和速度，如图 2-3 和图 2-4 所示。

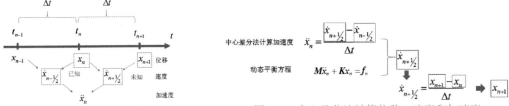

图 2-3 中心差分法计算中位移、速度和加速度的关系　图 2-4 中心差分法计算位移、速度和加速度

在 Explicit 中，未知位移 x_{n+1} 就可以表达为

$$\begin{cases} M\ddot{x}_n + Kx_n = f_n \\ M\dfrac{1}{\Delta t^2}(x_{n+1} - 2x_n + x_{n-1}) + Kx_n = f_n \\ x_{n+1} = \Delta t^2 M^{-1}\left(f_n - Kx_n - M\dfrac{1}{\Delta t^2}x_{n-1} + M\dfrac{2}{\Delta t^2}x_n\right) \end{cases} \tag{2-29}$$

式中，Δt^2 指 $(\Delta t)^2$，后面不再说明。

可以看到，式（2-29）中未知量 x_{n+1} 的求解只需要对质量矩阵求逆矩阵。由于质量矩阵都是对角矩阵，所以求其逆矩阵非常方便。Explicit 中所有的量（位移、加速度等）都可以用矢量表达，这就大大降低了对计算资源的消耗。

对于最初状态 $t = 0$，x 和 $\dot{x}_0$ 是已知的，开始计算时设定 $\dot{x}_{-1/2} = \dot{x}_0$。

2. 隐式积分法（Implicit）

使用 Implicit 时也需要求解某一时刻 t_{n+1} 的平衡方程，类似于 explicit。同样以单质点（不考虑阻尼）的弹簧为例，有平衡方程

$$M\ddot{x}_{n+1} + Kx_{n+1} = f_{n+1} \tag{2-30}$$

式中，位移 x_{n+1} 是未知的。

Newmark 方法中对于系统的平衡方程计算采用了泰勒展开法，这样在 t_{n+1} 时刻的位移和速度可以表达为

$$\dot{x}_{n+1} = \dot{x}_n + \frac{1}{2}\Delta t \cdot (\ddot{x}_n + \ddot{x}_{n+1}) \tag{2-31}$$

$$x_{n+1} = x_n + \Delta t \cdot \dot{x}_n + \frac{1}{4}\Delta t^2 \cdot (\ddot{x}_n + \ddot{x}_{n+1}) \tag{2-32}$$

即

$$\ddot{x}_{n+1} = \frac{4}{\Delta t^2}(x_{n+1} - x_n - \Delta t \cdot \dot{x}_n) - \ddot{x}_n \tag{2-33}$$

更多的内容可以参见 Radioss 帮助文档 Theory Manual 中的 DYNAMIC ANALYSIS 部分。

将式（2-33）代入平衡方程后得到

$$\left(M\frac{4}{\Delta t^2} + K\right)x_{n+1} = f_{n+1} + M\left[\ddot{x}_n + \frac{4}{\Delta t^2}(x_n + \Delta t \cdot \dot{x}_n)\right] \tag{2-34}$$

式（2-34）左侧显示质量矩阵和刚度矩阵对于未知量 x_{n+1} 有耦合，这样在解 x_{n+1} 时就需要对这个耦合矩阵求逆，所以这个计算过程是比较消耗计算资源的。

使用 Explicit 时，为了计算稳定通常时间步长会设置得比较小，所以 Explicit 更适合快速的非线性动态分析（如跌落、碰撞），而对于静态、很慢的动态分析等，则需要计算很长时间。对于后者，Implicit 就比较合适了，即使用很大的时间步长计算也很稳定，所以能更快地完成计算。但是，对于有些非线性的问题，Implicit 的收敛性会受限。综合来说，Explicit 和 Implicit 的优缺点见表 2-2。

表 2-1　Explicit 和 Implicit 的优缺点

显式积分法（Explicit）	隐式积分法（Implicit）
☹ 有条件的稳定 即要对时间步长有控制（$\Delta t < \Delta t_c$）	☺ 计算总是稳定的
☹ 时间步长较小	☺ 可以使用大的时间步长

（续）

显式积分法（Explicit）	隐式积分法（Implicit）
☺ 计算精度较高	☺ 计算精度较高
☺ 只需求出质量矩阵的对角矩阵	☹ 需要求质量矩阵和刚度矩阵耦合的非对角矩阵
☺ 占用计算内存低，计算资源相对消耗较少	☹ 占用计算内存高，计算资源相对消耗较少
☺ 可以分析动态和冲击工况	☺ 可以分析动态和静态工况
☺ 逐个单元进行计算，所以对于复杂的高度非线性问题计算起来更为稳健	☹ 计算时每一步都要全局求解，所以每一步都要考虑收敛。虽然隐式计算总是稳定的，但并不是一定能收敛（尤其是一些高度非线性的问题），所以相对显式计算来说就没有那么稳健了

根据 Explicit 和 Implicit 求解方式的特点，在实际工程问题中它们有各自的适用场合，如图 2-5 所示。

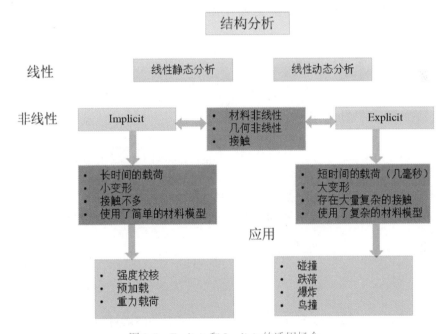

图 2-5　Explicit 和 Implicit 的适用场合

Radioss 对这两种方式中的内力计算使用了共同的子程序，这样显式和隐式之间就可以无缝切换而不会有不平衡的问题，从而可以用于同一个构件的多级分析。比如回弹分析中，先用 Explicit 分析板材的冲压成型（这个过程时间较短），冲压完成后，可以用 Implicit 来分析放置冲压构件时的板材回弹（这个过程时间较长）。再比如在碰撞前考虑重力对构件的影响时，首先用 Implicit 计算重力加载下的构件受力状态，然后用 Explicit 来分析碰撞。

3. Radioss 数值求解流程

Radioss 数值求解流程如图 2-6 所示。每个时间步长内有以下计算步骤。

1）将外力用于位移、速度、加速度的计算。

2）循环计算每个单元的内力和沙漏。在每个单元内有如下计算。

a）使用 Jacobian 矩阵建立真实系统和等参系统中的位移关系；

$$\left.\frac{\partial \boldsymbol{\Phi}}{\partial x_j}\right|_t = F_\xi^{-1} \left.\frac{\partial \boldsymbol{\Phi}}{\partial \xi}\right|_t$$

计算应变率（该运动方程用于平衡方程中）：

$$\dot{\varepsilon}_{ij} = \left(\frac{\partial \boldsymbol{\Phi}_I}{\partial x_j}\right)\dot{x} = \frac{1}{2}\left(\frac{\partial v_i}{\partial x_j} + \frac{\partial v_j}{\partial x_i}\right)$$

b）通过应变率和材料属性计算应力变化率：

$$\dot{\sigma}_{ij} = f(\dot{\varepsilon}, material-law)$$

使用显式积分的方法计算下一时间步长内的应力：

$$\sigma_{ij}(t+\Delta t) = \sigma_{ij}(t) + \dot{\sigma}_{ij}\Delta t$$

c）计算内力和沙漏。

用单元时间步长或节点时间步长计算下一个时间步长。

在计算完所有单元的内力后计算是否有接触力。

在计算了所有的力之后，就可以求得用于质量矩阵和内力、外力的加速度：

$$\dot{v}_i = M^{-1}(f_i^{ext} - f_i^{int})$$

最后用得到的值计算速度、位移。

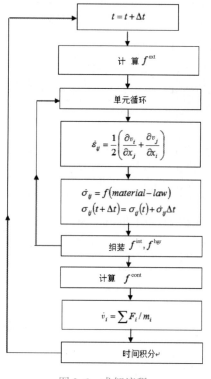

图 2-6　求解流程

2.3　时间步长

动态问题通常使用显式积分法计算，时间步长在显式分析中尤为重要，它既能影响计算精度又能影响计算效率。下面讲解稳定计算的临界时间步长的定义和如何在有限元模型中控制好时间步长。

2.3.1　临界时间步长

在前面讲到的显示和隐式积分法中，可以看到时间步长 Δt 在数值计算时是比较重要的变量，尤其对于显式积分法，需要时间步长尽量小，这样数值计算的结果就越精确。当然时间步长越小需要计算的时间越长，所以选择合适的时间步长以平衡计算精度和计算效率是至关重要的。

那么什么样的时间步长是合适的呢？首先为了稳定计算，数值计算选用的时间步长必须小于临界时间步长（$\Delta t \leqslant \Delta t_c$）。那这个临界时间步长又是多少呢？为使数值计算稳定，在显示积分法中（如对于一个不考虑阻尼的系统），这个临界时间步长应该与系统的特征频率有关。

$$\Delta t_c = \frac{2}{\omega_{max}} \tag{2-35}$$

这个公式是从系统平衡方程中得来的。以显式积分法所用的单质点无阻尼弹簧为例，平衡方程为

$$M\ddot{x}_n + Kx_n = f_n \tag{2-36}$$

推导可得

$$M \frac{1}{\Delta t^2}(x_{n+1} - 2x_n + x_{n-1}) + Kx_n = f_n \tag{2-37}$$

式（2-37）也可以转换成矩阵形式：

$$\begin{bmatrix} x_{n+1} \\ x_n \end{bmatrix} = A \begin{bmatrix} x_n \\ x_{n-1} \end{bmatrix} + L \tag{2-38}$$

式中，对于这个无阻尼弹簧振子的例子来说，A 矩阵即

$$A = \begin{bmatrix} 2 - \dfrac{K}{M}\Delta t^2 & -1 \\ 1 & 0 \end{bmatrix} \tag{2-39}$$

然后计算这个 A 矩阵的特征值可以得到

$$\lambda_{1,2} = \frac{1}{2}\left(2 - \frac{K}{M}\Delta t^2\right) \pm \sqrt{\left(\frac{1}{2}\left(2 - \frac{K}{M}\Delta t^2\right)\right)^2 - 1} \tag{2-40}$$

令 $A_1 = \dfrac{1}{2}\mathrm{tr}(A) = 1 - \dfrac{K}{2M}\Delta t^2$，$A_2 = \det(A) = 1$，那么特征值为 $\lambda_{1,2} = A_1 \pm \sqrt{A_1{}^2 - A_2}$。如果根号里面为负，那么特征值是虚数解；如果根号里面为零，则有两个相同解；如果根号里面为正，则有两个不同的实数解。当矩阵 A 的谱 $\rho(A) = \max(|\lambda_i(A_1, A_2)|) \leqslant 1$ 时就有稳定解，这样稳定解区域在双特征值的模为 1 时，也就是图 2-7 所示双曲线和斜线（边界线）的交点。

因此可以得到两组稳定性条件：$-\dfrac{(A_2+1)}{2} \leqslant A_1 \leqslant \dfrac{(A_2+1)}{2}$，$-1 \leqslant A_2 < 1$；$-1 < A_1 < 1$，$A_2 = 1$。在这个单质点的例子中，$A_2 = 1$，所以需要 $-1 < A_1 < 1$，即

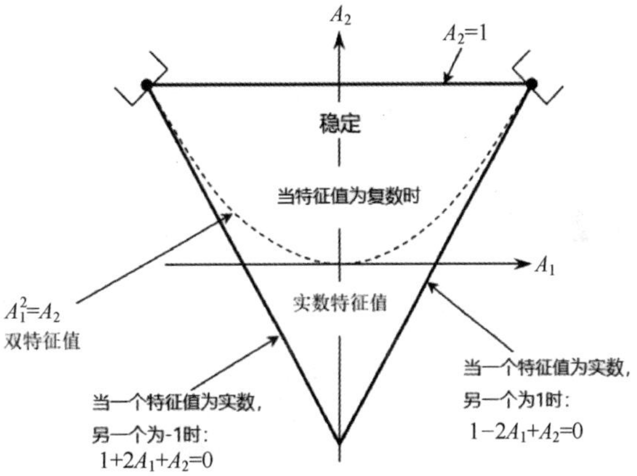

$$-1 < 1 - \frac{K}{2M}\Delta t^2 < 1 \tag{2-41}$$

图 2-7 中标注：
- A_2（纵轴）
- $A_2 = 1$
- 稳定
- 当特征值为复数时
- 实数特征值
- A_1（横轴）
- $A_1^2 = A_2$ 双特征值
- 当一个特征值为实数，另一个为-1时：$1 + 2A_1 + A_2 = 0$
- 当一个特征值为实数，另一个为1时：$1 - 2A_1 + A_2 = 0$

图 2-7　稳定解区域

对于简单的单质点弹簧振子，它的固有频率是 $\omega = \sqrt{\dfrac{K}{M}}$，将 ω 代入式（2-41）可推导出

$$\Delta t \leqslant 2\sqrt{\frac{M}{K}} = \frac{2}{\omega} \tag{2-42}$$

在 Radioss 中使用所有单元的最小时间步长，以便满足所有单元稳定计算的要求，即

$$\Delta t \leqslant \frac{2}{\omega_{\max}} \tag{2-43}$$

式中，$\dfrac{2}{\omega_{\max}}$ 称为系统的临界时间步长，即 Δt_c。

稳定计算的临界时间步长既可以使用固有频率描述，也可以使用质量和刚度来描述，在许多参考文献中也用 $\Delta t_c = \dfrac{l}{c}$ 来描述，这些不同的描述方法实际上是等价的。比如以一个一维线弹性的连续介质（如杆单元 TRUSS）为例，如图 2-8a 所示。

通过下面的推导可以将 $\Delta t_c = \dfrac{2}{\omega_{\max}}$ 转换为 $\Delta t_c = \dfrac{l}{c}$ 的形式。

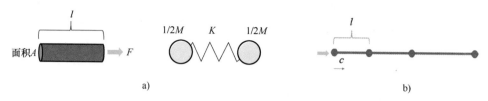

图 2-8　一维结构

a) 一维杆单元示例　b) 应力波在一维结构中传播

$$F = \sigma A; \ \sigma = E\varepsilon; \ \varepsilon = \frac{\Delta l}{l} \Rightarrow F = \frac{EA}{l}\Delta l, \ 即 \ K = \frac{EA}{l}$$

$$M = \rho V; \ V = Al \Rightarrow M = \rho Al$$

这个质量均分在构成单元的节点上，每一个节点上的质量为 $M = \frac{\rho Al}{2}$。那么

$$\Delta t_c = \frac{2}{\omega_{\max}} = \frac{\sqrt{2} \cdot \sqrt{2}}{\sqrt{\frac{2K}{M}}} = \sqrt{\frac{2M}{K}} = \sqrt{\frac{2\frac{\rho Al}{2}}{\frac{EA}{l}}} = \frac{l}{\sqrt{\frac{\rho}{E}}} = \frac{l}{c} \tag{2-44}$$

$$c = \sqrt{\frac{\rho}{E}} \tag{2-45}$$

注意，在这个例子中系统的固有频率是 $\omega_{\max} = \sqrt{\frac{2K}{M}}$。如图 2-8b 所示，$c$ 是应力波扩散的速度，也可称为声音在固体中传播的速度：

$$c = \sqrt{\frac{\sigma}{\rho_0 \varepsilon}} = \sqrt{\frac{E}{\rho_0}} \tag{2-46}$$

所以在这个例子里临界时间步长也可以描述为 $\Delta t_c = \sqrt{\frac{2M}{K}}$ 或者 $\Delta t_c = \frac{l}{c}$。

这几种临界时间步长的表达方式存在一定的区别。$\Delta t_c = \sqrt{\frac{2M}{K}}$ 是描述离散点的时间步长，所以用于 Radioss 中的节点时间步长控制，如/DT/NODA，而 $\Delta t_c = \frac{l}{c}$ 是描述连续介质的时间步长，所以用于 Radioss 中的单元时间步长控制，如/DT/BRICK、/DT/SHELL、/DT/AIRBAG、/DT/AMS等。当然对于复杂模型，如果有接触定义，那么 K 就需要包含接触刚度，可以使用/DT/INTER 进行时间步长的控制。类似的还有/DT/THERM、/DT/GLOB 等不同的时间步长的控制。

$$K = K_{接触} + K_{单元} \tag{2-47}$$

由于需要设置合适的接触刚度，所以材料属性中就需要填写符合实际的密度、刚度。另外，超弹性材料一般被认为是不可压缩的，但是数值计算中不能直接设置泊松比 $\nu = 0.5$，这会引起时间步长趋向无穷小而导致计算效率极低。比如实体单元的刚度为 $K = \frac{E}{3(1 - 2\nu)}$，当 $\nu = 0.5$ 时 K 将无穷大，进而导致时间步长无穷小。所以对于不可压缩材料不建议取 $\nu = 0.5$，而是取 $\nu \leqslant 0.495$，这样既能很好地描述材料的不可压缩性又可以进行高效的计算。

2.3.2 时间步长控制

Radioss 中每一步（cycle）使用的时间步长都是程序内部计算的。为了保持数值计算的稳定性和防止发散，Radioss 会将计算出的理论临界时间步长乘以时间步长比例因子 ΔT_{sca}。计算出的理论临界时间步长可以在 Radioss 的 starter 输出文件中打印出来：

```
SOLID ELEMENTS TIME STEP

-----------------------

     TIME STEP       ELEMENT NUMBER
2.6322377948203E-04     11021
```

如果在 engine 中使用默认的时间步长控制，比如使用以下设置：

```
/DT
0.90
```

那么在 engine 计算中的最小时间步长为

$$0.9 \times 2.6322377948203E-04 = 0.2369E-03 \tag{2-48}$$

那么在 engine 计算中的第一个循环中就可得到以下结果：

```
CYCLE    TIME      TIME-STEP    ELEMENT
0        0.000     0.2369E-03   SOLID
```

除了选用上面的自由时间步长（即 Δt_{min} 设置为0），还可以通过一些方法来调整和控制时间步长。

一些复杂的结构网格中存在为数不多的尺寸非常小的单元，那么时间步长就会被这些单元所控制，计算效率大大降低，这时推荐使用时间步长控制的方法来解决，比如使用 CST（传统的质量缩放技术）来控制，它的形式如下：

/DT/DONA/CST	/DT/BRICK/CST	/DT/SHELL/CST
$\Delta T_{sca}\ \Delta t_{min}$	$\Delta T_{sca}\ \Delta t_{min}$	$\Delta T_{sca}\ \Delta t_{min}$

使用这种方法时，如果最小时间步长小于定义的最小时间步长，即 $\Delta T_{sca} \times \min(\Delta t_{mesh}) \leqslant \Delta T_{min}$，那么时间步长控制就开始起作用。

举例如下。

在 starter 中的最小时间步长显示如下：

```
NODAL TIME STEP (estimation)

--------------

TIME STEP       NODE NUMBER
6.9475433E-07     10009
```

而在 engine 中定义的时间步长如下：

```
/DT/NODA/CST
0.9 7.0E-07
```

那么 engine 中初始的时间步长为

$$0.9 \times 6.9475433E-07 = 0.6253E-06 \tag{2-49}$$

当初始的时间步长小于 ΔT_{min}（7.0E-7）时，Radioss 就会通过增加微小的质量来提高临界时间步长（即 $\Delta t_c \nearrow = \sqrt{\dfrac{2M \nearrow}{K}}$）。

增加的质量使得 $\Delta T_{sca} \times \min(\Delta t_{mesh}) \leqslant \Delta T_{min}$，也就是节点的临界时间步长为

$$\min(\Delta t_{mesh}) = \frac{\Delta T_{min}}{\Delta T_{sca}} = \frac{7.0E-07}{0.9} = 0.7778E-06 \tag{2-50}$$

此时 engine 中打印的时间步长依然是 7E-07，但是在 MAS. ERR 中会显示质量的增量。

CYCLE	TIME	TIME-STEP	ELEMENT···		MAS. ERR
0	0.000	0.7000E-06	NODE	10009	0.2887E-01
1	0.7000E-06	0.7000E-06	NODE	10009	0.2887E-01
2	0.1400E-06	0.7000E-06	NODE	10009	0.2887E-01

注意，当时间步长比例因子 ΔT_{sca} 设置为 0.67 而不是 0.9 时，就需要增加更多的质量才能满足最小的稳定计算时间步长是 7E-07，此时的节点稳定计算时间步长为

$$\min(\Delta t_{mesh}) = \frac{\Delta T_{min}}{\Delta T_{sca}} = \frac{7.0E-07}{0.67} = 1.0448E-06$$

(2-51)

另外，时间步长控制中的比例因子 ΔT_{sca} 取值在 0~1 之间。这个参数在 Radioss 中默认是 0.9。某些分析中甚至推荐用户设置更小的值（比如 0.66）。那么什么情况下需要这样的设置呢？这其实也是和材料属性有关的。

图 2-9 中的 I 图所示应力应变曲线为常见的钢的材料曲线图，在材料进入塑性阶段后，有效弹性模量比最初的弹性阶段的有效弹性模量小，

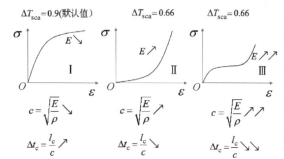

图 2-9   不同材料变形过程对时间步长的影响

而且这个硬化阶段的有效弹性模量随着应变的增加是逐渐变小的，因此临界时间步长是随着变形的增加而变大的，此时一般不需要用比例因子减小时间步长来满足计算过程中每个时刻的稳定计算，使用默认的 0.9 就完全可以满足要求；图 II 中显示的有效弹性模量是逐渐增大的；图 III 中有效弹性模量在某一区域后急剧增大（比如泡沫橡胶等材料），此时临界时间步长随着构件变形的增大而变小，因此需要通过比例因子来进一步调小 Radioss 计算中使用的时间步长，以保证在整个过程中的计算稳定性。

那么究竟如何设置一个合适的时间步长比例因子呢？首先需要保证不能让增加的虚拟质量太大，一般控制在 1% 以内对整个模型计算精度的影响可以忽略，这样既保证了计算精度又提高了计算效率；其次不能无限制地让 Radioss 增加质量，也就是不能在 CST 中设定太大的最小时间步长而导致增加太多的虚拟质量，从而增加太多的动能，毕竟在非线性动态数值分析中需要保证质量守恒、能量守恒和动量守恒，否则数值计算的结果正确性会受影响；此外，当计算出现"负体积"报错时也有可能是因为设置的强制时间步长太大。更多关于时间步长的信息请参见 Radioss 理论手册（Radioss Theory Manual）。通常对时间步长比例因子除了默认为 0.9 外，还有如下建议。

1）使用 AMS 技术时在 /DT/AMS 中建议设置为 $\Delta T_{sca} = 0.67$。

2）对于泡沫材料，则 $\Delta T_{sca} = 0.66$。

3）模型如果只有一个单元，则 $\Delta T_{sca} = 0.1$。

4）模型如果只有两个单元，则 $\Delta T_{sca} = 0.2$。

5）模型如果多于三个单元，则 $\Delta T_{sca} = 0.9$。

6）时间步长比例因子一定不能大于 1.0。

Radioss 中控制时间步长的卡片除了 CST，还有 STOP、DEL 等，即一旦当前的时间步长小于用户给定的最小时间步长计算就终止（STOP），或单元就删除（DEL）。另外，局部增加的质量可以通过在 engine 中使用/ANIM/MASS 卡片在 HyperView 中以云图形式展现。

2.3.3　单元特征长度

单元类型选择和单元网格大小对时间步长是有影响的。那么对于不同的单元，Radioss 中特征长度 l_c 的选取也是不同的，同时不同单元类型临界时间步长的计算方法也是不同的，见表2-2。

表 2-2　不同单元类型特征长度和临界时间步长的计算方法

单元类型	临界时间步长	音速 c 特征长度 l_c	描　述
杆	$\Delta t_c = \dfrac{l_c}{c}$	$c = \sqrt{\dfrac{E}{\rho}}$ $l_c = l$	──── l
弹簧	$\Delta t_c = \dfrac{\sqrt{KM + C^2} - C}{M}$		C WWWW K
梁	$\Delta t_c = \dfrac{l_c}{c}$	$c = \sqrt{\dfrac{E}{\rho}}$ $l_c = \alpha l$ $\alpha = 0.5\sqrt{\min\left(4,\ 1 + \dfrac{B}{12},\ \dfrac{B}{3}\right)}$ $B = \dfrac{Al}{\max(I_y,\ I_x)}$	面积 A l
		$c = \sqrt{\dfrac{E}{(1+v^2)\rho}} \approx \sqrt{\dfrac{E}{\rho}}$ $l_c = 0.707l$	$l_c = 0.707\,l$
		$c = \sqrt{\dfrac{E}{(1+v^2)\rho}} \approx \sqrt{\dfrac{E}{\rho}}$ $l_c = 0.866l$	$l_c = 0.866\,l$
		$c = \sqrt{\dfrac{E}{(1+v^2)\rho}} \approx \sqrt{\dfrac{E}{\rho}}$ $l_c = \dfrac{A}{D}$ A：单元面积 D：单元的最大对角线	D $l_c = A/D$
实体	$\Delta t_c = \dfrac{l_c}{c\,(\alpha + \sqrt{\alpha^2 + 1})}$,　$\alpha = \dfrac{2v}{\rho c l}$	$c = \sqrt{\dfrac{K + 4G/3}{\rho}}$ $l_c = \dfrac{V}{A}$ V：单元体积 A：单元的最大一面的面积 在四面体中取最小高度	
接触	$\Delta t_c = \sqrt{\dfrac{2M}{K_{\text{interface}} + K_{\text{element}}}}$ $\Delta t_c = 0.5\dfrac{Gap - p}{\mathrm{d}p/\mathrm{d}t}$ p 是接触穿刺，而 $\mathrm{d}p/\mathrm{d}t$ 是穿刺速度		如果模型中有接触，那么这两种时间步长都会计算，并取最小的那个时间步长

2.4　质量缩放

前面提到对于非线性问题，时间步长必须足够小以保证求解稳定，为了既满足计算稳定又满足最小时间步长，Radioss 通常会通过增加系统质量来解决，这也就是传统的质量缩放技术。但是为了保持能量守恒，也不能增加太多质量，也就是不能将时间步长增大太多。Radioss 从 9.0 版本开始提供了新的质量缩放技术，即 AMS（Advanced Mass Scaling）技术，它在显式求解中能使用较大的时间步长进而大大节省计算时间。它和传统的质量缩放技术基本类似，但其增加的质量不会增加系统的平动能量。这种技术的原理是，首先在系统上增加质量 Λ（artificial mass），这样新的质量为

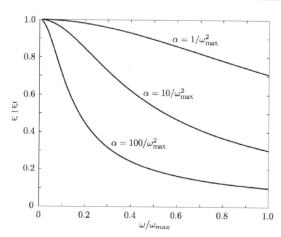

$$\overline{M} = M + \Lambda \tag{2-52}$$

图 2-10　一维弹簧单元示例

式（2-52）中，假设增加的质量为 $\Lambda = \alpha K$（见图 2-10），以简单的单质点为例进行计算，得到表 2-3 中的固有频率。

表 2-3　使用和不使用 AMS 时计算固有频率的差别

不使用 AMS	$\det(K - \omega^2 M) = 0$ $\det\left(\begin{bmatrix} k & -k \\ -k & k \end{bmatrix} - \omega\begin{bmatrix} 1/2m & 0 \\ 0 & 1/2m \end{bmatrix}\right) = 0$ $\omega = \sqrt{\dfrac{k}{(1/2)m}}$
使用 AMS	$\det(K - \overline{\omega}^2 \overline{M}) = 0$ $\det\left(\begin{bmatrix} k & -k \\ -k & k \end{bmatrix} - \overline{\omega}\begin{bmatrix} 1/2m + \alpha k & 0 \\ 0 & 1/2m + \alpha k \end{bmatrix}\right) = 0$ $\overline{\omega} = \dfrac{\omega^2}{1 + \alpha\omega^2}$

从图 2-11、表 2-3 可以看出，使用 AMS 技术会改变系统或模型中的高频部分（降低频率），而不会对系统中的低频部分产生太大的影响。在显式积分中，模型高频区域（如 Radioss 中的 ω_{max}）对于整体能量的贡献不大，却实际上控制着模型的时间步长。就临界时间步长来看，如果使用 AMS 技术，那么降低整个模型的 ω_{max} 时，临界时间步长会变大 $\left(\Delta t_c \nearrow = \dfrac{2}{\omega_{max} \searrow}\right)$。这样就可以保证计算质量的同时也能提高计算的速度。

系统的整体质量（lumped mass）矩阵 M 是一个对角矩阵，AMS 技术在这个 M 矩阵

图 2-11　AMS 对于系统低频区域、高频区域的影响

上每行增加一个质量 Λ 以后，系统整体质量矩阵就变成一个非对角矩阵 $\overline{M}$，非对角矩阵在计算时要比原来的对角矩阵 M 消耗更多的计算资源。但是 Radioss 使用了一种在单元中布置质量 Λ 的特殊方法：一方面在质量矩阵的非对角项上补偿这些增加的质量，使得系统总的质量不变；另一方

面使得整个非对角矩阵变成一个严格对角占优的矩阵。以一个典型的四节点单元为例，如图2-12所示。

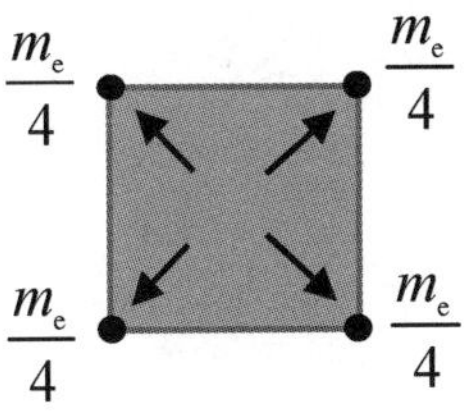

质量矩阵为

$$m = \frac{m_\mathrm{e}}{4}\begin{bmatrix} 1 & 0 & 0 & 0 \\ 0 & 1 & 0 & 0 \\ 0 & 0 & 1 & 0 \\ 0 & 0 & 0 & 1 \end{bmatrix} \qquad (2\text{-}53)$$

图2-12　四节点壳单元
质量分布示例

使用 AMS 技术后的质量矩阵上增加的质量 Λ 为

$$\Lambda = \frac{m_\mathrm{e}}{3 \times 4}\begin{bmatrix} 1+1+1 & -1 & -1 & -1 \\ -1 & 3 & -1 & -1 \\ -1 & -1 & 3 & -1 \\ -1 & -1 & -1 & 3 \end{bmatrix} \qquad (2\text{-}54)$$

这样式（2-54）中显示实际增加的质量增量为零，所以总质量保持不变，计算精度得以保证。在每一个时间步中，当求解节点的加速度满足 $\overline{M}\ddot{u} = F$ 时，Radioss 可以用共轭梯度法来迭代求解。

$$\| F - \overline{M}\ddot{u} \| \leqslant Tol\_AMS \cdot \| F \| \qquad (2\text{-}55)$$

式中，Tol_AMS 是/DT/AMS 卡片中的参数，通常默认值为 10^{-3}。

那么在求解系统质量矩阵（非对角矩阵）的过程中到底需要消耗多少计算资源呢？这与实际模型有关。有些高度非线性的问题可能消耗将近 50% 的计算资源。虽然在每一时间步计算时计算资源消耗是上升的，但是由于可以使用大的时间步长，所以使得计算加速了。比如在 AMS 技术中采用比/DT/NODA/CST 中大 10 倍的时间步长计算，那么总的计算时间会降低 3 倍左右。在用 AMS 技术时，为了既能求解收敛（由于是非对角矩阵所以会有收敛问题）又能得到精确的结果，通常建议使用比传统的质量缩放大 10 ~ 20 倍的时间步长。对于制造仿真中经常涉及的一些准静态问题，甚至可以使用比传统质量缩放大 50 倍的时间步长。另外在使用 AMS 技术时，不管时间步长多大，为了稳定计算，Courant 条件（Radioss 理论手册 4.1.8 节）还是要遵从的，即时间步长必须小于系统的临界时间步长。

那么如何使用 AMS 技术呢？用户需要在 Radioss 模型的 starter 文件中使用卡片/AMS，而且必须设置这个卡片，定义 AMS 技术用于整个模型还是模型中的一部分，然后在模型的 engine 文件中使用/DT/AMS 就可以了。更多关于 AMS 的信息，如 AMS 与其他卡片的兼容性、使用 AMS 时建议的模型检查要点以及实例，请参见 Radioss 用户使用手册（User's Guide）中的 Advanced Mass Scaling（AMS）Guidelines 章节。

参考文献：

[1] OLOVSSON L, SIMONSSON K, UNOSSON M. Selective Mass Scaling for Explicit Finite Element Analyses. [J]. International Journal for Numerical Methods in Engineering, 2005, 63（10）：1436-1445.

第3章

材　料

材料模型的正确选择和材料参数的正确定义对于仿真计算的精度是非常重要的。本章除了介绍 Radioss 中不同的材料模型和失效模型外，还将介绍一些常见的试验方法和试验数据处理方法。

3.1　Radioss 材料数据的准备

材料模型一般用数学的方法描述材料的力学性能，为了描述材料的力学性能，通常需要做一些试验。金属的单轴拉伸试验是比较常见的材料试验，下面通过简单讲解这个试验来了解仿真需要的材料数据。

单轴拉伸试验是最常见的材料试验，这里以一个金属材料的拉伸试验来介绍弹性模量、屈服点、应力应变曲线、最大应变值等力学属性。单轴拉伸通常可以根据各类标准（国标，ISO 等）切割相应的试片在万能机上测量力和位移，如图 3-1 所示。

图 3-2 所示就是典型的金属拉伸力和位移的曲线（有些测试机器可以直接输出应力应变曲线）。在这个曲线上可以读出以下关键信息。

图 3-1　单轴拉伸试验

a）测试机器（AG，Darmstadt）　b）测量适配器（来自 Zwick）

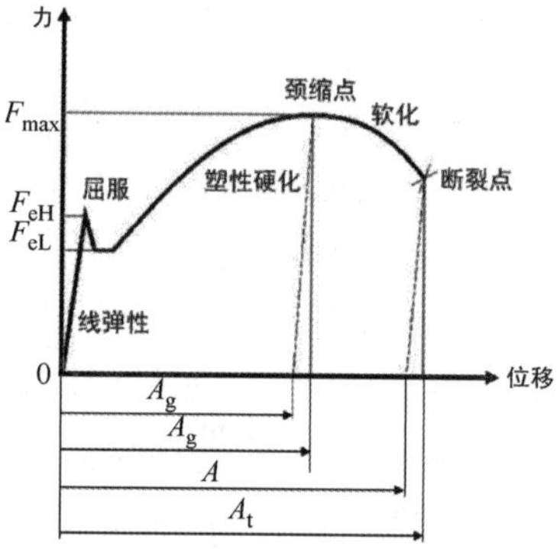

图 3-2　单轴拉伸力和位移曲线示例

- 弹性模量：最初的线弹性部分的斜率就是材料的弹性模量 E。在 Radioss 中这是需要输入的基本材料参数。
- 屈服点：屈服点是指具有屈服现象的材料，在拉伸过程中第一次出现力下降的点，通常作为弹性和塑性的分界点。屈服点对应的应力称为屈服应力 σ_y，这个屈服应力会在 Radioss 中的许多材料模型中用到，如 LAW2 中的参数 a、LAW78 中的参数 Y、LAW66 中的参数 σ_{y0}。某些材料在这个拉伸试验中首先会有明显的力的下降，接着有一个平缓阶段，然后再开始进入塑性强化（见图 3-2），这时将下降前的最大应力称为屈服上限 R_{eH}，下降的最小屈服应力称为屈服下限 R_{eL}。通常可以（保守地）取 R_{eL} 作为 σ_y。还有一些材料在这个拉伸试验中不能明显地看到上面的屈服平台，那么可以取塑性应力的 0.1% 或 0.2% 作为材料的屈服应力。

- 颈缩点：材料在过了屈服点后进入塑性硬化阶段，即随着塑性应变的增大，相应的应力也变大。但是到一定的阶段以后材料出现颈缩现象，这时材料的工程应力反而降低。塑性强化的应力最高点称为颈缩点，也就是通常所说的材料最大强度值。过了这个颈缩点后材料进入不稳定阶段，即软化和最终断裂。

- 断裂点：材料最后开裂失效的点。

材料塑性硬化通常来说是非线性的，为了描述这个非线性的应力应变曲线，可以通过一些特殊的材料模型来描述，在仿真中通常需要输入相应材料模型的材料参数。也可以在仿真中直接输入应力应变曲线。大多数的仿真要求输入的是真实应力和真实塑性应变曲线，Radioss 中许多金属材料模型也是这样要求的，那么从测试得到的力和位移数据如何转换为真实应力和真实塑性应变呢？这里以图 3-3 为例进行介绍。

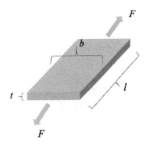

图 3-3　单轴拉伸示例

在单轴拉伸试验中以恒定的力 F 来拉伸试块，并且测量到了试块在拉伸过程中的长度变化 Δl，进一步得到工程应力 σ_e 和工程应变 ε_e。

$$\sigma_e = \frac{F}{S_0} \tag{3-1}$$

$$\varepsilon_e = \frac{\Delta l}{l_0} \tag{3-2}$$

式中，S_0 是试块初始状态时的横截面积，$S_0 = b \cdot t$；l_0 是试块初始状态时的长度，也就是单轴拉伸试验中标尺测量的距离。

将得到的这些试验数据绘制为工程应力应变（$\sigma_e - \varepsilon_e$）的曲线。而真实应力、真实应变则通过以下公式得到：

$$\varepsilon_{tr} = \ln(1 + \varepsilon_e) \tag{3-3}$$

$$\sigma_t = \sigma_e \cdot \exp(\varepsilon_{tr}) \tag{3-4}$$

由于仿真中需要的是真实塑性应变，所以需要去除弹性部分：

$$\varepsilon_{tr}^p = \varepsilon_{tr} - \sigma_{tr}/E \tag{3-5}$$

式中，$\sigma_{tr} = \dfrac{F}{S}$，$S$ 是当前时刻的试块横截面积。

这样 $\varepsilon_{tr}^p = 0$ 对应的应力就是屈服应力 σ_y。如图 3-4 所示，圆点标注的是工程应力应变（$\sigma_e - \varepsilon_e$）曲线，方形标注的是真实应力应变（$\sigma_{tr} - \varepsilon_{tr}$）曲线，三角形标注的是真实应力和真实塑性应变曲线。注意，通常在 Radioss 材料卡片中输入的材料曲线需要去除颈缩以后的部分，即材料软化阶段（可以在专门的材料失效卡片中描写）。过了颈缩点以后，材料开始颈缩，横截面积变小，所以每一时刻的真实应力会变大而不是变小。在试验中很难得到颈缩后每一时刻试件的真实横截面积。

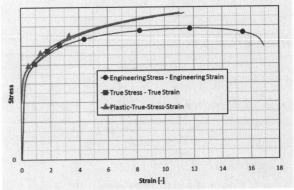

图 3-4　不同材料曲线（工程应力应变、真实应力应变、真实应力 vs 真实塑性应变）示例

颈缩之后到断裂之前的材料应力应变关系也不能通过式（3-1）~式（3-4）转换得到，但是不能去除不使用，毕竟对于很多延性材料来说不是一达到强度值就立即断裂的。该部分通常需要通过材料模型拟合延伸，对于金属材料，通常建议延伸到塑性应变为 1，这样足够用于仿真计算（实际上只要延伸到断裂点以后即可）。

在 Radioss 中延伸颈缩点后的材料曲线有以下方式和模型可供选择。

1）常数：设定一个最大屈服应力，当材料承受的应力超过这个用户给定的最大屈服应力后，Radioss 将应力处理为保持这个最大应力不变（水平直线延伸）。比如 Radioss 中的 LAW2、LAW22、LAW23、LAW27 等都需要用户给定参数 σ_{max0}，就是用户设定的最大屈服应力。当材料还要考虑应变率时，通过参数 ICC 来控制是对任何应变率取同一个最大屈服应力（ICC = 2）还是根据应变率做相应的增加（ICC = 1）。

2）线性外推法：即以一个固定的斜率做线性外插来延伸真实应力和真实塑性应变曲线。在 Radioss 中，如果输入材料曲线到颈缩点结束，那么实际上 Radioss 会自动以最后两点的斜率线性外推。通常 Radioss 中要求用户输入的曲线是单调递增的，而如果金属材料曲线递减也是与实际物理情况不符的。这样在输入不同应变率下的材料曲线时，自动线性外插的曲线不会出现在某个塑性应变下。若高应变率的曲线反而低于低应变率的曲线，这也是与实际物理情况不符的，通常材料高应变率下是有强化作用的。

3）用 Voce 模型外推：也称为饱和外推法，即应力随应变的增加而逐渐趋向一个定值，如图 3-5 所示。

$$\sigma_y = k_0 + Q\left[1 - \exp(-B\,\bar{\varepsilon}_p)\right] \tag{3-6}$$

式中，参数 k_0、Q、B 是大于 0 的参数，取负值与实际物理情况不符。

4）用 Swift 模型的外推法：也是一种不定初值的外推法。是用了幂硬化的模型，即塑性硬化以幂形式增加。

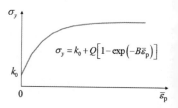

图 3-5　Voce 模型外推曲线示例

$$\sigma_y = A\left(\bar{\varepsilon}_p + \varepsilon_0\right)^n \tag{3-7}$$

式中，ε_0 是 Swift 硬化参数，通常取材料的屈服应变；A 和 n 也是大于 0 的参数。

5）各种组合模型（如 Swift 和 Voce 模型的组合）：就是用比例因子 α 来调节 Swift 和 Voce 这两个模型的影响。

$$\sigma_y = \alpha\left[A\left(\bar{\varepsilon}_p + \varepsilon_0\right)^n\right] + (1 - \alpha)\left\{k_0 + Q\left[1 - \exp(-B\,\bar{\varepsilon}_p)\right]\right\} \tag{3-8}$$

图 3-6 中，三角形标注的塑性硬化曲线就是 Swift 和 Voce 模型的组合。它介于 Swift 和 Voce 模型的塑性硬化曲线之间。在 Radioss 中，LAW84、LAW87、LAW104 就是使用这个组合建立模型的。

在 Radioss V14.0 版本之后，LAW2 材料模型在选用 Iflag = 1 时，还可以直接输入工程应力应变数据。在 UTS 中用颈缩应力，ε_{UTS} 中用颈缩点的应变，这样 Johnson-Cook 材料参数拟合结果会在 starter 输出文件中打印。除此以外在 Altair 材料库（Material Data Center）中也会提供相应的 Compose 脚本工具来拟合材料曲线。

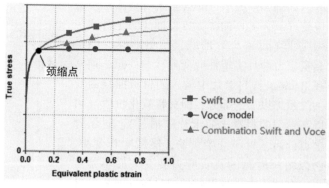

图 3-6　使用不同材料模型延长应力应变曲线

3.2　金属材料模型

Radioss 中的材料模型按照工程应用来说有金属、塑料橡胶、复合材料、爆破材料、岩石等；按照材料模型的属性来说有各向同性、各向异性、弹性、超弹性、弹塑性、黏弹性、延性失效、脆性失效等。具体分类信息可以参见 Radioss 工具书（Radioss Manual）中的材料章节和理论手册（Radioss Theory Manual）。这里按照工程应用来分别解释 Radioss 中的材料模型。先来介绍金属材料类涉及的力学概念。

- 硬化（各向同性硬化、运动硬化）。
- 应变率。
- 温度影响。
- 金属回弹中的可变弹性模量。

Radioss 中的金属材料主要集中在材料模型库里面的 Elasto-Plastic 类中。比如 2、22、23、27、32、36、43、44、48、49、52、53、57、60、64、66、71、72、73、74、78、79、80、84、87 等 LAW 材料模型可以描述金属。它们用于车身金属面板、薄钢板、铝材、记忆合金等。这些材料模型有不同的特性（各向同性硬化、小变形、与应变率相关、延性和脆性失效等）和适应性。这些信息可以在 Radioss 工具书 Reference Guide 材料汇总表中找到。选择合适的材料模型对于提高仿真精度是非常重要的。

Radioss 中的材料模型和失效模型是分开的，它们有超过 300 多种组合。如何在这么多的材料模型中选用合适的模型呢？如果只是知道材料是金属而没有其他信息，或者作为初学者不太清楚各个模型的区别，则推荐最常用的材料模型 LAW2 和 LAW36。使用这两个模型需要一些材料数据，这些数据可以通过一些材料试验得到，也可以向供货商或从公开文献上得到，或在 Altair 材料库（Material Data Center）中找到，如图 3-7 所示。越是详实的材料数据越能提高仿真结果的精确性。

图 3-7　Altair 材料库

使用 LAW2 和 LAW36 首先需要材料应力应变曲线。对于拉伸试验数据的具体处理方法请参见视频示例。材料的真实应力和真实塑性应变曲线在 LAW2 中通过 Johnson-Cook 模型描述，因此需要输入 Johnson-Cook 参数 a、b、n，当然在 LAW2 中除了可以使用传统的参数输入方法，也可以使用另一种更加直观的方法，即输入屈服值（σ_y）、材料强度值（UTS）、颈缩位置的工程应变值（ε_{UTS}），Radioss 将自动拟合 Johnson-Cook 的 a、b、n 参数，并且拟合的这些参数还可以在 starter 输出文件中打印出来，如图 3-8 ~ 图 3-10 所示。

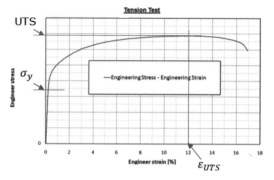

Excel 试验
数据处理

图 3-8　工程应力应变曲线中的屈服值、强度值

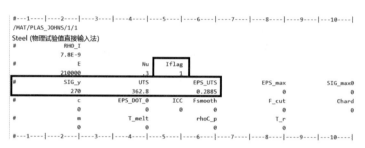

图 3-9　LAW2 卡片输入

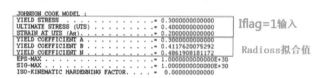

Excel 试验
数据处理

Compose 试验
数据处理

图 3-10　starter 输出文件打印 LAW2 卡片的读取信息和拟合信息

LAW36 则是通过直接输入真实应力真实塑性应变曲线来实现的。从试验中得到的工程应力应变曲线如果出现震荡，首先要过滤曲线，LAW36 卡片需要输入光滑曲线，然后转成真实应力应变曲线，去除弹性部分和颈缩点后的部分，转换成真实应力真实塑性应变曲线，还需要使用材料模型（Johnson-Cook、swift-voce 等模型）延长曲线（比如延伸到应变为 1），否则 Radioss 只能按照输入曲线中最后两点的斜率线性外插，如图 3-11 所示。

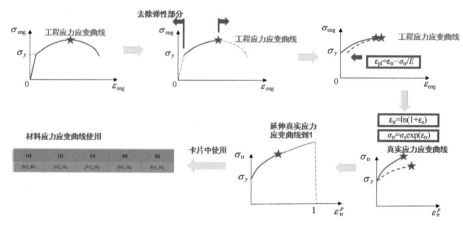

过滤曲线

图 3-11　试验数据常见处理流程

3.2.1 应变率效应

Radioss 的 Explicit 求解器用于求解碰撞、跌落等动态载荷下的仿真，金属材料在高速加载时会出现强化，即一定应变下应力随着应变率的增加而增加，这是应变率效应。在 Radioss 中许多材料模型都可以考虑材料应变率效应。

1. 直接输入多条不同应变率的应力应变曲线

在 Radioss 中，如 36、43、57、60、65、66 等 LAW 模型可以直接输入不同应变率下的应力应变曲线。输入多条应力应变曲线时需要注意，高应变率应力应变曲线始终在低应变率曲线上面，并且数据是单独递增的，否则高应变率曲线上的应力在 Radioss 线性外推时会比低应变率曲线上的应力还要低（见图 3-12），这种情况是不符合实际的，应该避免。

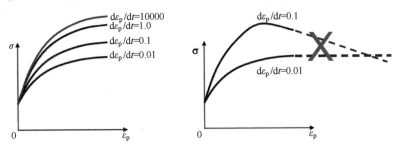

图 3-12 不同应变率的应力应变曲线示例

2. 用材料模型

应变率效应可以通过 Johnson-Cook 模型描述，即使用 Johnson-Cook 模型中的参数 c、$\dot{\varepsilon}_0$ 来描述。Radioss 中的 LAW 材料模型 2、22、23、27、44、79 等都是用 Johnson-Cook 模型来描述应变率的。

$$\sigma_y = (a + b\varepsilon_p^n)\underbrace{\left(1 + c\ln\frac{\dot{\varepsilon}}{\dot{\varepsilon}_0}\right)}_{\text{考虑应变率部分}} \tag{3-9}$$

式中，$1 + c\ln\dfrac{\dot{\varepsilon}}{\dot{\varepsilon}_0}$ 是 Johnson-Cook 模型中考虑应变率的部分。

当 $\dot{\varepsilon} = \dot{\varepsilon}_0$ 时，$\ln\dfrac{\dot{\varepsilon}}{\dot{\varepsilon}_0} = 0$，所以这部分为 1，即没有考虑应变率；当 $\dot{\varepsilon} < \dot{\varepsilon}_0$ 时，这个对数可能出现负值，所以在 Radioss 中规定此时即认为没有考虑应变率。那么参数 c 怎么得到呢？首先需要几条（至少三条）不同速率下拉伸的试验数据。取最小速率（或准静态）为参考速率，然后用 Altair Compose 或者 Excel 等拟合参数 c，使式（3-9）很好地再现这些不同速率的应力应变曲线。

应变率曲线处理

应变率效应还可以使用 Cowper Symonds 模型，如 Radioss 中的 44、52、66、80 LAW 材料模型中就有这个应变率模型。

$$\sigma_y = (a + b\varepsilon_p^n)\underbrace{\left(1 + \left(\frac{\dot{\varepsilon}}{c}\right)^{1/p}\right)}_{\text{考虑应变率的部分}} \tag{3-10}$$

式中，$1 + \left(\dfrac{\dot{\varepsilon}}{c}\right)^{1/p}$ 就是考虑应变率的部分，即用幂指数应变率来缩放应力，参数 c 和 p 也可以通过类似上面的方法用试验数据拟合得到。

在 Radioss 中，可以通过参数 ICC 来考虑应变率对最大应力 $\sigma_{\max}$ 的影响。这个参数通常用于描述应变率（如上面讲到的 Johnson-Cook 模型、Cowper Symonds 模型），如果用户直接输入了不同的应力应变曲线，那么最大应力已经在曲线中表达了，就不再需要 ICC 参数了。

当 ICC = 1 时，就是考虑应变率对最大应力的影响，即最大应力也随着应变率的变大而变大（见图 3-13）。如在 Johnson-Cook 模型中最大应力为

$$\sigma_{\max} = \sigma_{\max 0} \cdot \left(1 + c\ln\frac{\dot{\varepsilon}}{\dot{\varepsilon}_0}\right)$$

在 Cowper Symonds 模型中最大应力为

$$\sigma_{\max} = \sigma_{\max 0} \cdot \left(1 + \left(\frac{\dot{\varepsilon}}{c}\right)^{1/p}\right)_\circ$$

当 ICC = 2 时，就是不考虑应变率对最大应力的影响，即最大应力始终是 $\sigma_{\max} = \sigma_{\max 0}$，不随着应变率的增大而增大。但是应力在到达材料最大应力前仍然会随着应变率的变化而变化。图 3-14 所示虚线即为高于参考应变率下的有应变率效应的应力应变曲线。

$$\sigma_y = (a + b\varepsilon_p^n)\left(1 + c\ln\frac{\dot{\varepsilon}}{\dot{\varepsilon}_0}\right) \tag{3-11}$$

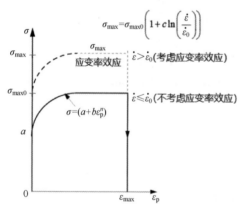

图 3-13　Johnson-Cook 模型中用 ICC = 1

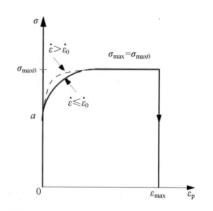

图 3-14　Johnson-Cook 模型中用 ICC = 2

3.2.2　温度影响

金属材料在不同温度下表现的应力应变曲线是不一样的，一般来说温度升高则材料变软（强度变小）、延性更好，反之会变硬变脆。Radioss 中的 LAW2、LAW84 采用 Johnson-Cook 模型来考虑材料的温度影响。

$$\sigma_y = (a + b\varepsilon_p^n)\left(1 + c\ln\frac{\dot{\varepsilon}}{\dot{\varepsilon}_0}\right)\underbrace{\left(1 - \left(\frac{T - T_r}{T_{melt} - T_r}\right)^m\right)}_{\text{考虑温度影响}} \tag{3-12}$$

式（3-12）中，$1 - \left(\dfrac{T - T_r}{T_{melt} - T_r}\right)^m$ 就是考虑了温度对材料屈服应力的软化作用。T_{melt} 是材料融

化时的温度，T_r 是室温（默认为298K）。当材料温度达到融化温度，即 $T = T_{melt}$ 时，$\dfrac{T - T_r}{T_{melt} - T_r} = 1$，材料的屈服应力为0；当材料处于室温，即 $T = T_r$ 时，$\dfrac{T - T_r}{T_{melt} - T_r} = 0$，那么没有温度变化，所以也没有材料软化。再来看参数 m，从式（3-12）可以得出，通过不同的 m 值用幂函数来描述材料由于升温而引起的软化，比如当 $m = 1$ 时材料随着温度的升高而线性软化，当 $m = 0$ 时没有任何由温度引起的材料软化，如图3-15所示。

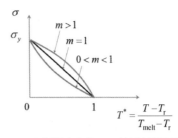

图 3-15　温度影响参数 m 对材料屈服的影响

每个时刻的温度 T 在 Radioss 中使用下面的公式计算。

$$T = T_i + \frac{E_{int}}{\rho C_p (Volume)} \tag{3-13}$$

这种计算方法在 LAW63、LAW64、LAW73 和 LAW74 等都有应用。式（3-13）中，T_i 是材料初始温度，E_{int} 是内能（比如材料变形引起的内能），$\rho C_p (Volume)$ 是材料单位体积下的热容，所以 $\dfrac{E_{int}}{\rho C_p (Volume)}$ 这部分就是计算由于材料变形而引起的物体温度上升。

3.2.3　可变弹性模量

金属回弹是在冲压成型时比较常见的现象。一般在模拟金属回弹时设定金属材料的弹性模量 E 不变，但是如果在一些高强度钢（如 AHSS）的回弹中使用不变的弹性模量就不能很精确地预测金属回弹，而且对于这些金属，在很多试验和研究中发现弹性模量也不是常数而是根据塑性变形而变化的，（见图3-16），所以需要在回弹分析（尤其是卸载）时考虑在不同塑性应变下有不同的弹性模量来更精准地模拟这些材料的回弹，Radioss 中的 LAW43、LAW57、LAW60、LAW74 和 LAW78 就有这个功能。

在 Radioss 中可以通过两种方式来描述这种现象，一个就是直接输入曲线的方式，即在 fct_IDE 中输入关于弹性模量比例因子和有效塑性应变的曲线，Radioss 会根据卡片中输入的弹性模量 E 和这个比例因子的曲线得到弹性模量和有效塑性应变的关系，如图3-17所示。

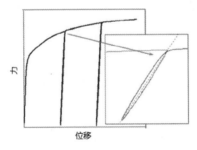

图 3-16　金属材料在回弹中呈现
出的不同的弹性模量

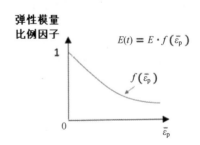

图 3-17　弹性模量比例因子和有效塑性
应变的曲线示例

还有一种是输入参数的方式，即输入 E_{inf} 和 C_E。这时需要设 fct_IDE $= 0$，那么 Radioss 就会计算弹性模量和有效塑性应变的关系，如图3-18所示。

$$E(t) = E - (E - E_{inf}(1 - \exp(-C_E \cdot \overline{\varepsilon}_p))) \tag{3-14}$$

图 3-17 和图 3-18 所示曲线可以通过拉伸试验中反复的拉伸卸载，观察每个塑性变形下卸载时的弹性模量来得到，如图 3-19 所示。

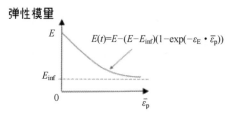

弹性模量

$E(t)=E-(E-E_{\mathrm{inf}})(1-\exp(-\varepsilon_{\mathrm{E}}\cdot\bar{\varepsilon}_{\mathrm{p}}))$

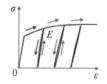

图 3-18　参数描述弹性模量与有效塑性应变的关系　　　图 3-19　循环载荷试验中应力应变曲线示例

3.2.4　硬化

如果金属是在循环载荷作用下，那么还需要考虑材料硬化方式。材料的硬化是指材料经过屈服后再继续受力时，其内部组织结构继续发生变化，这导致材料的抗变形能力提高了。在理想塑性变形中，应力在塑性阶段是不会变化的（一直为屈服应力），而材料实际表现出来的应力是增大的，这种现象就称为材料应力硬化。图 3-20 所示中方形标注表示硬化的曲线，也称为强化曲线。材料的应力硬化在 Radioss 中有各向同性硬化（isotropic hardening）和运动硬化（kinematic hardening）这两种。

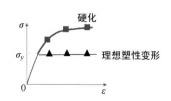

图 3-20　材料塑性硬化示例

1. 各向同性硬化（参数 Chard = 0：用各向同性硬化模型）

以图 3-21 所示的循环拉伸试验为例，各向同性硬化就是一个拉伸试块经过屈服点 σ_y 一直到 $\sigma_{1\mathrm{p}}$，然后完全放松，试块回弹一部分（弹性应变部分），并有永久的塑性应变 ε_1。之后又进行第二次拉伸，那么此时这个试块一直要到 $\sigma_{1\mathrm{p}}$ 才开始进入屈服，也就是此时材料的屈服应力提高了。继续拉伸至 $\sigma_{2\mathrm{p}}$ 后再次完全放松，同样此时试块的屈服应力提高到了 $\sigma_{2\mathrm{p}}$。

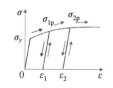

图 3-21　分段多次加载示例

再如图 3-22 所示，拉伸一个试块经过屈服点 σ_y 一直到 $\sigma_{1\mathrm{p}}$，然后压缩试块，那么试块的压缩屈服点为 $\sigma_{3\mathrm{p}}$，拉和压的屈服相同，即 $|\sigma_{1\mathrm{p}}| = |\sigma_{3\mathrm{p}}|$。继续压缩试块直至 $\sigma_{4\mathrm{p}}$，然后反向拉伸试块，由于拉和压的屈服相同，即 $|\sigma_{5\mathrm{p}}| = |\sigma_{4\mathrm{p}}|$，此时材料的拉伸屈服值高于原来的 $\sigma_{1\mathrm{p}}$，也就是说此时试块的屈服应力从 $\sigma_{1\mathrm{p}}$ 提高到了 $\sigma_{5\mathrm{p}}$。

材料各个方向（拉方向、压方向）的屈服都是一样的。图 3-23 中用主应力平面来看各向同性硬化，可以更加明显地看出屈服面类似于初始屈服面，是以一样的形状并且是以同一个中心膨胀的。

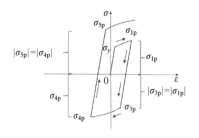

图 3-22　各向同性硬化在应力应变图中的示例

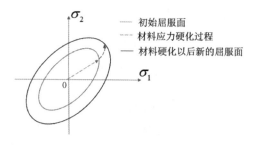

图 3-23　各向同性硬化在应力平面图中的示例

2. 运动硬化（参数 Chard = 1：用运动 Prager-Ziegler 硬化模型）

运动 Prager-Ziegler 硬化模型也可以称为线性 Ziegler 硬化模型。Prager 模型也称为线性硬化模型，1959 年，Ziegler 在这个硬化模型基础上改进而得到了线性 Ziegler 硬化模型。有些材料试块在循环加载的情况下，会出现包辛格（Bauschinger）效应（在金属单晶体材料中不出现包辛格效应，多晶体材料晶界间的残余应力引起包辛格效应），即金属试块由受拉而引起的塑性应变强化会导致随后的受压而出现屈服应力下降的现象。如图 3-24 所示，拉伸一个试块经过屈服点 σ_y 一直到 σ_{1p}，然后压缩试块，那么试块的压缩屈服点为 σ_{3p}，不同于各向同性硬化，这里有 $|\sigma_{3p}| < |\sigma_{1p}|$，并且 $|\sigma_{3p}| + |\sigma_{1p}| = 2\sigma_y$；继续压缩试块直至 σ_{4p}，然后反向拉伸试块，一直到 σ_{5p} 材料才再次进入拉伸屈服，这时材料的拉伸屈服仍然满足 $\sigma_y = \dfrac{|\sigma_{3p}| + |\sigma_{1p}|}{2}$，以此循环加载后发现屈服面是形状不变且移动的。

如果也从主应力平面来看运动硬化，比如在 σ_1 方向，拉应力变大导致了屈服压应力变小，但是拉压屈服之和不变（总是 $2\sigma_y$）。在 σ_2 方向也是同样情况。如图 3-25 所示，可以看出在运动硬化中拉和压两个方向表现出了不同的材料属性。

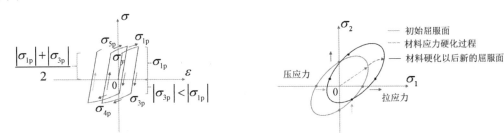

图 3-24　运动硬化在应力应变图中的示例　　　　图 3-25　运动硬化在应力平面图中的示例

参数 Chard 在 Radioss 中是一个可以在 0 ~ 1 之间取值的参数，用于描述材料硬化规律更接近各向同性硬化还是运动硬化。这个参数在 Radioss 的 2、36、43、44、48、57、60、66、73 和 74 这些 LAW 材料模型中都是具备的。

3.2.5　屈服和压力的关系

汽车上使用的金属构件实际上是经过多道加工工序的，这些加工会使得材料在受压时的屈服提高。尤其对于一些受压较多的构件，如果考虑压力状态影响下的屈服会使得仿真结果更加精准，如图 3-26 所示。

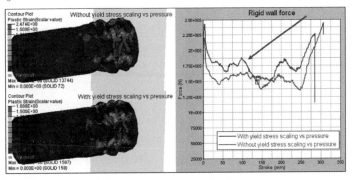

图 3-26　是否考虑压力状态的屈服对构件冲击下的变形和吸能的影响

这个特性在 LAW36 中可以通过曲线 fct_IDp 来描述。这是一条屈服缩放系数和压力状态的曲线，这条曲线的 x 轴是压力，所以正向是压缩而负向是拉伸。在压缩区段可以按照材料实际相应地放大屈服值。这条曲线可以通过一系列的试验对标校验，如图 3-27 和图 3-28 所示。

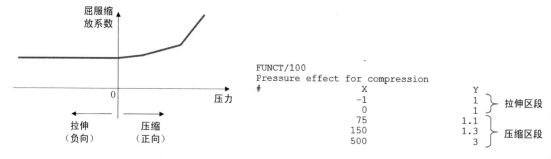

图 3-27　LAW36 中输入的屈服缩放系数和压力状态的曲线示例

图 3-28　屈服缩放系数和压力状态的曲线需要输入完整的拉伸和压缩区段

3.2.6　常用金属屈服属性汇总

常用金属屈服属性见表 3-1。

表 3-1　常用金属屈服属性汇总

材料卡片	屈服曲线		考虑应变率		温度对屈服的影响	硬化方式选择	可变弹性模量	屈服与压力的关系
	曲线输入	模型参数	曲线输入	模型参数				
LAW2		Johnson-Cook		Johnson-Cook	是	是		
LAW36	是		是			是	是	是
LAW22		Johnson-Cook		Johnson-Cook				
LAW27		Johnson-Cook		Johnson-Cook				
LAW44		Johnson-Cook		Cowper Symonds		是		
LAW48		Johnson-Cook		Johnson-Cook		是		
LAW52	是	Gurson	是	Cowper Symonds		是		
LAW57		Barlart	是			是		
LAW60	是		是			是	是	是
LAW66	是		是	Cowper Symonds		是		
LAW73	是		是			是	是	
LAW74	是		是			是	是	
LAW78		Yoshida-Uemori				是		
LAW79		Johnson-Cook						
LAW80	是		是	Cowper Symonds			是	
LAW84		Swift-Voce		Johnson-Cook	是			
LAW87	是	Swift-Voce	是	Cowper Symonds				

3.3　材料失效

在 Radioss 中用于描述金属失效的方式有两种：一种是在材料卡片/MAT 中简单定义；另外一种是使用失效模型卡片/FAIL 来更加精准地定义复杂的材料失效。

3.3.1　在材料卡片/MAT 中定义失效

1. 最大塑性应变 ε_p^{max}

在 LAW2、LAW28、LAW32、LAW68 等材料模型中可以使用最大塑性应变来定义材料失效，也就是当塑性应变在一个积分点上到达所定义的失效塑性应变 ε_p^{max} 时材料失效。材料失效在 Radioss 中的处理方式有两种：一种为壳体单元删除；另一种是实体单元中应力归为 0，但是实体单元不删除。如图 3-29 所示，圆点标注的线表示在 ε_p^{max} 之前卸载之后再加载的应力应变路线。

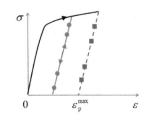

图 3-29　采用最大塑性应变作为材料失效准则的应力应变路径

2. 塑性应变参数 ε_t、ε_m、ε_f

除了使用单一的最大塑性应变 ε_p^{max} 来定义失效外，在 LAW27、LAW36、LAW60 等卡片中还可以通过参数 ε_t、ε_m、ε_f 来描述延性失效时可见的材料软化阶段，或者设置 ε_t 非常接近 ε_m 的脆性失效。当材料应变达到 ε_t 时材料已经达到强度极限，出现颈缩之后进入软化损伤，也就是应力随着应变的继续增加而减小。注意，这里的 ε_t 是包括弹性和塑性的总应变，该状态下相应的塑性应变在图 3-30 中用 $\varepsilon_{t,p}$ 表示。当材料应变超过 ε_m 时单元中的应力将归为零（即材料已经失效）。当材料任意点的应变 ε_i 处于 ε_t 和 ε_m 之间时，相应的应力 σ_i 由于软化是线性的，所以通过以下关系式求得。

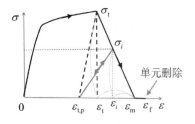

图 3-30　采用三个应变参数描述材料失效时的应力应变路径

$$\frac{\sigma_i}{\sigma_t} = \frac{\varepsilon_m - \varepsilon_i}{\varepsilon_m - \varepsilon_t} \tag{3-15}$$

$$\sigma_i = \left(\frac{\varepsilon_m - \varepsilon_i}{\varepsilon_m - \varepsilon_t}\right)\sigma_t \tag{3-16}$$

式中，$\dfrac{\varepsilon_m - \varepsilon_i}{\varepsilon_m - \varepsilon_t} = 1 - d_i$，$d_i$ 是 i 点的软化因子（$0 \leqslant d_i \leqslant 1$）。

由于 $\sigma_t = E\varepsilon_t$，代入可得

$$d_i = \frac{\varepsilon_i - \varepsilon_t}{\varepsilon_m - \varepsilon_t} \tag{3-17}$$

在 LAW27 中还有参数 d_{max}，所以实际上取 i 点的软化因子为

$$d_i = \min\left(\frac{\varepsilon_i - \varepsilon_t}{\varepsilon_m - \varepsilon_t}, d_{max}\right) \tag{3-18}$$

也就是应力降低到一定值时不再降低。通常参数 d_{max} 默认为 0.999。当材料应变达到 ε_f 时单元将被删除。

在 Radioss 中只要看到材料卡片中有参数 ε_t、ε_m、ε_f 或 ε_p^{max}（如 36、43、44、48、57、60、73、74 等 LAW 卡片），就可以用来描述类似于上面 LAW27 中的失效（软化）。LAW27 所描述的材料失效是基于单元受拉的，如图 3-30 所示。而 LAW22 和 LAW23 则是更为广义的失效，也就是失效既可以因为受拉也可以因为受压或者受剪。通常建议用户使用一种失效方式，即要么使用最大塑性应变 ε_p^{max} 控制的失效，要么使用 ε_t、ε_m、ε_f 参数控制的失效。如果两种方式的失效都定义了，那么 Radioss 计算时首先达到哪个失效控制就遵从该失效处理为单元失效，但是这样的话用

户会分辨不清这个单元的失效是由哪个失效控制引起的，所以应尽量避免这种情况。

同样在前面的 LAW2 基础上，LAW22、LAW23 增加了描述延性失效时软化的模型。参数塑性应变 ε_{dam} 和一个为负数的软化斜率 E_t 被用来描述延性失效。这些材料卡片中的塑性应变 ε_{dam} 同 LAW27 中的 $\varepsilon_{t,p}$。它们没有像 LAW27 一样用 ε_m、ε_t 两点来定义线性软化坡度，而是用 E_t 来描述；没有像 LAW27 一样用 ε_f 来表示单元删除，而是用 ε_p^{max} 来对壳体和实体单元像 LAW2 一样处理单元删除，也就是由 ε_p^{max}、ε_{dam}、E_t 这三个参数控制延性失效的过程，如图 3-31 所示。

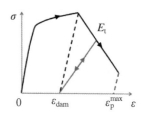

图 3-31　LAW22、LAW23 中设置最大塑性应变控制材料失效

在材料塑性应变处于 ε_{dam} 和 ε_p^{max} 之间的软化阶段，同样也有一个软化因子 δ（$0 \leqslant \delta \leqslant 1$），这个软化因子同 LAW27 中的 d_i，用于材料软化阶段的应力计算。

$$E_{dam} = (1 - \delta)E \qquad (3\text{-}19)$$

$$\nu_{dam} = \frac{1}{2}\delta + (1 - \delta)\nu \qquad (3\text{-}20)$$

$$G_{dam} = \frac{E_{dam}}{2(1 + \nu_{dam})} \qquad (3\text{-}21)$$

3.3.2　在失效卡片/FAIL 中定义失效

在 Radioss 中有独立的失效卡片/FAIL 用于定义各种不同的失效模型，/FAIL 卡片必须和材料卡片/MAT 一起使用。用于金属材料失效的模型见表 3-2，常用的金属失效模型推荐/FAIL/JOHNSON、/FAIL/TAB1 和/FAIL/BIQUAD。

表 3-2　金属材料失效模型

失 效 模 型	类　　型	应　用	描　　述
BIQUAD	应变失效模型（Strain failure model）	延性金属	失效应变 vs 应力三轴度 自动拟合输入的失效试验数据
JOHNSON	延性失效模型（Ductile failure model）	延性金属	Johnson-Cook 失效模型
SPALLING	延性 + 剥落（Ductile + Spalling）	延性金属	Spalling + Johnson-Cook
TAB1	应变失效模型	延性金属	失效应变 vs 应力三轴度 vs 罗德角的失效曲线 或者失效曲面输入
TBUTCHER	Tuler-Butcher 模型	延性金属	金属高速失效
WIERZBICKI	延性材料	延性金属	Bao-Xue-Wierzbicki 模型
WILKINS	延性失效模型	延性金属	Wilkins 模型
COCKCROFT	延性失效模型	延性金属	Cockcroft-Latham 模型
EMC	扩展的 Mohr-Coulomb 失效模型	金属	失效应变 vs 应力三轴度
HC_DSSH	扩展的 Mohr-Coulomb 失效模型	金属	Hosford-Coulomb 模型
FLD	成形极限图（Forming limit diagram）	金属成形	FLD
NXT	NXT 失效准则	金属成形	类似 FLD，但是基于应力
ENERGY	能量各向异性（Energy isotrop）	金属，塑料	能量准则
TENSSTRAIN	拉力（Traction）	金属，塑料	应变准则

1. 失效模型/FAIL/JOHNSON 和/FAIL/TAB1

Johnson-Cook 失效模型是常用的金属失效模型，而/FAIL/TAB1 失效模型是 Radioss 非常全面且复杂的描述材料失效的模型，类似于 Ls-dyna 中的 GISSMO 模型。这两个失效模型都是基于应力三轴度的，除此以外还有/FAIL/SPALLING、/FAIL/WIERZBICKI、/FAIL/COCKCROFT、/FAIL/HC_DSSE 和/FAIL/EMC 也是基于应力三轴度的失效模型。下面首先来介绍一下用于描述应力状态的应力三轴度，以及变量罗德角（Lode angle），有了这两个参数可以非常方便和全面地描述材料 3D 失效行为。

（1）应力三轴度

应力三轴度在 Radioss 中用 σ^* 表示，在有些文献中也用 η 表示，这个参数是用于描述应力状态的变量。它的定义如下：

$$\sigma^* = \frac{\sigma_{\mathrm{m}}}{\sigma_{\mathrm{VM}}} \tag{3-22}$$

式中，σ_{m} 是静水压力。

$$\sigma_{\mathrm{m}} = \frac{1}{3}(\sigma_1 + \sigma_2 + \sigma_3) \tag{3-23}$$

式中，σ_{VM} 是 von Mises 应力。

$$\sigma_{\mathrm{VM}} = \sqrt{\frac{1}{2}\left[(\sigma_1 - \sigma_2)^2 + (\sigma_2 - \sigma_3)^2 + (\sigma_3 - \sigma_1)^2\right]} \tag{3-24}$$

式中，σ_1、σ_2、σ_3 分别是三个方向上的主应力。

应力三轴度之所以在研究材料失效方面有很强的实用性，是因为它有以下特性：当材料在单轴拉伸时，它是常数 1/3，即通过应力三轴度可以将任意应力状态用一个确定的数值描述出来。为什么对于任意一个应力状态都能用常数描述呢？下面以单轴拉伸为例进行讲解，将 $\sigma_2 = \sigma_3 = 0$ 代入式（3-22）~式(3-24)，可以得出 $\sigma^* = \dfrac{\sigma_{\mathrm{m}}}{\sigma_{\mathrm{VM}}} = 1/3$，同理可以计算单轴压缩、剪切等常见的应力状态。表 3-3 是常见应力状态和对应的应力三轴度。

表 3-3　常见应力状态和对应的应力三轴度

应　力　状　态	应力三轴度 $\sigma^* = \dfrac{\sigma_{\mathrm{m}}}{\sigma_{\mathrm{VM}}}$
双轴压缩	$-\dfrac{2}{3}$
单轴压缩	$-\dfrac{1}{3}$
纯剪	0
单轴拉伸	$\dfrac{1}{3}$
平面应变	$\dfrac{1}{\sqrt{3}}$
双轴拉伸	$\dfrac{2}{3}$

Radioss 的 Johnson-Cook 失效模型中，材料失效应变 ε_{f} 和应力三轴度 σ^* 存在关系，也就是在不考虑应变率和温度影响的情况下，仅有参数 D_1、D_2、D_3 需要用户确定，如图 3-32 所示。这三

个参数如何确定呢？参照表 3-3 至少任意选取三个应力状态的材料试验类型（三个未知量需要至少三个已知数据点求解），记录下这些试验中得到的失效时的应变值（ε_f），这样就能通过解方程组的方法得到 D_1、D_2、D_3 这三个参数（或者用 Compose 或 Excel 通过拟合曲线来得到），材料失效曲线就可以确定了。如果有更多的试验类型的数据点，那就可以拟合出更精确的关于应变值 ε_f 和应力三轴度 σ^* 的曲线，如图 3-33 所示。

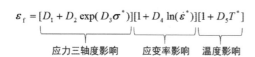

$$\varepsilon_\mathrm{f} = [D_1 + D_2 \exp(D_3 \sigma^*)][1 + D_4 \ln(\dot{\varepsilon}^*)][1 + D_5 T^*]$$

应力三轴度影响　　应变率影响　　温度影响

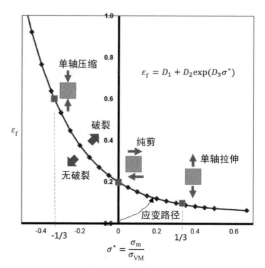

图 3-32　Johnson-Cook 失效模型中影响材料
失效的三部分因素（应变、应变率、温度）

图 3-33　Johnson-Cook 失效曲线示例

$\varepsilon_\mathrm{f} - \sigma^*$ 失效曲线用于描述材料的失效。当材料相应应力状态下的应变处在失效曲线下方时表示没有失效，一旦累积失效应变在这条失效曲线上方，那么材料就失效了。很多研究表明，同一材料在不同载荷下的失效应变是不同的，比如材料拉伸失效应变通常比压缩应变要小。很多构件在承载过程中是受复杂应力的，比如构件在受弯时，一侧受拉另一侧受压，由于材料受拉时的失效应变较小，实际构件将会受拉失效，进而引起承载面积减小，裂纹急剧扩展，最终导致构件断裂失效。如果类似 LAW36 中仅使用最大塑性应变 $\varepsilon_\mathrm{p}^{\max}$ 一个参数，并不区别拉压不同的应力状态，若输入的是拉伸试验中得到的较小的失效应变，就非常可能使得构件受压一侧首先出现失效，那么失效形状就可能会与实际试验结果不符合；若输入的是压缩试验中得到的较大的失效应变，那么构件可能在应该失效时不出现失效。所以使用基于应力三轴度（考虑不同应力状态）的失效对精准对标构件失效非常有用。

很多的材料研究表明，材料在单轴拉伸时的失效应变比拉剪或者平面应变拉伸时的失效应变都要高，也就是 $\varepsilon_\mathrm{f} - \sigma^*$ 的失效曲线在接近应力三轴度 1/3 处有局部最大值。而 Johnson-Cook 失效模型（见图 3-34）是由

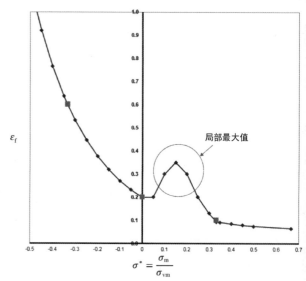

图 3-34　Johnson-Cook 失效模型

幂函数的方式描述的，单调曲线就很难描述这样的情况。此时 Radioss 的/FAIL/TAB1 可通过直接曲线输入形式，或者在/FAIL/BIQUAD 中用两支抛物线拟合的方式解决这个问题。在/FAIL/TAB1 卡片中如何直接输入失效曲线，可以参见 Radioss 的帮助文档 Reference Guide 中的相关解释，里面有一个例子可以很直观地看到如何在 Table 卡片中输入这条曲线。用应力三轴度描述材料失效时，对于有局部最大值的材料就无法用 Johnson-Cook 的幂函数失效模型来很好地描述了。

另外在/FAIL/TAB1 这个失效模型中还引入了另外一个重要的描写材料失效的变量罗德角。

（2）罗德角

应力三轴度的失效曲线对于实体单元虽然也可以描述，但是有限制，它仅能很好地描述罗德角为 0 的状态（即平面应变）时的单元失效，所以通常推荐壳单元用应力三轴度的失效曲线，而实体网格需要用应力三轴度、罗德角的失效曲面来描述。在/FAIL/TAB1 中输入的实际上是罗德角参数 ξ，它和罗德角 θ 的关系如下。

$$\xi = \cos 3\theta \tag{3-25}$$

理解罗德角 θ 需要从应力描述着手。比如有一个应力状态 P（见图 3-35），它可以用三个主应力（σ_1、σ_2、σ_3）来描述，但是也可以用静水压力（第一应力不变量）和偏应力（第二、第三应力不变量）来描述。第二种表达方式的好处就是这三个应力不变量对于某一确定的应力状态来说是常量，它们并不随使用的坐标系统的不同而不同，所以在研究材料失效时经常会被用到。静水压力在图 3-35 中就是向量 $\overrightarrow{OO'}$，它的值是 $\sqrt{3}\sigma_m = \frac{\sqrt{3}}{3}I_1$（$\overrightarrow{OO'}$ 所在的轴称为静水压力轴，在这一轴上 $\sigma_1 = \sigma_2 = \sigma_3$）。第一应力不变量为 $I_1 = \sigma_1 + \sigma_2 + \sigma_3$。向量 $\overrightarrow{O'P}$ 所在的平面是偏平面。向量 $\overrightarrow{O'P}$ 的长度是 $\sqrt{\frac{2}{3}}\sigma_{VM}$。可以看到，仅有 $|\overrightarrow{O'P}|$ 这个距离还不能精确定位到 P 点，还需要一个角度，这个角度就是罗德角。

再来从静水压力轴上俯视这个偏平面，如图 3-36 所示。P 点的应力就是由 $|\overrightarrow{O'P}|$ 和 θ 角在这个平面上唯一确定的。罗德角 θ 还有一些特性。首先罗德角 θ 总是在 $\left[0, \frac{\pi}{3}\right]$ 范围内变化，见表 3-4；其次，当罗德角 $\theta = 0°$ 时表示处在受拉状态，当 $\theta = 60°$ 时表示处在受压状态，当 $\theta = 30°$ 时表示处在受剪状态。

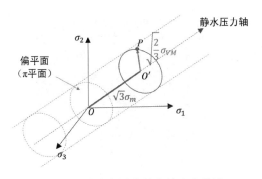

图 3-35　三维应力图中某点的应力描述

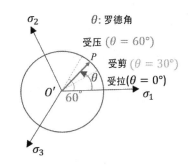

图 3-36　沿静水压力轴俯视下的偏应力
平面中某点应力的描述

表 3-4　常见应力状态及其对应的罗德角

罗德角	应力状态
0	单轴受拉 + 静水压力
$\dfrac{\pi}{6}$	纯剪 + 静水压力
$\dfrac{\pi}{3}$	单轴受压 + 静水压力

$$\tan\theta = \frac{2\sigma_2 - \sigma_1 - \sigma_3}{\sqrt{3}(\sigma_1 - \sigma_3)} \tag{3-26}$$

罗德角参数 ξ 使用应力不变量描述为

$$\xi = \cos 3\theta = \frac{27}{2}\frac{J_3}{\sigma_{VM}^3} = \frac{3\sqrt{3}}{2}\frac{J_3}{J_2^{3/2}} \tag{3-27}$$

式中，J_2 和 J_3 就是第二、第三应力不变量：

$$J_2 = \sigma_1\sigma_2 + \sigma_2\sigma_3 + \sigma_3\sigma_1 \tag{3-28}$$

$$J_3 = \sigma_1\sigma_2\sigma_3 \tag{3-29}$$

罗德角 θ 是角度，有单位，而罗德角参数 ξ 是一个无量纲参数。它的取值范围为 $-1 \leqslant \xi \leqslant 1$，见表 3-5。

表 3-5　常见应力状态及其对应的罗德角和罗德角参数

罗德角	罗德角参数	应力状态
0	1	轴向拉伸
	0	平面应变
$\dfrac{\pi}{6}$	≈ -0.45	纯剪 + 静水压力
$\dfrac{\pi}{3}$	≈ -0.6	单轴受压 + 静水压力
	-1	轴向压缩

使用应力三轴度 σ^* 和罗德角参数 ξ 就可以完整地描述出材料的失效面，凡是某个应力状态下的相应应变在这个失效面以上的都表示材料进入了失效状态，如图 3-37 所示。

为了确定这个包含应力三轴度和罗德角参数的失效面，需要做很多材料试验，如图 3-38 所示。这些数据都可以在 Radioss 的 /FAIL/TAB1 中通过 table1_ID 来直接输入 $\varepsilon_f - \sigma^* - \xi$ 关系。具体如何输入参见后续章节。也可以在 /FAIL/EMC 或者 /FAIL/ WIERZBICKI 中使用相应的材料

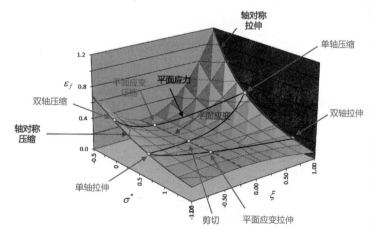

图 3-37　用应力三轴度和罗德角描述材料的三维失效面

参数描述 $\varepsilon_{\mathrm{f}} - \sigma^* - \xi$ 关系。

2. 支持曲线输入的失效模型 FAIL/TAB1

Radioss 中的/FAIL/TAB1 是一个功能强大的失效模型。相比于/FAIL/BIQUAD 的取点输入或/FAIL/JOHNSON 的参数输入，/FAIL/TAB1 支持完整曲线的直接输入，这样可以减少信息损失，如图 3-39 所示。它还可以考虑材料在不同应变率下的失效，考虑网格单元大小对失效模型的影响和不同温度对材料失效的影响。

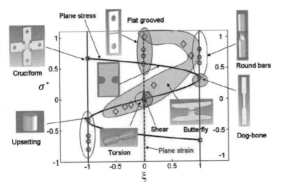

图 3-38　各种类型试验可达到的应力状态范围　　图 3-39　直接输入失效曲线来描述材料失效

（1）仅考虑应力三轴度的材料失效曲线

首先通过一个例子介绍如何在/FAIL/TAB1 的 table_ID1 中输入/TABLE 定义的 ε_{f}-σ^* 失效曲线。此时需要在/TABLE 中设定 dimension = 1。

实例：使用一维/TABLE（即 dimension = 1）设置 ε_{f}-σ^* 失效曲线。

```
/TABLE/1/4711
failure plastic-strain vs triaxiality
# dimension
    1
#      Triaxiality      Failure_Strain
      - 0.7000              0.3386
      - 0.4000              0.2558
      - 0.3333              0.2419
      - 0.3000              0.2355
        0.0000              0.1900
        0.3000              0.1610
        0.3333              0.1585
        0.4000              0.1539
        0.5000              0.1478
        0.6000              0.1425
        0.7000              0.1380
```

（2）支持应变率

材料的失效研究表明失效曲线还与应变率有关，/FAIL/TAB1 可以在 table_ID1 中考虑失效曲线的应变率影响。不同应变率对应的失效曲线也定义在 /TABLE 中。注意此时需要设定/TABLE 的维度 dimension = 2。

实例：使用二维/TABLE（即 dimension = 2）设置不同应变率下的失效曲线。

```
/TABLE/1/4711
failure plastic-strain vs triaxiality and strain rate
# dimension
        2
#    FCT_ID              strain_rate
     3000                   1E-4
     3001                   0.1
     3002                   1.0
/FUNCT/3000
failure plastic-strain vs triaxiality
#      Triaxiality      Failure_Strain
       - 0.7000             0.3386
       - 0.4000             0.2558
       - 0.3333             0.2419
       - 0.3000             0.2355
         0.0000             0.1900
         0.3000             0.1610
         0.3333             0.1585
         0.5000             0.1478
         0.6000             0.1425
         0.7000             0.1380
/FUNCT/3001
failure plastic-strain vs triaxiality
#      Triaxiality      Failure_Strain
         - 0.7             0.27088
         - 0.4             0.20464
       - 0.3333            0.19352
         - 0.3             0.1884
           0              0.152
          0.3             0.1288
         0.3333           0.1268
          0.4             0.12312
          0.5             0.11824
          0.7             0.1104
```

（3）考虑罗德角的材料失效面

在三维模拟（实体单元）中失效应变也会与罗德角有关系。在/FAIL/TAB1 卡片中，可以在 table_ID1 中加入相应罗德角的信息，这样关于应力三轴度和罗德角的完备的材料失效面就可以在 /FAIL/TAB1 中描述了。

实例：使用三维/TABLE（即 dimension = 3）来描述关于应力三轴度、罗德角参数以及应变率的材料失效曲面，如图 3-40 所示。

```
/TABLE/1/4711
failure plastic-strain vs triaxiality and strain rate
# dimension
```

```
        3
#   FCT_ID              strain_rate          Lode_angle
    3000                      1E-4                  -1
    3001                       0.1                   0
    3002                       1.0                   1
```

（4）考虑单元网格大小的失效

在/FAIL/TAB1 中还可以考虑数值计算中常见的由于单元网格大小不同所引起的材料失效结果的变化。卡片中提供一条曲线来修正这种现象，并且还可以通过一个比例缩放来非常方便地进行微调，此时失效应变为

$$\varepsilon_{fail} = Xscale1 \cdot f(\sigma^*, \dot{\varepsilon}, \xi) \cdot factor_{el} \quad (3\text{-}30)$$

式中，$factor_{el}$ 是基于网格大小的缩放因子。

在数值计算中即便设定相同的失效应变，通常细密网格的模型中的材料失效也要晚于粗大网格的模型，也就是说，在材料失效对标中确定的失效应变是基于其特定的网格尺寸的。但是完整模型中使用的网格不可能大小完全一样，那么根据单元大小来相应缩放材料，失效应变就可以非常方便地修正结果，如图 3-41 所示。

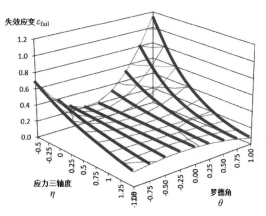

图 3-40　/FAIL/TAB1 的/TABLE 中输入
多条二维曲线来描述三维失效面

$$factor_{el} = Fscale_{el} \cdot f_{el}\left(\frac{Size_{el}}{El\_ref}\right) \quad (3\text{-}31)$$

式中，$factor_{el}$ 是单元网格大小影响缩放因子，$f_{el}\left(\dfrac{Size_{el}}{El\_ref}\right)$ 是需要在 fct_ID_{el} 中输入的关于单元大小的比例系数曲线（失效应变-相对单元大小的曲线），$Fscale_{el}$ 是方便用户调节曲线的参数。相对单元大小定义为 $\dfrac{Size_{el}}{El\_ref}$，这里 El_ref 是参考单元大小，可以将材料失效试验对标时所用的单元大小视为参考单元大小，而 $Size_{el}$ 就是完整模型中各个单元的实际大小。

比如，对标仿真试验中的单元大小为 2mm，那么 $El\_ref = 2$，然后在相同的对标仿真试验中使用不同的单元大小，得到的最终失效应变和参考网格下的失效应变相比较，形成的比例系数就是图 3-42 所示 fct_ID_{el} 曲线上的点。推荐至少做三组不同的网格大小来确定这条曲线，否则网格大小的影响就是线性的。

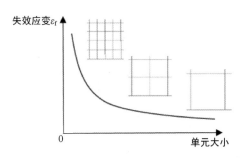

图 3-41　网格大小对失效的影响

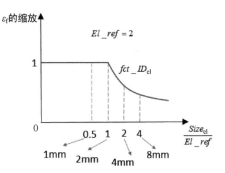

图 3-42　/FAIL/TAB1 中考虑网格大小
对失效影响的曲线示例

（5）温度的影响

相同材料在不同的温度下也有不同的失效应变，通常来说，温度升高时材料变得延性更好，失效应变增大，温度降低则材料变得更脆，失效应变减少。/FAIL/TAB1 卡片可以通过一条自定义的曲线来完备地考虑温度引起的材料失效应变的变化。此时失效应变为

$$\varepsilon_{\text{fail}} = Xscale1 \cdot f(\sigma^*, \dot{\varepsilon}, \xi) \cdot factor_{\text{T}} \qquad (3\text{-}32)$$

温度的影响参数 $factor_{\text{T}}$ 在 /FAIL/TAB1 的 fct_ID_{T} 中输入即可。

$$factor_{\text{T}} = Fscale_{\text{T}} \cdot f_{\text{T}}(T_{\text{start}}) \qquad (3\text{-}33)$$

式中，$f_{\text{T}}(T_{\text{start}})$ 是考虑温度影响的缩放比例曲线。$Fscale_{\text{T}}$ 是为了方便用户调节这条曲线。曲线的横坐标是相对温度 $T^* = \dfrac{T - T_{\text{ini}}}{T_{\text{melt}} - T_{\text{ini}}}$，$T_{\text{ini}}$ 和 T_{melt} 是初始温度和熔化温度，这两个参数既可以定义在某些材料卡片（如 LAW2）中，也可以用 /HEAT/MAT 定义。如图 3-43 所示，这条曲线一般是通过不同温度下的试验数据得到的。

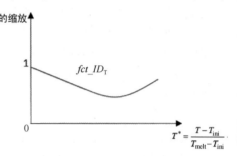

图 3-43 /FAIL/TAB1 中考虑温度对失效影响的曲线示例

（6）单元失效的处理

在 /FAIL/TAB1 中使用了累积失效模型，可以使用 /ANIM/SHELL/DAMA、/ANIM/BRICK/DAMA 或者 /H3D/SHELL/DAMA、/H3D/BRICK/DAMA 在后处理中显示失效风险度在结构上的分布。/FAIL/TAB1 中的累积失效参数定义如下。

$$\Delta D = \frac{\Delta \varepsilon_{\text{p}}}{\varepsilon_{\text{f}}} \cdot n \cdot D_{\text{p}}^{\,(1 - \frac{1}{n})} \qquad (3\text{-}34)$$

式中，$\Delta \varepsilon_{\text{p}}$ 是积分点上的塑性应变；ε_{f} 是材料当前应力状态下的失效应变，该数据在用户输入的失效应变曲线中读取；D_{p} 和 n 是失效模型参数。

失效就是积分点上的累积失效参数之和与 D_{crit} 相比较，D_{crit} 是用户输入的在 0~1 之间的调节失效的参数，D_{crit} 取值越小，材料越早失效，如图 3-44 所示。

$$D = \frac{\sum \Delta D}{D_{\text{crit}}} \qquad (3\text{-}35)$$

参数 n 将影响失效的进程，$n=1$ 时是线性变化，而 $n>1$ 时失效进程是快速的曲线变化，$n<1$ 时失效进程是缓慢的曲线变化，如图 3-45 所示。

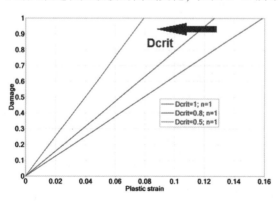

图 3-44 /FAIL/TAB1 中参数 D_{crit} 对损伤累积的影响

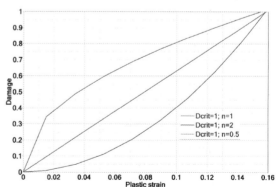

图 3-45 /FAIL/TAB1 中参数 n 对损伤累积的影响

（7）材料的不稳定性（分散性失稳）

在拉伸试验中，当材料到达颈缩点后进入软化阶段，这个阶段材料会进入分散性失稳状态（图 3-46 左）。对于金属薄板，继续拉伸后会在某一时刻突然出现局部颈缩的现象（图 3-46 右）。通常分散性失稳出现在应力三轴度在 $\left(0, \frac{2}{3}\right]$ 之间，而局部颈缩出现在其中的 $\left[\frac{1}{3}, \frac{2}{3}\right]$ 范围内。

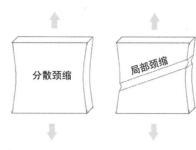

图 3-46　材料常见的两种颈缩

在/FAIL/TAB1 中可以使用 Table2_ID、Inst_start 以及 Fad_exp 来考虑材料失稳。材料由于失稳，在过了颈缩点后承载力下降，这个现象在/FAIL/TAB1 中描述如下。

$$\sigma_{\text{reduced}} = \sigma \cdot \left(1 - \left(\frac{D_{\text{instability}} - Inst\_start}{1 - inst\_start}\right)^{Fad\_exp}\right) \tag{3-36}$$

式中，失稳失效参数 $D_{\text{instability}} = \sum \frac{\Delta\varepsilon_p}{\varepsilon_f}$，$\varepsilon_f$ 是当前状态下的失稳失效应变，用户可以在 Table2_ID 中输入（图 3-47 中三角形标注的曲线）或者使用参数 Inst_start 定义一个对于不同应力状态保持不变的失稳失效应变。例如，在单轴拉伸（$\sigma^* = \frac{1}{3}$）试验中，如果不考虑材料的失稳，而仅仅使用 Table1_ID 输入图 3-47 中方形标注的曲线，当材料中的应变超过方形标注的失效曲线时材料就失效了。如果考虑材料的失稳，那么不仅需要通过 Table1_ID 输入失效曲线，还需要通过 Table2_ID 输入图 3-47 中三角形标注的失稳曲线，此时，材料相应应力状态下一旦塑性应变超过三角形标注的失稳曲线，就会进入材料软化阶段，塑性应变继续增加直至超过方形标注的失效曲线后材料失效。/FAIL/TAB1 中的失稳参数 Fad_exp 用于描述材料失稳失效的形态，当 Fad_exp = 1 时材料是线性软化的，图 3-47 中的 Fad_exp 在 1～10 之间变化，材料表现为从线性延性失效向脆性失效的变化。在/FAIL/TAB1 中建议使用 Fad_exp = 5 ～ 10。如果不输入失稳曲线，而使用输入参数 Inst_start 的方式来定义材料失稳，就只能定义定值常数的失稳，如图 3-48 所示。

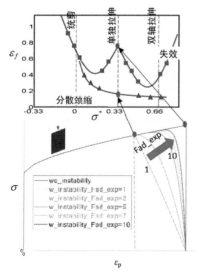

图 3-47　单个单元模拟中材料软化参数
Fad_exp 对材料软化的影响

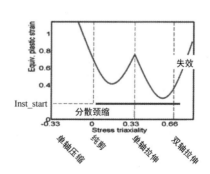

图 3-48　使用 Inst_start 不区分应力状态地
描述材料颈缩开始的应变

3. /FAIL/BIQUAD 失效模型

/FAIL/BIQUAD 是使用非常方便和简单的用于描述延性材料失效的模型。对于失效应变-应力三轴度的材料失效曲线，Radioss 可以通过两条抛物线基于用户提供的五组试验数据（失效应变）自动拟合，如图 3-49 所示。在默认情况下，即/FAIL/BIQUAD 中 $S\text{-}Flag = 1$ 时，使用以下两条抛物线来分段描述材料失效曲线。

$$f_1(x) = ax^2 + bx + c \tag{3-37}$$
$$f_2(x) = dx^2 + ex + f \tag{3-38}$$

式中，$a \sim f$ 是抛物线的系数；x 是应力三轴度；$f_1(x)$、$f_2(x)$ 是分段失效应变。

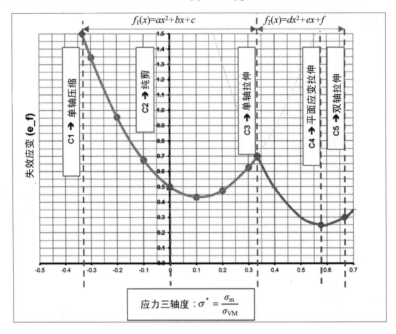

图 3-49　BIQUAD 失效中采用两个分段函数拟合五个物理点

抛物线的系数 $a \sim f$ 由用户在/FAIL/BIQUAD 卡片中输入的 $c1 \sim c5$ 五组试验数据自动拟合，如图 3-50 所示。拟合的抛物线系数也会在 starter 输出文件（＊0000.out）中打印出来以供校验。

(1)	(2)	(3)	(4)	(5)	(6)	(7)	(8)	(9)	(10)
/FAIL/BIQUAD/*mat_ID*/*unit_ID*									
c1		c2		c3		c4		c5	
Card 2 - Damage accumulation parameters									
(1)	(2)	(3)	(4)	(5)	(6)	(7)	(8)	(9)	(10)
P_thick*fail*		M-Flag	S-Flag	Inst_start					
		=0							

图 3-50　BIQUAD 卡片中用户直接输入 $c1 \sim c5$ 五组试验数据

```
Bi-Quadratic FAILURE
--------------------
c1.................... =   0.2419E+00
```

```
c2................ =   0.1900E + 00
c3................ =   0.1585E + 00
c4................ =   0.1437E + 00
c5................ =   0.1394E + 00


        COEFFICIENTS OF FIRST PARABOLA

        -----------------------------
a................. =   0.9180E-01
b................. =-0.1251E + 00
c................. =   0.1900E + 00


        COEFFICIENTS OF SECOND PARABOLA

        -----------------------------
d................. =   0.3753E-01
e................. =-0.9483E-01
f................. =   0.1859E + 00
```

用户需要输入的 $c1 \sim c5$ 分别是下列试验中得到的塑性失效应变。

- $c1$：单轴压缩试验中得到的材料失效应变。
- $c2$：剪切试验中得到的材料失效应变。
- $c3$：单轴拉伸试验中得到的材料失效应变。
- $c4$：平面应变试验中得到的材料失效应变。
- $c5$：双轴拉伸试验中得到的材料失效应变。

除了由用户输入 $c1 \sim c5$ 来定义材料的失效曲线（即使用 $M\text{-}Flag = 0$），/FAIL/BIQUAD 还内置了常用材料的失效曲线，只要使用 $M\text{-}Flag = 1 \sim 7$ 即可，如图 3-51 所示。比如 $M\text{-}Flag = 2$ 即 HSS 钢，就不需要再定义 $c1 \sim c5$。注意，由于材料的多样性，使用 Radioss 提供的常用材料失效数据与用户实际使用的材料可能会存在一些差异，所以这个方法适用于前期方案阶段的仿真计算。对于精度要求较高的计算，仍然推荐使用 $M\text{-}Flag = 0$ 的用户试验数据输入法。

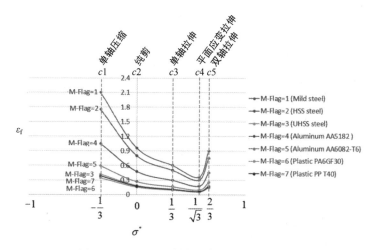

图 3-51　BIQUAD 中内置常用材料失效曲线

除此以外，/FAIL/BIQUAD 还可以使用 $M\text{-}Flag = 99$ 的失效应变比例调节方法。这种方法仅需要输入单轴拉伸的试验数据，即 $c3$，然后通过比例系数 $r1$、$r2$、$r4$、$r5$ 来分别定义 $c1$、$c2$、$c4$、

$c5$ 即可，如图 3-52 所示。使用这种方法的好处是可以在材料验证时很方便地调节失效曲线。如图 3-53 所示，当 $c3$ 变大时，曲线也相应地成比例上升。

(1)	(2)	(3)	(4)	(5)	(6)	(7)	(8)	(9)	(10)
/FAIL/BIQUAD/mat_ID/unit_ID									
c1		c2		c3		c4		c5	
Card 2 - Damage accumulation parameters									
(1)	(2)	(3)	(4)	(5)	(6)	(7)	(8)	(9)	(10)
P_thick_fail		M-Flag =99	S-Flag	Inst_start					
Optional line (if M-Flag = 99)									
(1)	(2)	(3)	(4)	(5)	(6)	(7)	(8)	(9)	(10)
r1		r2		r4		r5			

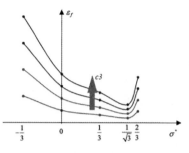

图 3-52　BIQUAD 中用户直接输入单轴拉伸试验数据　　图 3-53　BIQUAD 中通过调节参数 $c3$ 使得失效曲线上下平移

（1）单元失效的处理方法

在 /FAIL/BIQUAD 模型中使用了累积失效的方式，即单元积分点上的塑性应变在加载过程中累积超过失效应变时材料就失效。

$$D = \sum \frac{\Delta \varepsilon_{\mathrm{p}}}{\varepsilon_{\mathrm{f}}} \geq 1 \tag{3-39}$$

式中，$\Delta \varepsilon_{\mathrm{p}}$ 是每个积分点上的塑性应变增量；ε_{f} 是当前应力状态下的塑性失效应变。

在壳单元中，当某个积分点上的 $D = 1$ 时，该点的应力就为零。单元的删除是由 P_thick_{fail} 参数控制的，如果壳单元的厚度方向一共有五个积分点，模型中设置了 $P\_thick_{\mathrm{fail}} = 0.2$，那么只要在五个积分点中的一个积分点满足 $D = 1$ 单元就会删除；如果 $P\_thick_{\mathrm{fail}} = 0.6$，那么只有在五个积分点中的三个积分点满足 $D = 1$ 时单元才删除。在实体单元中，则是定义当任意一个积分点上 $D = 1$ 时实体单元立即删除。

（2）材料失效曲线的拟合控制，$S\text{-}Flag = 2$

在 /FAIL/BIQUAD 中使用两个抛物线拟合整条失效曲线，在拟合过程中可以通过 $S\text{-}Flag = 2$ 来强制定义材料平面应变状态下（应力三轴度为 $\frac{1}{\sqrt{3}}$ 处）的失效应变（即卡片中的 $c4$）为整条曲线的最小值，这是为了更方便地和某些材料的试验数据相吻合。

（3）材料不稳定性曲线的控制，$S\text{-}Flag = 3$

金属试片等在拉伸时会出现厚度变薄以及局部颈缩的现象，这就是材料的局部颈缩（见图 3-54），而且通常这种情况只出现在应力三轴力在 $\left[\frac{1}{3}, \frac{2}{3}\right]$ 处时。在 /FAIL/BIQUAD 中可以使用 $S\text{-}Flag = 3$ 以及参数 $Inst\_start$ 来共同描述局部颈缩，如图 3-55 所示。

Card 2 - Damage accumulation parameters									
(1)	(2)	(3)	(4)	(5)	(6)	(7)	(8)	(9)	(10)
P_thick_fail		M-Flag	S-Flag	Inst_start					

图 3-54　材料局部颈缩示例　　图 3-55　BIQUAD 中使用参数 S_Flag 和 $Inst\_start$ 来描述局部颈缩

如图 3-56 所示，在 $\frac{1}{3} \leqslant \sigma^* \leqslant \frac{2}{3}$ 处以三角形标
注的曲线就是材料的不稳定曲线，在平面应变应
力状态下（即 $\sigma^* = \frac{1}{\sqrt{3}}$）进入不稳定状态的应变
值是由 *Inst_start* 定义的，此处也是不稳定曲线的
最小值。材料相应应力状态下的塑性应变在三角
形标注的不稳定曲线上时材料进入不稳定状态，
塑性应变继续增大，达到方形标注的失效曲线时
材料最终失效。

（4）失效极限摄动

由于材料的自身缺陷或受生产工序的影响，
相同牌号、相同批次的材料失效应变也并不都是
相同的，而是会有一些微小的差异，这种差异就

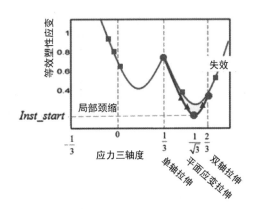

图 3-56　BIQUAD 中参数 *Inst_start* 用来描述
失稳曲线的最小点（与 TAB1 失效不同）

是材料的失效极限摄动。在/FAIL/BIQUAD 中可以使用 *M-Flag* > 0，卡片/PERTURB/FAIL/
BIQUAD 可以将失效应变以随机分布或正态分布的形式定义于构件中的每个单元上。图 3-57 所示
为使用随机分布，图 3-58 所示为使用正态分布。这些分布情况打印在 starter 的输出文件（＊.
0000. out）中。这些随机或正态分布的系数用于/FAIL/BIQUAD 中的 c3 参数，这样整体失效曲线
随着 c3 上下微小平动，如图 3-59 所示。

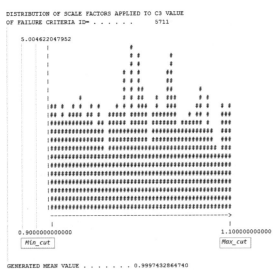

图 3-57　考虑材料摄动随机分布时
starter 中的打印信息

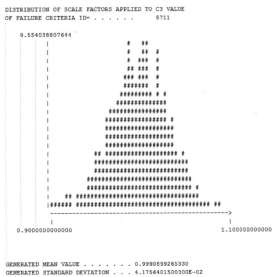

图 3-58　考虑材料摄动正态分布时
starter 中的打印信息

4. 常见失效试验与验证方法

在应用这些基于应力三轴度的失效模型描述材料失效时，为了更加精确，通常需要做一系列
的失效试验来确定失效曲线。表 3-6 是常见的用于标定失效曲线的试验类型。汽车上大多是金属
板材，这些金属板材一般需要着重描述应力三轴度在 0 ~ 2/3 之间的曲线，而应力三轴度小于 0
的区段，一般可以设置为接近 − 1/3 处非常大的失效应变。

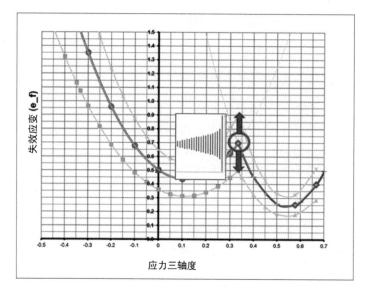

图 3-59　每个单元在考虑材料摄动时相应的失效曲线

表 3-6　常见的用于标定失效曲线的试验类型

试 验 类 型	应力三轴度	试 　 片
单轴拉伸	1/3	
剪切试验	0	
平面应变拉伸	$1/\sqrt{3}$	
冲头试验 （双轴拉伸）	1/3	
不同缺口试验 （拉剪）	0 ~ 1/3	

　　表 3-6 中的每个试验都必须做到材料失效，除了记录相应的力和位移的曲线外还需要记录相应的失效应变，如图 3-60 所示。这些失效应变可以作为数据点先填到失效应变和应力三轴度曲线上，使用 JOHNSON 和 BIQUAD 失效模型就可以拟合出光滑的失效曲线，随后对所有的试验类型建立相应的 Radioss 仿真模型，使用同一个失效卡片进行验证。建议在 engine 文件中设置下列输出，这样在 HyperView 中可以得到每个单元的应力三轴度和失效风险度，如图 3-61

所示。

```
/ANIM/SHELL/TENS/STRESS/ALL 或者 /H3D/SHELL/TENS/STRESS/NPT = ALL
/ANIM/SHELL/TENS/STRAIN/ALL 或者 /H3D/SHELL/TENS/STRAIN/NPT = ALL
/ANIM/SHELL/DAMA 或者 /H3D/SHELL/DAMA
```

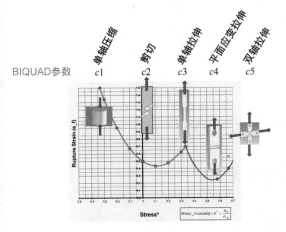

图 3-60　BIQUAD 失效模型中
用于描述材料失效的试验载荷

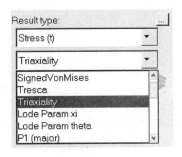

图 3-61　在 HyperView 中输出应力三轴度

通过打印测量位置单元的塑性应变和应力三轴度（见图 3-62，具体见视频示例），可以看出单元的应力三轴度在受力过程中并不是保持不变的。比如单轴拉伸试验最终失效处的应力三轴度会稍微偏向 1/3 处，通常剪切试验的应力三轴度会在受剪切过程中偏向正向，所有这些失效点的正确应力三轴度位置需要在失效卡片中进行相应调整。

应力三轴度打印

最后还要做一组网格影响的计算，也就是所有试验类型至少用三种不同的网格全部计算一遍，最终形成的失效卡片/FAIL 才可以很好地模拟各种形式的失效，并能驾驭各种网格大小的单元。这样材料失效卡片的校验就结束了，接着就可以使用这张失效卡片进行部件级别的验证，乃至最终完整模型的跌落碰撞验证，如图 3-63 所示。

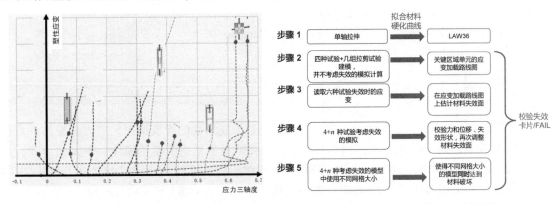

图 3-62　各种试验中单元的载荷路径和失效点

图 3-63　常见材料失效对标流程

5. 各向异性失效模型

TENSSTRAIN 是考虑各向异性的简单失效模型，它仅区分平面内不同方向不同的失效行为。而 **ORTHSTRAIN** 是较为复杂的考虑各向异性的材料，它除了能区分三个主应力方向和各个剪切方向的不同失效行为外，还能区分拉压状态下的不同失效应变，也能考虑单元网格对失效的影响。这两个失效模型采用了类似前面讲到的 LAW36 等卡片中的 ε_t、ε_m、ε_f 失效方式，例如在/FAIL/TENSSTRAIN 中，1 方向相应的失效参数为 ε_{t1}、ε_{f1}，当材料的主应变达到 ε_{t1} 时开始线性软化；当材料主应变达到 ε_{f1} 时材料失效，单元将被删除，如图 3-64 所示。

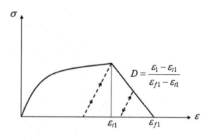

图 3-64　TENSSTRAIN 失效模型
描述的主应变方向材料失效

$$D = \frac{\varepsilon_1 - \varepsilon_{t1}}{\varepsilon_{f1} - \varepsilon_{t1}} \qquad (3-40)$$

3.4　超弹性材料

聚合物一般是由一堆长链分子组成的。大多数聚合物以碳为基础，所以被认为是有机化学品。聚合物一般可以分为塑料和橡胶。根据聚合物的交联程度由高到低可将其分为几类：热塑性聚合物，这种材料在室温下以玻璃态出现，加热后固体会变得黏稠，多次加热降温不产生材料损伤；弹性体，这种材料有极端的弹性延展，多次加热降温会产生材料损伤；热固性聚合物，这种材料无定型，多次加热降温会产生材料损伤，继续加热出现材料降解和碳化。热塑性聚合物和热固性聚合物是塑料，弹性体是橡胶。橡胶材料表现的弹性与金属表现的弹性有所不同。金属是晶格中的原子位置相对微小变动而表现出弹性，而橡胶材料的弹性是由于绷直长链过程而表现的。橡胶在工业上有广泛的应用。它具有接近理想弹性的力学特性，并且弹性的行为是可逆的，如图 3-65 所示，比如拉伸、放松这样一个闭合的加载循环后橡胶材料不会像塑形材料一样留下永久的变形。而且橡胶材料有非常强的抵抗体积变形的能力，所以橡胶通常可以认为是不可压缩材料。另外，橡胶材料非常适合剪切，它的剪切模量一般是金属的 5 ~ 10 倍。剪切模量也与温度有关，受热变硬，这种特性与常见的金属是正好相反的。橡胶在仿真中的模型大致可以分为现象学和热力统计学两大类。现象学的典型模型有 Ogden、Yeoh、Mooney-Rivlin 等，在 Radioss 中 42、62、69、82、88、94、95 和 100 号 LAW 材料都是属于这一类的。而 Arruda-Boyce 则是基于热力学统计的模型，在 Radioss 中 LAW92 采用了 Arruda-Boyce 模型。

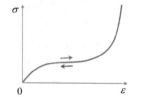

图 3-65　超弹性材料加载和卸载
沿着相同的应力应变曲线

3.4.1　Ogden 模型

Ogden 模型是仿真中非常常用的橡胶模型，这个基于现象学的橡胶模型的应力应变关系是基于应变能 W 来描述的。应变能 W 由两部分组成：应变偏量能是一个基于偏伸长率 $\overline{\lambda}$ 的函数，用于描述剪切变形；体积应变能是一个用于描述体积压缩的应变能 $U(J)$。这个模型在 Radioss 中的很多橡胶卡片（比如 LAW82、LAW42）中有应用。下面是 LAW82 和 LAW42 中应变能的公式，这两个公式都使用了 Ogden 模型，但在体积应变能计算上稍有差别。

1）LAW82：
$$W = \underbrace{\sum_{i=1}^{N} \frac{2\mu_i}{\alpha_i^2}(\overline{\lambda}_1^{\alpha_i} + \overline{\lambda}_2^{\alpha_i} + \overline{\lambda}_3^{\alpha_i} - 3)}_{\text{应变偏量能}} + \underbrace{\sum_{i=1}^{N} \frac{1}{D_i}(J-1)^{2i}}_{\text{体积应变能 } U(J)} \qquad (3-41)$$

2）LAW42：
$$W = \sum_{p=1}^{N} \frac{\mu_p}{\alpha_p}(\underbrace{\overline{\lambda}_1^{\alpha_p} + \overline{\lambda}_2^{\alpha_p} + \overline{\lambda}_3^{\alpha_p} - 3}_{\text{应变偏量能}}) + \underbrace{\frac{K}{2}(J-1)^2}_{\text{体积应变能 } U(J)} \tag{3-42}$$

式中，W 是应变能；λ_i 是 i 方向的主伸长率；$\overline{\lambda}_i = J^{-\frac{1}{3}}\lambda_i$，是偏伸长率；$J$ 为相对体积比；α_p 和 μ_p 为材料参数。初始剪切模量 μ 和体积压缩模量 K 计算如下。

$$\mu = \frac{\sum_{p=1}^{5} \mu_p \cdot \alpha_p}{2} \tag{3-43}$$

$$K = \mu \cdot \frac{2(1+\nu)}{3(1-2\nu)} \tag{3-44}$$

式中，ν 是用于计算体积压缩模量的泊松比。

1. 伸长率 λ

为了更好地理解 Ogden 材料本构的应变能 W，这里介绍一下伸长率 λ，它通过材料试验中得到的工程应变计算而来。

$$\lambda = 1 + \varepsilon \tag{3-45}$$

这个伸长率还可以分解为偏伸长率 $\overline{\lambda}_i$ 和主伸长率 λ_i 两部分。主伸长率 λ_i 用于描述三个主轴上的体积应变能 $U(J)$，$J = \lambda_1 \cdot \lambda_2 \cdot \lambda_3$。以图 3-66 所示的 1 方向进行拉伸，那么 1 方向的工程应变是 $\varepsilon_1 = \frac{\Delta l_1}{l_{01}}$（伸长量与初始长度的比值），而超弹性材料常用的主伸长率是 $\lambda_1 = \frac{l_1}{l_{01}}$（最终长度和初始长度的比值）。工程应变和主伸长率的关系是 $\lambda_i = 1 + \varepsilon_i$。

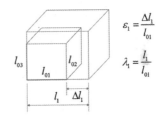

图 3-66　主伸长率和应变的区别

用于描述应变偏量能的偏伸长率 $\overline{\lambda}_i = J^{-\frac{1}{3}}\lambda_i$，这里的 $J = \lambda_1 \cdot \lambda_2 \cdot \lambda_3$ 是相对体积比，或称为第三应变不变量，它是最终体积和初始体积的比值，不同的表达方式如下。

$$J = \frac{V}{V_0} = \frac{m\rho_0}{m\rho} = \frac{\rho_0}{\rho} \tag{3-46}$$

$$J = \frac{V}{V_0} = \frac{l_1 \cdot l_2 \cdot l_3}{l_{01} \cdot l_{02} \cdot l_{03}} = \lambda_1 \cdot \lambda_2 \cdot \lambda_3 \tag{3-47}$$

2. 初始剪切模量

Ogden 模型中的材料参数 μ_p 和 α_p 用于初始剪切模量的计算，为了满足计算稳定性并更好地拟合应变应变曲线，Ogden 的这两个参数还需要满足 $\mu_p \cdot \alpha_p > 0$。

$$\mu = \frac{\sum_{p=1}^{5} \mu_p \cdot \alpha_p}{2} > 0 \tag{3-48}$$

3. Ogden 模型阶数

材料参数 μ_p、α_p 在 Ogden 模型的应变能公式中是成对出现的，μ_p、α_p 的对数也是 Ogden 模型的阶数。一对 μ_p、α_p 只能描述线性超弹性行为，两对 μ_p、α_p 可以描述绝大多数的非线性超弹性行为，通常可以模拟橡胶 700% 的变形，在现实应用中需要三对以上的 μ_p、α_p 才能很好地描述的超弹性材料非常少。

（1）Ogden 一阶模型

当 LAW42 卡片中 $p = 1$ 或 LAW82 卡片中 $i = 1$ 时，表示使用 Ogden 一阶模型（Ogden 1st Order），此时 LAW82 中的应变能和 LAW42 中的应变能分别为

$$W = \frac{2\mu_1}{\alpha_1^2}(\bar{\lambda}_1^{\alpha_1} + \bar{\lambda}_2^{\alpha_1} + \bar{\lambda}_3^{\alpha_1} - 3) + \frac{1}{D_1}(J-1)^2 \tag{3-49}$$

$$W = \frac{\mu_1}{\alpha_1}(\bar{\lambda}_1^{\alpha_1} + \bar{\lambda}_2^{\alpha_1} + \bar{\lambda}_3^{\alpha_1} - 3) + \frac{K}{2}(J-1)^2 \tag{3-50}$$

在这个基础上，当 $\alpha_1 = 2$ 时就是 Neo-Hookean 模型，比如在 LAW82 卡片中，设 $C_{10} = \frac{\mu_1}{2}$，那么应变能公式就可以表示为

$$W = C_{10}(\bar{\lambda}_1^2 + \bar{\lambda}_2^2 + \bar{\lambda}_3^2 - 3) + \frac{1}{D_1}(J-1)^2 \tag{3-51}$$

又由于应变第一不变量可以描写为 $\bar{I}_1 = \bar{\lambda}_1^2 + \bar{\lambda}_2^2 + \bar{\lambda}_3^2$，所以常见的是考虑不可压缩（即没有体积应变能）的 Neo-Hookean 模型为

$$W = C_{10}(\bar{I}_1 - 3) \tag{3-52}$$

Neo-Hookean 模型一般可以用于描述变形不大（不超过 20% 变形）的超弹性材料。

（2）Ogden 二阶模型

当 LAW42 卡片中 $p = 2$ 或 LAW82 卡片中 $i = 2$ 时，表示使用 Ogden 二阶模型，此时 LAW82 和 LAW42 中的应变能分别为

$$W = \frac{2\mu_1}{\alpha_1^2}(\bar{\lambda}_1^{\alpha_1} + \bar{\lambda}_2^{\alpha_1} + \bar{\lambda}_3^{\alpha_1} - 3) + \frac{2\mu_2}{\alpha_2^2}(\bar{\lambda}_1^{\alpha_2} + \bar{\lambda}_2^{\alpha_2} + \bar{\lambda}_3^{\alpha_2} - 3) + \frac{1}{D_1}(J-1)^2 + \frac{1}{D_2}(J-1)^4 \tag{3-53}$$

$$W = \frac{\mu_1}{\alpha_1}(\bar{\lambda}_1^{\alpha_1} + \bar{\lambda}_2^{\alpha_1} + \bar{\lambda}_3^{\alpha_1} - 3) + \frac{\mu_2}{\alpha_2}(\bar{\lambda}_1^{\alpha_2} + \bar{\lambda}_2^{\alpha_2} + \bar{\lambda}_3^{\alpha_2} - 3) + \frac{K}{2}(J-1)^2 \tag{3-54}$$

在这个基础上，当 $\alpha_1 = 2$，$\alpha_2 = -2$ 时就是 Mooney-Revilin 模型。设 $C_{10} = \frac{\mu_1}{2}$，$C_{01} = \frac{\mu_2}{-2}$，并且材料不可压缩（即没有体积应变能），那么应变能公式就可以表示为

$$W = C_{10}(I_1 - 3) + C_{01}(I_2 - 3) \tag{3-55}$$

Mooney-Revilin 模型是一个简化的非线性模型，一般可以描述变形小于 100% 的超弹性材料。

依次类推 $p = 1 \sim 5$（$i = 1 \sim n$），在 LAW42 中最多可以描述 Ogden 五阶模型，LAW82 中可以描述超过五阶的 Ogden 模型。不同阶数用于不同精度要求的拟合。如图 3-67 所示，一阶模型在低应变区可以很好地拟合，但是高应变区拟合很差，而二阶模型无论在低应变区还是高应变区都比一阶模型好。

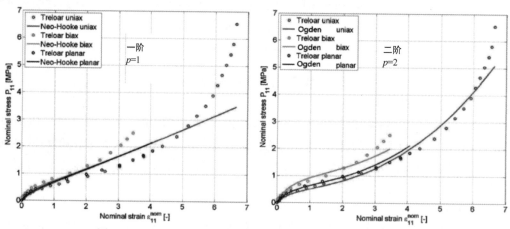

图 3-67　Treloar 试验数据使用 Ogden 一阶和二阶模型的拟合[5]

4. 超弹性应力计算

基于应变能的超弹性材料本构的主应力计算公式为

$$\sigma_i = \frac{\lambda_i}{J}\frac{\partial W}{\partial \lambda_i} - \frac{\partial U}{\partial J} \tag{3-56}$$

式中，$-\dfrac{\partial U}{\partial J}$ 就是能够引起体积变化的静水压力 p。

5. 超弹性材料的不可压缩性

一般认为橡胶材料很难压缩体积，因此通常也可以认为是不可压缩材料。在应变能公式中，关于体积的压缩是由体积应变能部分 $\dfrac{K}{2}(J-1)^2$ 表达的，当材料不可压缩时，即材料体积不会变化，那么体积应变能部分 $\dfrac{K}{2}(J-1)^2$ 就为零，即相对体积比 $J=1$，没有相对体积的变化，$J = \dfrac{V}{V_0} = \dfrac{m\rho_0}{m\rho} = \dfrac{\rho_0}{\rho}$。除此以外，对于完全不可压缩材料有泊松比 $\nu = 0.5$，这样会导致 K（$K = \mu\dfrac{2(1+\nu)}{3(1-2\nu)}$）无穷大，从而导致仿真计算实体单元中的声速 c（$c = \sqrt{\dfrac{K+4G/3}{\rho}}$）也无穷大，最终使得模型在显式积分法中的临界时间步长 $\Delta t_c = \dfrac{l_c}{c\left(\alpha + \sqrt{\alpha^2+1}\right)}$ 无穷小。如图 3-68 所示，泊松比越接近 0.5，数值计算结果越接近试验值；如图 3-69 所示，泊松比越接近 0.5，计算时间步长也越小。为了平衡计算精度和计算效率，通常 Radioss 推荐使用 $\nu = 0.495$ 来描述完全不可压缩材料。

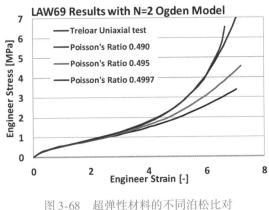

图 3-68　超弹性材料的不同泊松比对
计算精度的影响

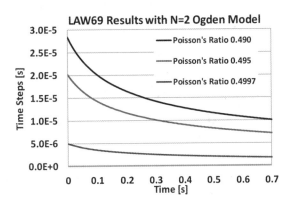

图 3-69　超弹性材料的不同泊松比
对计算时间步长的影响

6. Ogden 材料参数

很多 Ogden 材料卡片（如 LAW42、LAW62、LAW82 等）需要输入 Ogden 材料参数 μ_p、α_p，这些参数需要用户事先通过拟合试验数据（比如单轴拉伸试验）来取得。另外需要注意，LAW62、LAW82 要求输入的 Ogden 参数与 LAW42 略有不同，它们之间的转换关系如下。

$$\alpha_i^{\text{LAW62}} = \alpha_i^{\text{LAW42}}$$

$$\mu_i^{\text{LAW62}} = \frac{\mu_i^{\text{LAW42}} \cdot \alpha_i^{\text{LAW42}}}{2}$$

$$i = 1, 2, \cdots\cdots$$

$$\alpha_i^{\text{LAW82}} = \alpha_i^{\text{LAW42}}$$

$$\mu_i^{\text{LAW82}} = \frac{\mu_i^{\text{LAW42}} \cdot \alpha_i^{\text{LAW42}}}{2}$$

$$i = 1, 2, \cdots\cdots$$

为了方便用户使用，Radioss 还有很多超弹性材料卡片允许用户直接输入试验中得到的工程应力应变曲线，Radioss 会自动拟合相应的材料参数，比如 LAW69、LAW88。以 LAW69 为例，直接使用单轴试验数据（工程应力应变曲线），选择 LAW_ID = 1，选择所需的 Ogden 阶数 N_PAIR，如图 3-70 所示。Radioss 自动拟合的 Ogden 参数会在 starter 输出文件中打印出来以供校验，如图 3-71 所示。

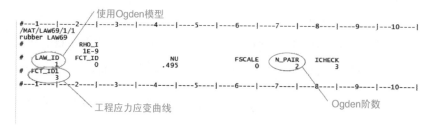

图 3-70　LAW69 中输入应力应变曲线并选用 Ogden 二阶模型的示例

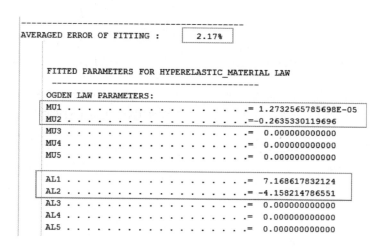

图 3-71　LAW69 自动拟合出的 Ogden 参数在 starter 输出文件中的打印信息

Ogden 模型通常还会根据 Drücker 稳定性准则检查 Ogden 参数的变形应用范围，这个准则需要增量应力相关的增量功总是大于零，否则材料模型将不稳定。

$$\sum_{i=1}^{3} \mathrm{d}\tau_i \mathrm{d}\varepsilon_i > 0 \tag{3-57}$$

式中，i 为主方向，这样应变的变化可以描述为

$$\mathrm{d}\varepsilon_i = \frac{\mathrm{d}\lambda_i}{\lambda_i} \tag{3-58}$$

而 $\mathrm{d}\tau_i = J \cdot \mathrm{d}\sigma_i$ 就是 Kirchhoff 应力的变化，也可以描述为 $\mathrm{d}\boldsymbol{\tau} = \boldsymbol{D} \times \mathrm{d}\boldsymbol{\varepsilon}$，即 Kirchhoff 应力和应变的关系。

根据 Drücker 稳定性准则需要满足

$$\sum \mathrm{d}\boldsymbol{\varepsilon} \times \boldsymbol{D} \times \mathrm{d}\boldsymbol{\varepsilon} > 0 \tag{3-59}$$

$$\boldsymbol{D} = \begin{bmatrix} D_{11} & D_{12} & D_{13} \\ D_{21} & D_{22} & D_{23} \\ D_{31} & D_{32} & D_{33} \end{bmatrix} \tag{3-60}$$

式中，D 是材料刚度矩阵，描述材料应力应变的斜率。

如果材料模型稳定，则需要这个材料刚度矩阵 D 一直是正的（应力应变曲线的斜率是正的、向上的），因此矩阵 D 必须满足

$$I_1 = \text{tr}(D) = D_{11} + D_{22} + D_{33} > 0 \tag{3-61}$$

$$I_2 = D_{11}D_{22} + D_{22}D_{33} + D_{33}D_{11} - D_{23}{}^2 - D_{13}{}^2 - D_{12}{}^2 > 0 \tag{3-62}$$

$$I_3 = \det(D) > 0 \tag{3-63}$$

Kirchhoff 应力在 Ogden 模型中为

$$\tau_i = \sum_p \mu_p \left[\overline{\lambda}_i{}^{\alpha_p} - \frac{1}{3}(\overline{\lambda}_1{}^{\alpha_p} + \overline{\lambda}_2{}^{\alpha_p} + \overline{\lambda}_3{}^{\alpha_p}) \right] + K(J^2 - J) \tag{3-64}$$

既然 $D_{ij} = \dfrac{\partial \tau_i}{\partial \lambda_j}$，则对于给定的 Ogden 参数 α_p、μ_p，只要满足 $I_1 > 0$、$I_2 > 0$、$I_3 > 0$，满足 Drücker 稳定性准则的应力范围就可以计算出来了，如图 3-72 所示。

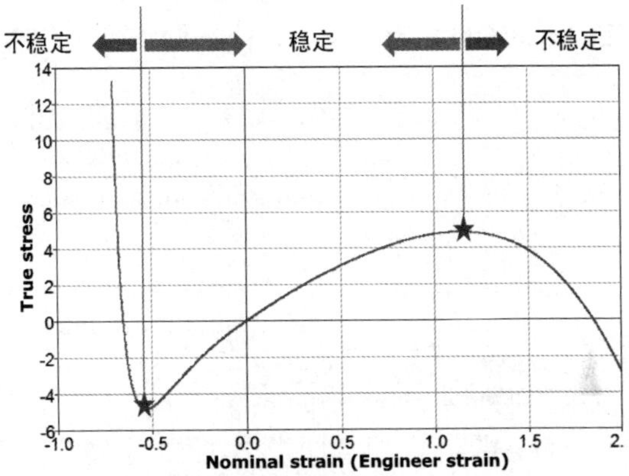

Radioss 的 LAW42 和 LAW69 中都会自动按照 Drücker 稳定性准则执行检查，并将检查信息打印在 starter 的输出文件中以供参考。例如，材料模型中设置了下面的 Odgen 参数时，Radioss 在 *0000. out 文件中打印的信息会清楚地显示针对不同的载荷，该材料参数可以用于哪些材料应变范围。

$\mu_1 = 13.99077258830 \quad \alpha_1 = 3.788192935039$

$\mu_2 = -9.13454532223 \quad \alpha_2 = -7.17617341059$

$\mu_3 = 8.904655103235 \quad \alpha_3 = -7.27028137148$

图 3-72　Ogden 模型中根据 Drücker 稳定性准则区分的稳定计算的应变范围

```
CHECK THE DRUCKER PRAGER STABILITY CONDITIONS
---------------------------------------------
MATERIAL LAW = OGDEN (LAW42)
MATERIAL NUMBER =          1
  TEST TYPE = UNIXIAL
    COMPRESSION:    UNSTABLE AT A NOMINAL STRAIN LESS THAN-0.3880000000000
    TENSION:        UNSTABLE AT A NOMINAL STRAIN LARGERTHAN  0.9709999999999
  TEST TYPE = BIAXIAL
    COMPRESSION:    UNSTABLE AT A NOMINAL STRAIN LESS THAN-0.2880000000000
    TENSION:        UNSTABLE AT A NOMINAL STRAIN LARGERTHAN  0.2780000000000
  TEST TYPE = PLANAR (SHEAR)
    COMPRESSION:    UNSTABLE AT A NOMINAL STRAIN LESS THAN-0.3680000000000
    TENSION:        UNSTABLE AT A NOMINAL STRAIN LARGERTHAN  0.5829999999999
```

对于 Neo-Hookean 模型，由于 $C_{10} > 0$（$\mu_1 > 0$），材料总是稳定的，所以无须进行此项检查。而对于 Mooney-Rivlin 模型，则需要进行检查，比如当 C_{01} 或者 μ_2 任意一个为负数时，会导致材料模型不稳定。

3.4.2　Yeoh 模型

Yeoh 模型[4]在 Radioss 中可以用 LAW94 材料卡片描述。Yeoh 模型的应变能公式为

$$W = \sum_{i=1}^{3} \left[\underbrace{C_{i0} (\bar{I}_1 - 3)^i}_{W(\bar{I}_1)} + \underbrace{\frac{1}{D_i} (J-1)^{2i}}_{U(J)} \right] \tag{3-65}$$

应变能公式与上一小节的 Ogden 模型一样，也使用 $\bar{I}_1 = \bar{\lambda}_1^2 + \bar{\lambda}_2^2 + \bar{\lambda}_3^2$ 的第一偏应变不变量和偏伸长率 $\bar{\lambda}_i = J^{-\frac{1}{3}} \lambda_i$。此时 Cauchy 应力计算公式为

$$\sigma_i = \frac{\lambda_i}{J} \frac{\partial W}{\partial \lambda_i} \tag{3-66}$$

在 LAW94 中，当考虑材料不可压缩，且只输入 C_{10} 和 D_1 时，Yeoh 模型就简化为 Neo-Hookean 模型。LAW94 中的材料参数 C_{10}、C_{20}、C_{30} 用于描述超弹性材料的变形，而参数 D_1、D_2、D_3 用于描述超弹性材料的体积压缩能力。这些参数需要通过拟合试验数据得到。Radioss 工具手册的实例 Example5600 中有一个 Compose 脚本可以帮助拟合（见本小节模型文件），如图 3-73 所示。

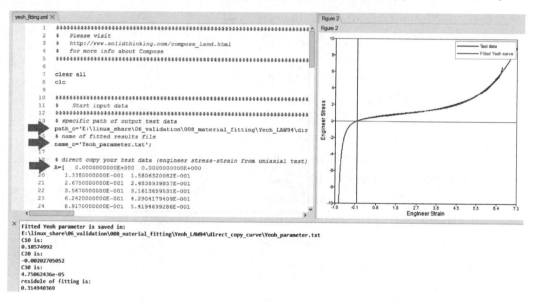

图 3-73　Altair Compose 超弹性材料参数拟合脚本示例

3.4.3　Arruda-Boyce 模型

在 Radioss 中，LAW92 运用了 Arruda-Boyce 模型[5]。不同于 Ogden 模型，它是基于热力统计学的模型。这个模型的应变能公式为

$$W = \mu \sum_{i=1}^{5} \frac{c_i}{(\lambda_m)^{2i-2}} (\bar{I}_1 - 3^i) + \frac{1}{D} \left(\frac{J^2-1}{2} + \ln(J) \right) \tag{3-67}$$

式中，第一部分应变偏量能运用了 Arruda-Boyce 模型，它是假设有 8 链的立方体，8 个链分别连接单元中心和各个顶点，如图 3-74 所示。c_i 值是通过热力统计学得出的常数。

$$c_1 = \frac{1}{2}, c_2 = \frac{1}{20}, c_3 = \frac{11}{1050}, c_4 = \frac{19}{7000}, c_5 = \frac{519}{673750} \tag{3-68}$$

图 3-74　8 链模型[5]

λ_m 用于定义材料的伸长极限值，也称为锁死应变，一般定义在应力应变曲线的最陡处（见图 3-75），通常为 7（LAW92 中已经设定了 λ_m 的默认值是 7）。

应变能公式中，μ 是剪切模量，它和初始剪切模量 μ_0 的关系式为

$$\mu_0 = \mu\left(1 + \frac{3}{5\lambda_m^2} + \frac{99}{175\lambda_m^4} + \frac{513}{875\lambda_m^6} + \frac{42039}{67375\lambda_m^8}\right) \quad (3\text{-}69)$$

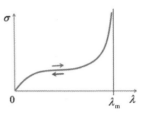

图 3-75　参数 λ_m 在
Yeoh 模型中的作用

$\bar{I}_1$ 是第一应变不变量，$\bar{I}_1 = \bar{\lambda}_1^2 + \bar{\lambda}_2^2 + \bar{\lambda}_3^2$。应变能中第二部分体积应变能中的 D 用于计算体积模量 K，$K = \dfrac{2}{D}$。J 是相对体积比。

$$J = \frac{V}{V_0} = \frac{l_1 \cdot l_2 \cdot l_3}{l_{01} \cdot l_{02} \cdot l_{03}} = \lambda_1 \cdot \lambda_2 \cdot \lambda_3 \quad (3\text{-}70)$$

在 LAW92 中既可以通过输入材料参数 μ、D、λ_m 来定义材料模型，也可以通过直接输入工程应力应变曲线定义材料模型，此时卡片中输入的参数 μ、D、λ_m 将被忽略，然后由 Radioss 自动用非线性最小二乘法进行拟合。拟合出来的 Arruda-Boyce 模型参数将在 * 0000. out 文件中打印，如图 3-76 所示。在使用曲线输入法时，还允许通过 *Itype* 参数区分输入曲线的试验类型，如图 3-77 所示，这样可以得到更加准确的拟合参数。可以选择的试验类型有单轴拉伸、双轴拉伸和平面拉伸三种。

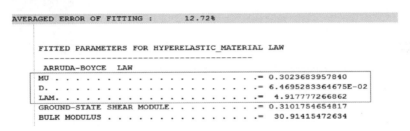

图 3-76　LAW92 根据用户输入曲线自动拟合的模型参数在 starter 中的打印信息

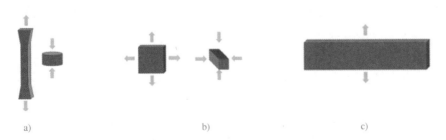

图 3-77　输入材料曲线源自不同的试验类型
a）单轴试验　b）双轴试验　c）平面拉伸试验

3.4.4　超弹性材料的常见试验

对于超弹性材料的试验，通常使用单轴拉伸试验拟合得到材料参数，但是仅通过拉伸试验得到的材料参数不一定能很好地用于模拟材料的复杂应力状态，所以还要做其他类型的试验来校验材料参数，比如双轴拉伸、体积试验、平面剪切试验等，见表 3-7。不同试验拟合参数时需要注意各个方向伸长率的计算。更多关于超弹性材料试验的信息可以参见文献［6］以及行业内的相应标准或者国标。

表 3-7　各个方向的伸长率在假设材料不可压缩情况下的关系

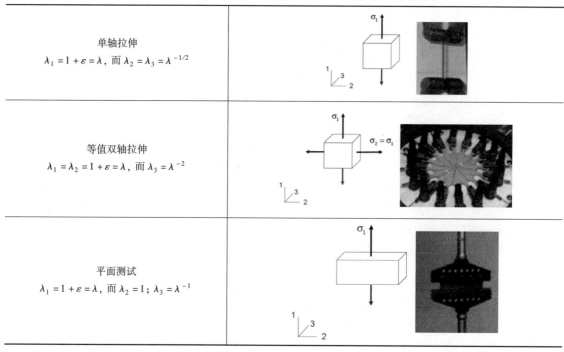

单轴拉伸 $\lambda_1 = 1 + \varepsilon = \lambda$，而 $\lambda_2 = \lambda_3 = \lambda^{-1/2}$	
等值双轴拉伸 $\lambda_1 = \lambda_2 = 1 + \varepsilon = \lambda$，而 $\lambda_3 = \lambda^{-2}$	
平面测试 $\lambda_1 = 1 + \varepsilon = \lambda$，而 $\lambda_2 = 1$；$\lambda_3 = \lambda^{-1}$	

3.4.5　超弹性材料的单元属性设置

在 Radioss 中使用超弹性材料时，对单元属性的设置也有一定的要求，比如实体单元最好使用八节点六面体/BRICK 单元，如果几何复杂而不得不考虑四面体单元，那么/TETRA4 或者/TETRA10 也可以使用。实体单元属性推荐使用 $Ismstr = 10$，$Icpre = 1$，配合 $Isolid = 24$；如果一定要有全积分的设置 $Isolid = 17$，那么最好同时设置 $Iframe = 2$，以适用于超弹性材料经常出现的超大变形。

3.4.6　超弹性、黏弹性模型功能汇总

Radioss 中的超弹性、黏弹性模型功能汇总见表 3-8。

表 3-8　Radioss 中超弹性、黏弹性模型功能汇总

	超弹性 （Hyperelastic）	黏弹性 （Viscoelastic）	塑性 （Plasticity）	空气压力 （Air Pressure）	曲线输入	应变率	橡胶	泡沫
LAW33		是	是	是	是			是
LAW34		是		是			是	是
LAW35		是		是	是			是
LAW38		是		是	是			是
LAW40		是					是	
LAW42	是	是					是	

（续）

	超弹性 （Hyperelastic）	黏弹性 （Viscoelastic）	塑性 （Plasticity）	空气压力 （Air Pressure）	曲线输入	应变率	橡胶	泡沫
LAW62	是	是					是	是
LAW69	是				是		是	
LAW70		是			是			是
LAW77		是		是	是			是
LAW90		是		是	是			是
LAW82	是						是	
LAW92	是				是		是	
LAW88	是				是	是	是	
LAW94	是						是	
LAW95	是	是			是	是	是	
LAW100	是	是			是	是	是	
LAW28			是		是			是
LAW50			是		是			是

3.5　复合材料的建模

复合材料是指由两种（或以上）不同材料混合而成的材料。一般来说复合材料由母材（matrix）和加劲材料（reinforcement）这两种类型的材料组成。母材用于黏结加劲材料以及成型等，比如高分子聚合物；加劲材料可以规则，也可以无序地混合在母材中，加劲材料的形式可以是粒子及连续或不连续的纤维。复合材料在 Radioss 中的建模方法大致有三种（见图 3-78）；第一种是每层至少有三个实体单元，类似详细模型，结果会更精确一些，但这样建的模型比较大，需要较大的计算资源；第二种为壳单元（三明治夹层）方法，即仅用一层壳单元，在壳单元上通过单元属性（property）来定义不同的材料层，这样的建模方式比较节省计算资源，常用于铺层的复合材料；第三种是混合方法，即中间层用实体单元，上下层用壳单元，使用共节点的方式建模，这样的建模方式也是比较节省计算资源的，常用于复合材料中间层相对上下层的几何尺寸大得多的情况，比如飞机的蒙皮。

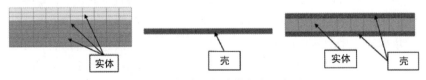

图 3-78　复合材料建模方式示意图

3.5.1　复合材料的材料模型

在 Radioss 中模拟复合材料需要选择适合它们的材料模型和单元属性（property）。在单元属性中一般定义复合材料中加劲材料的方向，以及复合材料的铺层方法；在材料模型中定义母材和加劲材料的力学性能。复合材料中每个层本身可以是各向同性的，也可以是各向异性的，各向同性的层可以用 LAW36、LAW27 来模拟，而各向异性的层通常可以用 LAW25。Radioss 中的复合材料模型可以从 Radioss Manual 中的复合材料库（Composite and Fabric Materials）中选择。在这个库中，LAW12、LAW14、LAW15、LAW25 都可用于模拟整个复合材料的模型。LAW15 是比较老的模型，现在一般推荐使用 LAW25 +/FAIL/CHANG 来代替；LAW12 和 LAW14 是用于模拟实体单元的复合材料模型，并且还可以和复合材料的失效模型/FAIL/HASHIN、/FAIL/PUCK 以及/FAIL/LAD_DAMA 结合使用；LAW25 是使用最为广泛的复合材料模型，它既可用于实体单元也可以用于壳体单元，而且还可以和所有的复合材料失效模型结合使用；LAW19、LAW58 可以用来模拟加劲纤维和织布材料。可用于复合材料的实体单元属性有/PROP 中的 TYPE6、TYPE14、TYPE20、TYPE21、TYPE22，壳体单元属性有/PROP 中的 TYPE9、TYPE10、TYPE11、TYPE17、TYPE19、TYPE51 和/PROP/PCOMP。当然，使用时要注意材料模型和单元属性的兼容性（具体见 Radioss 帮助文档 Reference Guide 中材料模型和单元属性的兼容表）。

1. LAW25（Tsai-WU 和 CRASURV）

在 Radioss 中，LAW25 是最常用的复合材料模型，它既可以用于实体单元也可以用于壳单元。LAW25 有两种不同的形式：一种是 Tsai-Wu 公式（$I_{form} = 0$）；另一种是 CRASURV 公式（$I_{form} = 1$）。这种模型可以很好地描述复合材料的弹塑性。

（1）弹性阶段

在 LAW25 中通过三个杨氏模量 E_{11}、E_{22}、E_{33}，三个剪切模量 G_{12}、G_{23}、G_{31} 和一个泊松比 ν_{12} 来定义复合材料的弹性。

$$
\begin{bmatrix} \varepsilon_{11} \\ \varepsilon_{22} \\ \varepsilon_{33} \\ \gamma_{12} \\ \gamma_{23} \\ \gamma_{31} \end{bmatrix} = \begin{bmatrix} \frac{1}{E_{11}} & -\frac{\nu_{12}}{E_{11}} & -\frac{\nu_{12}}{E_{33}} & 0 & 0 & 0 \\ & \frac{1}{E_{22}} & -\frac{\nu_{12}}{E_{22}} & 0 & 0 & 0 \\ & & \frac{1}{E_{33}} & 0 & 0 & 0 \\ & & & \frac{1}{2G_{12}} & 0 & 0 \\ & \text{对称} & & & \frac{1}{2G_{23}} & 0 \\ & & & & & \frac{1}{2G_{31}} \end{bmatrix} \cdot \begin{bmatrix} \sigma_{11} \\ \sigma_{22} \\ \sigma_{33} \\ \sigma_{12} \\ \sigma_{23} \\ \sigma_{31} \end{bmatrix} \tag{3-71}
$$

（2）材料屈服判定

复合材料承载到一定阶段就进入屈服阶段，之后就是进入塑性硬化阶段。LAW25 使用了复合材料常用的 Tsai-Wu 屈服准则来判定材料屈服，并且有两种不同的变体（Tsai-WU 和 CRASURV）。Tsai-Wu 公式采用 $F(\sigma)$，而 CRASURV 公式采用 $F(W_p^*, \dot{\varepsilon}, \sigma)$，它们判断材料屈服的方式也不同，见表 3-9。Tsai-Wu 屈服准则中的六个参数在 Tsai-Wu 和 CRASURV 中可以通过试验得到，见表 3-10。

表 3-9 Tsai-Wu 公式和 CRASURV 公式比较

Tsai-Wu $(F(\sigma) \leqslant F(W_p^*, \dot{\varepsilon}))$	CRASURV $(F(W_p^*, \dot{\varepsilon}, \sigma) \leqslant 1)$
$F(\sigma) = F_1\sigma_1 + F_2\sigma_2 +$ $F_{11}\sigma_1^2 + F_{22}\sigma_2^2 + F_{44}\sigma_{12}^2 +$ $2F_{12}\sigma_1\sigma_2$	$F(W_p^*, \dot{\varepsilon}, \sigma) = F_1(W_p^*, \dot{\varepsilon})\sigma_1 + F_2(W_p^*, \dot{\varepsilon})\sigma_2 +$ $F_{11}(W_p^*, \dot{\varepsilon})\sigma_1^2 + F_{22}(W_p^*, \dot{\varepsilon})\sigma_2^2 + F_{44}(W_p^*, \dot{\varepsilon})\sigma_{12}^2 +$ $2F_{12}(W_p^*, \dot{\varepsilon})\sigma_1\sigma_2$

表 3-10　通过试验得到 Tsai-Wu 屈服准则的参数

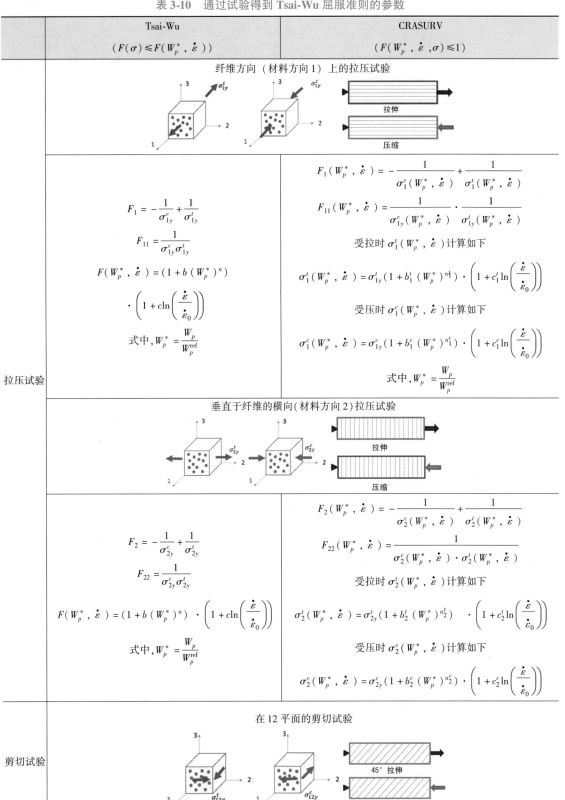

	Tsai-Wu $(F(\sigma) \leq F(W_p^*, \dot{\varepsilon}))$	CRASURV $(F(W_p^*, \dot{\varepsilon}, \sigma) \leq 1)$
	纤维方向（材料方向 1）上的拉压试验	
拉压试验	$F_1 = -\dfrac{1}{\sigma_{1y}^c} + \dfrac{1}{\sigma_{1y}^t}$ $F_{11} = \dfrac{1}{\sigma_{1y}^c \sigma_{1y}^t}$ $F(W_p^*, \dot{\varepsilon}) = (1 + b(W_p^*)^n)$ $\cdot \left(1 + c\ln\left(\dfrac{\dot{\varepsilon}}{\dot{\varepsilon}_0}\right)\right)$ 式中，$W_p^* = \dfrac{W_p}{W_p^{\mathrm{ref}}}$	$F_1(W_p^*, \dot{\varepsilon}) = -\dfrac{1}{\sigma_1^c(W_p^*, \dot{\varepsilon})} + \dfrac{1}{\sigma_1^t(W_p^*, \dot{\varepsilon})}$ $F_{11}(W_p^*, \dot{\varepsilon}) = \dfrac{1}{\sigma_1^c(W_p^*, \dot{\varepsilon})} \cdot \dfrac{1}{\sigma_1^t(W_p^*, \dot{\varepsilon})}$ 受拉时 $\sigma_1^t(W_p^*, \dot{\varepsilon})$ 计算如下 $\sigma_1^t(W_p^*, \dot{\varepsilon}) = \sigma_{1y}^t(1 + b_1^t(W_p^*)^{n_1^t}) \cdot \left(1 + c_1^t\ln\left(\dfrac{\dot{\varepsilon}}{\dot{\varepsilon}_0}\right)\right)$ 受压时 $\sigma_1^c(W_p^*, \dot{\varepsilon})$ 计算如下 $\sigma_1^c(W_p^*, \dot{\varepsilon}) = \sigma_{1y}^c(1 + b_1^c(W_p^*)^{n_1^c}) \cdot \left(1 + c_1^c\ln\left(\dfrac{\dot{\varepsilon}}{\dot{\varepsilon}_0}\right)\right)$ 式中，$W_p^* = \dfrac{W_p}{W_p^{\mathrm{ref}}}$
	垂直于纤维的横向（材料方向 2）拉压试验	
	$F_2 = -\dfrac{1}{\sigma_{2y}^c} + \dfrac{1}{\sigma_{2y}^t}$ $F_{22} = \dfrac{1}{\sigma_{2y}^c \sigma_{2y}^t}$ $F(W_p^*, \dot{\varepsilon}) = (1 + b(W_p^*)^n) \cdot \left(1 + c\ln\left(\dfrac{\dot{\varepsilon}}{\dot{\varepsilon}_0}\right)\right)$ 式中，$W_p^* = \dfrac{W_p}{W_p^{\mathrm{ref}}}$	$F_2(W_p^*, \dot{\varepsilon}) = -\dfrac{1}{\sigma_2^c(W_p^*, \dot{\varepsilon})} + \dfrac{1}{\sigma_2^t(W_p^*, \dot{\varepsilon})}$ $F_{22}(W_p^*, \dot{\varepsilon}) = \dfrac{1}{\sigma_2^c(W_p^*, \dot{\varepsilon}) \cdot \sigma_2^t(W_p^*, \dot{\varepsilon})}$ 受拉时 $\sigma_2^t(W_p^*, \dot{\varepsilon})$ 计算如下 $\sigma_2^t(W_p^*, \dot{\varepsilon}) = \sigma_{2y}^t(1 + b_2^t(W_p^*)^{n_2^t}) \cdot \left(1 + c_2^t\ln\left(\dfrac{\dot{\varepsilon}}{\dot{\varepsilon}_0}\right)\right)$ 受压时 $\sigma_2^c(W_p^*, \dot{\varepsilon})$ 计算如下 $\sigma_2^c(W_p^*, \dot{\varepsilon}) = \sigma_{2y}^c(1 + b_2^c(W_p^*)^{n_2^c}) \cdot \left(1 + c_2^c\ln\left(\dfrac{\dot{\varepsilon}}{\dot{\varepsilon}_0}\right)\right)$
剪切试验	在 12 平面的剪切试验	

（续）

| 剪切试验 | $F_{44} = \dfrac{1}{\sigma_{12y}^c \sigma_{12y}^t}$

 σ_{12y}^t 和 σ_{12y}^c 可以通过下面的简单试验得到

 $\sigma_{12y}^t = \dfrac{\sigma_T}{2}$　　$\sigma_{12y}^c = \dfrac{\sigma_C}{2}$

 $F(W_p^*, \dot{\varepsilon}) = (1 + b(W_p^*)^n) \cdot \left(1 + cln\left(\dfrac{\dot{\varepsilon}}{\dot{\varepsilon}_0}\right)\right)$ | $F_{44}(W_p^*, \dot{\varepsilon}) = \dfrac{1}{\sigma_{12}(W_p^*, \dot{\varepsilon}) \cdot \sigma_{12}(W_p^*, \dot{\varepsilon})}$

 受剪切时 $\sigma_{12y}(W_p^*, \dot{\varepsilon})$ 计算如下

 $\sigma_{12}(W_p^*, \dot{\varepsilon}) = \sigma_{12y}(1 + b_{12}(W_p^*)^{n_{12}}) \cdot \left(1 + c_{12}ln\left(\dfrac{\dot{\varepsilon}}{\dot{\varepsilon}_0}\right)\right)$

 其中，σ_{12y} 可以通过下面的简单试验得到

 $\sigma_{12y} = \dfrac{\sigma_T}{2}$ |
| 交互参数计算 | $F_{12} = -\dfrac{\alpha}{2}\sqrt{F_{11}F_{22}}$

 通常 α 使用默认值 $\alpha = 1$

 $F(W_p^*, \dot{\varepsilon}) = (1 + b(W_p^*)^n) \cdot \left(1 + cln\left(\dfrac{\dot{\varepsilon}}{\dot{\varepsilon}_0}\right)\right)$

 式中，$W_p^* = \dfrac{W_p}{W_p^{ref}}$ | $F_{12}(W_p^*, \dot{\varepsilon}) = -\dfrac{\alpha}{2}\sqrt{F_{11}(W_p^*, \dot{\varepsilon})F_{22}(W_p^*, \dot{\varepsilon})}$

 通常 α 使用默认值 $\alpha = 1$ |

表 3-10 中，W_p^* 是相对塑性功，W_p 是塑性功，由 Radioss 根据各个应力状态计算得到。W_p^{ref} 需要用户在卡片中输入。例如，卡片中设置默认值（0）即 $W_p^{ref} = 1.0$，假设使用 kg，m，s 单位系统，那么 W_p^{ref} 取值是 $1J/m^3$；若用 mg，mm，s 单位系统，那么 W_p^{ref} 取值是 $1N \cdot mm/mm^3$。如果卡片中设置具体的值而不是留空也不是 0（比如设置 1.0，同样 $W_p^{ref} = 1.0$），那么 W_p^{ref} 的单位就同于局部单位系统，见表 3-11。这样的好处是当用户转换单位系统时可以自动转换到相应的单位系统。

表 3-11　LAW25 的两种复合材料形式

材料模型	屈服判断
Tsai-Wu	当 $F(\sigma) \leqslant F(W_p^*, \dot{\varepsilon})$ 时为屈服前的弹性阶段 当 $F(\sigma) > F(W_p^*, \dot{\varepsilon})$ 时为屈服后的非线性阶段 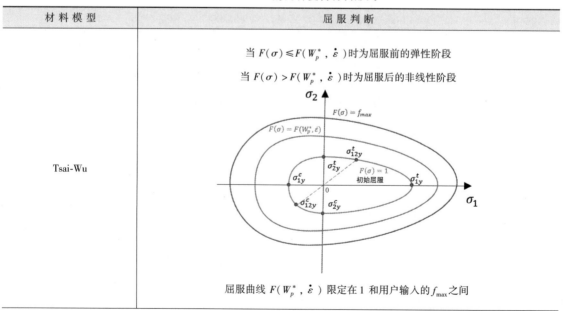 屈服曲线 $F(W_p^*, \dot{\varepsilon})$ 限定在 1 和用户输入的 f_{max} 之间

（续）

材　料　模　型	屈　服　判　断
CRASURV	当 $F(W_p^*, \dot{\varepsilon}\ \sigma) \leqslant 1$ 时为屈服前的弹性阶段 当 $F(W_p^*, \dot{\varepsilon}\ \sigma) > 1$ 时为屈服后的非线性阶段 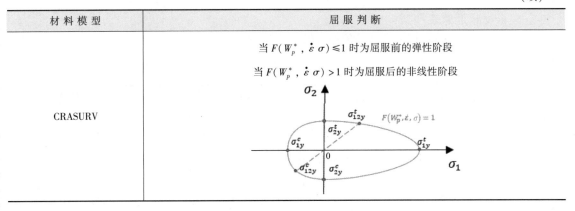

（3）材料塑性阶段

复合材料过了屈服点后进入塑性强化阶段。LAW25 可用于描述复合材料平面内 1,2 方向的拉伸压缩，以及剪切方向的塑性强化。以 CRASURV 中 1,2 方向的拉伸塑性强化为例，图 3-79 所示为描述塑性强化对需要输入的材料参数，这些参数在应力应变曲线中的位置如图 3-80 所示。

$$\sigma_i^t(W_p^*, \dot{\varepsilon}) = \sigma_{iy}^t\left(1 + b_i^t(W_p^*)^{n_i^t}\right)\left(1 + c_i^t\ln\left(\frac{\dot{\varepsilon}}{\dot{\varepsilon}_0}\right)\right) \tag{3-72}$$

Composite Plasticity in Tension Directions 1 and 2

(1)	(2)	(3)	(4)	(5)	(6)	(7)	(8)	(9)	(10)
σ_{1y}^t		b_1^t		n_1^t		$\sigma_{1\max}^t$		c_1^t	
ε_1^{t1}		ε_1^{t2}		σ_{1rs}^t		$W_{1p}^{\max t}$			
σ_{2y}^t		b_2^t		n_2^t		$\sigma_{2\max}^t$		c_2^t	
ε_1^{t2}		ε_2^{t2}		σ_{2rs}^t		$W_{2p}^{\max t}$			

图 3-79　CRASURV 中 1，2 方向的拉伸塑性强化参数

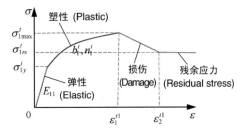

图 3-80　CRASURV 中 1，2 方向的拉伸塑性强化参数

（4）材料的失效

在 LAW25（Tsai-Wu 和 CRASURV）中，材料失效是通过一个总应变（包括弹性和塑性应变）和最大失效系数的关系曲线来判定的。当材料总应变 $\varepsilon > \varepsilon_t$ 或者平面外（3 方向）应变处于 $\gamma_{ini} < \gamma < \gamma_{max}$ 时，材料的强度开始折减，公式如下。

$$\sigma^{reduce} = \sigma \cdot (1 - d_i) \tag{3-73}$$

式中，i 是方向，$i = 1, 2, 3$；d_i 是失效系数，在平面内（$i = 1, 2$）、平面外（$i = 3$）分别定义为

$$d_i = \min\left(\frac{\varepsilon_i - \varepsilon_{ti}}{\varepsilon_i} \cdot \frac{\varepsilon_{mi}}{\varepsilon_{mi} - \varepsilon_{ti}}, d_{max}\right), i = 1, 2 \tag{3-74}$$

$$d_3 = \min\left(\frac{\gamma - \gamma_{ini}}{\gamma_{max} - \gamma_{ini}} \cdot \frac{\gamma_{max}}{\gamma}, d_{3max}\right), i = 3 \tag{3-75}$$

这个平面外的失效用于模拟层剥离。

当材料总应变处于 $\varepsilon_t < \varepsilon < \varepsilon_f$ 时，材料强度开始削弱，并且这时的削弱是不可逆的。一旦 $\varepsilon > \varepsilon_f$ 就认为材料不可逆地失效了，当 $\varepsilon \geqslant \varepsilon_m$ 时材料的强度为 0。由于材料失效由用户定义的 ε_t 和 ε_f 决定，所以材料的失效可以在弹性阶段发生，也可以在塑性阶段发生。材料失效时单元的删除由

I_{off} 控制。具体可以参见 Radioss 帮助文档 Reference Guide 中 LAW25 的注解。

2. 复合材料汇总表

复合材料的材料模型和单元属性的兼容性见表 3-12。

表 3-12　复合材料的材料模型和单元属性的兼容性

	壳单元属性	实体单元属性	失效模型
LAW12		/PROP/TYPE6（SOL_ORTH） /PROP/TYPE21（TSH_ORTH） /PROP/TYPE22（TSH_COMP）	/FAIL/HASHIN /FAIL/PUCK /FAIL/LAD_DAMA
LAW14		/PROP/TYPE6（SOL_ORTH） /PROP/TYPE21（TSH_ORTH） /PROP/TYPE22（TSH_COMP）	/FAIL/HASHIN /FAIL/PUCK /FAIL/LAD_DAMA
LAW15	/PROP/TYPE9（SH_ORTH） /PROP/TYPE10（SH_ORTH） /PROP/TYPE11（SH_SANDW） /PROP/TYPE17（STACK） /PROP/TYPE19（PLY）		/FAIL/CHANG
LAW25	/PROP/TYPE10（SH_ORTH） /PROP/TYPE11（SH_SANDW） /PROP/TYPE17（STACK） /PROP/TYPE19（PLY） /PROP/TYPE51 /PROP/PCOMPP	/PROP/TYPE6（SOL_ORTH） /PROP/TYPE14（SOLID） /PROP/TYPE20（TSHELL） /PROP/TYPE21（TSH_ORTH） /PROP/TYPE22（TSH_COMP）	/FAIL/CHANG /FAIL/HASHIN /FAIL/PUCK /FAIL/LAD_DAMA （仅用于实体单元）

3.5.2　复合材料的失效模型

复合材料在应用中的损伤和失效不可避免，在仿真计算中，根据失效机制和断口形式有许多针对复合材料的失效模型。在 Radioss 中，/FAIL/CHANG、/FAIL/HASHIN、/FAIL/PUCK 和/FAIL/LAD_DAMA 可用于模拟复合材料的失效。复合材料一般由两种以上材料（母材和加劲材料）组成，而每一种材料都有各自的失效力学属性。在 Radioss 中可以用不同的材料模型、不同的失效模型来模拟母材、加劲材料或不同层的材料：用/FAIL/HASHIN 模拟纤维失效；用/FAIL/PUCK 模拟母材失效；用/FAIL/LAD_DAMA（见附录）模拟复合材料的层间剥离失效。

1. /FAIL/HASHIN

在 HASHIN 失效模型中，最初考虑了两种失效：一种是纤维失效模式，也就是说复合材料的失效是纤维的拉伸失效或压缩时的屈曲失效决定的，/FAIL/HASHIN 中的纤维拉/剪模式（tensile/shear fiber mode）、纤维压缩模式（compression fiber mode）以及挤压模式（crush mode）都属于纤维失效模式。如果方向 1 是纤维方向，假设失效面在 23 平面，那么就是纤维失效模式形成的（见图 3-81 左）；还有一种是母材失效模式，也就是说复合材料的失效是由于母材以及母材与纤维之间的失效而引起的。母材剪切失效和母材剥离失效都属于母材失效模式。通常与纤维方向（方向 1）平行的失效面是由母材失效模式形成的（见图 3-81 右）。

在 Radioss 中用 HASHIN 模型可以考虑单方向纤维加劲的复合材料模型和两个方向纤维加劲的复合材料模型。它们的计算方法见表 3-13。

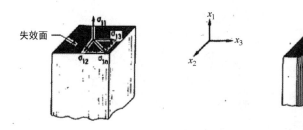

图 3-81　单方向复合材料的纤维失效模式和母材失效模式[9]

表 **3-13**　**HASHIN** 模型中复合材料失效的类型

	单方向纤维加劲的复合材料模型	两个方向纤维加劲的复合材料模型
材料失效判定	如果损伤变量 $D=1$，那么材料失效 如果损伤变量 $0 \leqslant D < 1$，那么材料没有失效 损伤变量 D 计算如下 $D = \max(F_1, F_2, F_3, F_4)$ F_1，F_2，F_3，F_4 在下面不同的受力模式下得到	
拉伸/剪切纤维模式	$F_1 = \left(\dfrac{\langle \sigma_{11} \rangle}{\sigma_1^t}\right)^2 + \left(\dfrac{\sigma_{12}^2 + \sigma_{13}^2}{\sigma_{12}^{f\,2}}\right)$	$F_1 = \left(\dfrac{\langle \sigma_{11} \rangle}{\sigma_1^t}\right)^2 + \left(\dfrac{\sigma_{12}^2 + \sigma_{13}^2}{\sigma_a^{f\,2}}\right)$ $F_2 = \left(\dfrac{\langle \sigma_{22} \rangle}{\sigma_2^t}\right)^2 + \left(\dfrac{\sigma_{12}^2 + \sigma_{23}^2}{\sigma_b^{f\,2}}\right)$ 式中，$\sigma_a^f = \sigma_{12}$，$\sigma_b^f = \sigma_{12}^f \dfrac{\sigma_2^t}{\sigma_1^t}$
压缩纤维模式	$F_2 = \left(\dfrac{\langle \sigma_a \rangle}{\sigma_1^c}\right)^2$ 式中，$\sigma_a = -\sigma_{11} + \left\langle -\dfrac{\sigma_{22} + \sigma_{33}}{2} \right\rangle$	$F_3 = \left(\dfrac{\langle \sigma_a \rangle}{\sigma_1^c}\right)^2$ 式中，$\sigma_a = -\sigma_{11} + \langle -\sigma_{33} \rangle$ $F_4 = \left(\dfrac{\langle \sigma_b \rangle}{\sigma_2^c}\right)^2$ 式中，$\sigma_b = -\sigma_{22} + \langle -\sigma_{33} \rangle$
挤压模式	$F_3 = \left(\dfrac{\langle p \rangle}{\sigma_c}\right)^2$ 式中，$p = -\dfrac{\sigma_{11} + \sigma_{22} + \sigma_{33}}{3}$	$F_5 = \left(\dfrac{\langle p \rangle}{\sigma_c}\right)^2$ 式中，$p = -\dfrac{\sigma_{11} + \sigma_{22} + \sigma_{33}}{3}$
母材剪切失效模式		$F_6 = \left(\dfrac{\sigma_{12}}{\sigma_{12}^m}\right)^2$
母材失效模式	$F_4 = \left(\dfrac{\langle \sigma_{22} \rangle}{\sigma_2^t}\right)^2 + \left(\dfrac{\sigma_{23}}{S_{23}}\right)^2 + \left(\dfrac{\sigma_{12}}{S_{12}}\right)^2$ $S_{12} = \sigma_{12}^m + \langle -\sigma_{22} \rangle \tan\phi$ $S_{23} = \sigma_{23}^m + \langle -\sigma_{22} \rangle \tan\phi$	
母材剥离失效模式	$F_5 = S_{del}^2 \left[\left(\dfrac{\langle \sigma_{33} \rangle}{\sigma_3^t}\right)^2 + \left(\dfrac{\sigma_{23}}{\tilde{S}_{23}}\right)^2 + \left(\dfrac{\sigma_{13}}{S_{13}}\right)^2 \right]$ $S_{13} = \sigma_{13}^m + \langle -\sigma_{33} \rangle \tan\phi$ $\tilde{S}_{23} = \sigma_{23}^m + \langle -\sigma_{33} \rangle \tan\phi$	$F_7 = S_{del}^2 \left[\left(\dfrac{\langle \sigma_{33} \rangle}{\sigma_3^t}\right)^2 + \left(\dfrac{\sigma_{23}}{S_{23}}\right)^2 + \left(\dfrac{\sigma_{13}}{S_{13}}\right)^2 \right]$ 式中： $S_{13} = \sigma_{13}^m + \langle -\sigma_{33} \rangle \tan\phi$ $S_{23} = \sigma_{23}^m + \langle -\sigma_{33} \rangle \tan\phi$

注意 $\langle a \rangle$ 的表示方法，它表示仅取正值，即

$$\langle a \rangle = \begin{cases} a, & a > 0 \\ 0, & a \leqslant 0 \end{cases}$$

Radioss 中的 HASHIN 失效卡片如图 3-82 所示。

(1)	(2)	(3)	(4)	(5)	(6)	(7)	(8)	(9)	(10)
/FAIL/HASHIN/mat_ID/unit_ID									
I_{form}	I_{fail_sh}	I_{fail_so}	ratio		I_Dam	$Imod$	I_frwave	$\dot{\varepsilon}_{min}$	
σ_1^t		σ_2^t		σ_3^t		σ_1^c		σ_2^c	
σ_c		σ_{12}^f		σ_{12}^m		σ_{23}^m		σ_{13}^m	
ϕ		S_{del}		τ_{max}		$\dot{\varepsilon}_0$		T_{cut}	

图 3-82　HASHIN 失效卡片

需要输入下列内容。

1）材料强度 σ_1^t、σ_2^t、σ_3^t、σ_1^c、σ_2^c，这些参数从复合材料不同方向的拉伸和压缩试验中取得，如图 3-83 所示。

2）材料挤压强度 σ_c 以及纤维剪切强度 σ_{12}^f，这两个参数可以从准静态冲击剪切试验（QS-PST）[14]中得到。在这个 QS-PST 试验中，当跨冲比 SPR = 0 时得到的挤压强度就是 σ_c，而 SPR = 1.1 时得到的是纤维剪切强度 σ_{12}^f。

3）ϕ 是内摩擦角，这个参数使得表现为压剪状态下的剪切强度大于拉剪状态，这通常是由于纤维和母材之间的摩擦引起的。内摩擦角用于描述剪切强度与压力是线性的。使用 Off-Axis 试验也可以拟合得到内摩擦角。例如使用不同的纤维角度 θ（比如 30°、45°、60°等）以及图 3-84 中的公式得到剪切力和压力的关系后进行拟合。

4）σ_{12}^m、σ_{13}^m、σ_{23}^m 是母材的剪切试验中得到的不同方向的剪切强度。

5）S_{del} 是剥离参数，它可以通过复合材料的剥离试验拟合得到。

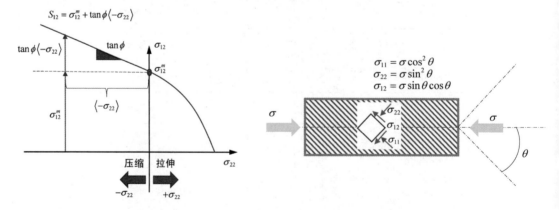

图 3-83　HASHIN 模型中的内摩擦角　　　　图 3-84　复合材料 Off-Axis 试验

2. /FAIL/PUCK

在 PUCK 复合材料失效模型中考虑两种失效形式：一种是纤维失效，即复合材料的失效是由于纤维拉伸或压缩的失效而引起的；另一种是纤维间失效（Inter Fiber Failure，IFF）[10]，纤维间失效的计算方法见表 3-14。

表 3-14　纤维间失效的计算方法

材料失效判定	如果损伤变量 $D=1$，那么材料失效 如果损伤变量 $0 \leqslant D < 1$，那么材料没有失效 损伤变量 D 计算如下 $D = \max\left(e_f(tensile), e_f(compression), e_f(ModeA), e_f(ModeB), e_f(ModeC)\right)$ 不同 $e_f()$ 在下面的不同受力模式下得到
纤维失效	纤维拉伸失效：$\sigma_{11} > 0$（复合材料处于纤维方向受拉状态） $e_f(tensile) = \dfrac{\sigma_{11}}{\sigma_1^t}$ 纤维压缩失效：$\sigma_{11} < 0$（复合材料处于纤维方向受压状态） $e_f(compression) = \dfrac{|\sigma_{11}|}{\sigma_1^c}$
纤维间失效	Mode A：当 $\sigma_{22} > 0$ 时（复合材料处于垂直纤维方向受拉状态） $e_f(ModeA) = \dfrac{1}{\bar{\sigma}_{12}}\left[\sqrt{\left(\dfrac{\bar{\sigma}_{12}}{\sigma_2^t} - p_{12}^+\right)^2 \sigma_{22}{}^2 + \sigma_{12}{}^2} + p_{12}^+ \sigma_{22}\right]$ Mode C：当 $\sigma_{22} < 0$ 时（复合材料处于垂直纤维方向受压状态） $e_f(ModeC) = \left[\left(\dfrac{\sigma_{12}}{2(1+p_{22}^-)\bar{\sigma}_{12}}\right)^2 + \left(\dfrac{\sigma_{22}}{\sigma_2^c}\right)^2\right]\left(\dfrac{\sigma_2^c}{-\sigma_{22}}\right)$ Mode B：Mode A 与 Mode C 之间的状态 $e_f(ModeB) = \dfrac{1}{\bar{\sigma}_{12}}\left(\sqrt{\sigma_{12}^2 + (p_{12}^- \sigma_{22})^2} + p_{12}^- \sigma_{22}\right)$

在纤维间失效中，当处在 Mode A 时，剪切载荷会提高失效风险；当处在 Mode B 时，加大压力会提高复合材料的剪切承载；如果继续加大压力那么剪切承载会下降，这就是 Mode C 了。

Radioss 的 PUCK 失效卡片如图 3-85 所示。

需要输入下列内容。

1）对于纤维失效，可以在纤维方向做拉伸和压缩试验，得到强度参数 σ_1^t、σ_1^c。

2）对于纤维间失效，在垂直纤维方向做复合材料的拉伸和压缩，得到强度参数 σ_1^t、σ_1^c。

3）通过复合材料的剪切试验可以得到强度参数 $\bar{\sigma}_{12}$。

4）使用上面得到的 σ_2^t、σ_2^c、$\bar{\sigma}_{12}$ 可以拟合得到描述 Mode C 和 Mode B 的参数 p_{22}^- 和 p_{12}^-。

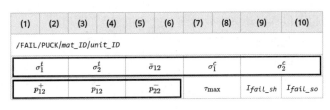

(1)	(2)	(3)	(4)	(5)	(6)	(7)	(8)	(9)	(10)
/FAIL/PUCK/mat_ID/unit_ID									
σ_1^t		σ_2^t		$\bar{\sigma}_{12}$		σ_1^c		σ_2^c	
p_{12}^+		p_{12}^-		p_{22}^-		τ_{max}		I_{fail_sh}	I_{fail_so}

图 3-85　PUCK 失效卡片

5）使用上面得到的 σ_2^t、$\bar{\sigma}_{12}$ 以及任意一组垂直纤维方向的拉剪试验（比如常见的 $\sigma_{22} = \sigma_{12}$ 情况下的拉剪试验）可以拟合得到参数 p_{12}^+。

用上面的这些试验数据可以拟合（Altair Compose 有拟合 PUCK 的脚本，见本小节文件）出图 3-86 所示的复合材料 $\sigma_{22} - \sigma_{12}$ 平面内的失效曲线。当然如果没有相关试验数据的支持，参数 p_{12}^+、p_{12}^-、p_{22}^- 的取值可以参照文献 [11]：碳纤维一般可设置 $p_{12}^+ = 0.35$，$p_{12}^- = 0.3$，$p_{22}^- = 0.2$；玻璃纤维一般可设置 $p_{12}^+ = 0.3$，$p_{12}^- = 0.25$，$p_{22}^- = 0.2$。

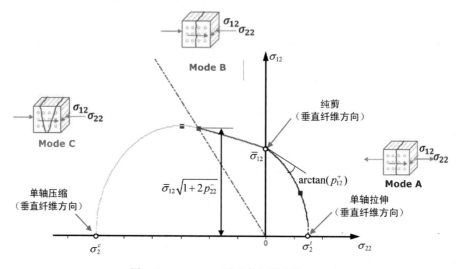

图 3-86　$\sigma_{22} - \sigma_{12}$ 平面内失效曲线

在 Radioss 所有的复合材料失效模型中，达到损伤标准后都可以处理为应力逐渐减小的方式。

- HASHIN

$$D = \mathrm{Max}(F_1, F_2, F_3, F_4) \geqslant 1 \tag{3-76}$$

- PUCK

$$D = \max(e_f(tensile), e_f(compression), e_f(ModeA), e_f(ModeB), e_f(ModeC)) \geqslant 1 \tag{3-77}$$

当应力达到上面的损伤标准后，通过卡片中的参数 $\tau_{\max}$ 以式（3-78）所示的指数函数控制应力逐渐减小，这样也能防止数值计算中的不稳定。式（3-78）中，当 $t \geqslant t_r$ 时 $\sigma_d(t_r)$ 是损伤变量达到 1（$D \geqslant 1$）时的应力。图 3-87 中显示了不同的 $\tau_{\max}$ 值如何逐渐地折减应力。$\tau_{\max}$ 也可以称为动态松弛时间，这个值越大，应力折减越缓慢，通常推荐取为 10～20 倍的时间步长即可。

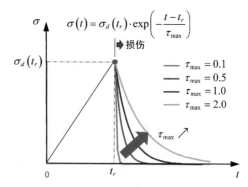

图 3-87　不同 $\tau_{\max}$ 值下应力减小的渐进速度

$$\sigma(t) = \sigma_d(t_r) \cdot f(t) = \sigma_d(t_r) \cdot \exp\left(-\frac{t - t_r}{\tau_{\max}}\right) \tag{3-78}$$

参考文献：

[1] WIERZBICKI T. Addendum to the Research Proposal on " Fracture of Advanced High Strength Steels "

〔R〕. 2007.

〔2〕 PACK K, MOHR D. Combined Necking & Fracture Model to Predict Ductile Failure with Shell Finite Elements 〔J〕. Engineering Fracture Mechanics, 2017, 9: 32-51.

〔3〕 TULER F R, BUTCHER B M. A Criterion for the Time Dependence of Dynamic Fracture 〔J〕. International Journal of Fracture Mechanics, 1968, 4 (4): 431-437.

〔4〕 OGDEN R W, SACCOMANDI G, SGURA I. Fitting Hyperelastic Models to Experimental Data 〔J〕. Computational Mechanics, 2004, 34 (6): 484-502.

〔5〕 ARRUDA E M, BOYCE M C. A Three-dimensional Constitutive Model for the Large Stretch Behavior of Rubber Elastic Materials 〔J〕. Journal of the Mechanics and Physics of Solids, 1993, 41 (2): 389-412.

〔6〕 MILLER B K, PRODUCTS A. Testing Elastomers for Hyperelastic Material Models in Finite Element Analysis 〔R〕 (2013. 06. 03) 〔2020. 12. 15〕. http: // www. axelproducts. com/downloads/Miller_Axel_ANSYS_2013_ Detroit. pdf.

〔7〕 HAN D J, CHEN W F. A Nonuniform Hardening Plasticity Model for Concrete Materials 〔J〕. Mechanics of Materials, 1985, 4 (3-4): 283-302.

〔8〕 HASHIN Z. Fatigue Failure Criteria for Unidirectional Fiber Composites 〔J〕. Journal of Applied Mechanics, 1980, 47 (2).

〔9〕 PUCK A, H Schürmann. Failure Analysis of FRP Laminates by Means of Physically Based Phenomenological Models 〔J〕. Failure Criteria in Fibre-Reinforced-Polymer Composites, 2004: 264-297.

〔10〕 PUCK A, KOPP J, KNOPS M. Guidelines for the Determination of the Parameters in Puck´s Action Plane Strength Criterion 〔J〕. Composites Science & Technology, 2002, 62 (3): 371-378.

〔11〕 GORNET L. Finite Element Damage Prediction of Composite Structures 〔R/OL〕. 〔2021-2-10〕. http: // icom-central. org/Proceedings/ICCM12proceedings/site/paper/pap310. pdf.

〔12〕 IDELSOHN S, OATE E, EDS E D, et al. A Computational Method for Damage Intensity Prediction in a Laminated Composite Structure, Computational Mechanics-New Trends and Applications. CIMNE, Barcelona, 1998.

〔13〕 GAMA B A, GILLESPIE J W. Punch Shear Behavior of Composites at Low and High Rates 〔M〕. Berlin: Springer Netherlands, 2006.

〔14〕 ALLIX O, JF Deü. Delayed-Damage Modelling for Fracture Prediction of Laminated Composites under Dynamic Loading 〔J〕. Engineering Transactions, 1997, 45 (1): 29-46.

第4章
单 元 属 性

有限元分析中除了需要对网格定义材料，还需要定义网格的单元属性，比如实体单元并不是仅用 8 个节点就能描述，还需要定义单元中的积分点数量，小变形、大变形的应用等也需要在单元属性（/PROP 卡片）中明确。通常根据部件的几何特点选用壳体或者实体单元，当然也要考虑一定的材料兼容性。某些连接部件通过简化后可以使用 1D 单元模拟。本章主要讲解 Radioss 中壳单元、实体单元、弹簧单元和连接单元的使用方法和注意事项。

4.1 壳单元

壳单元常用于描述薄板，也就是几何上一个维度的尺寸远小于（如小于 5～10 倍以上）其他两个维度的构件都可以用壳单元描述，比如汽车上的很多钣金件都可以用壳单元划分。在 Radioss 中可以由/SHELL 或/SH_3N 定义 4 点壳单元或 3 点壳单元。壳单元可用全积分或简化积分计算刚度矩阵。通常全积分壳单元可以用于隐式静态和动态问题的求解。应用全积分计算比较稳定，但是比简化积分需要更多的计算资源。简化积分在显式计算中被广泛应用，它的优点是需要的计算资源和计算时间都较小，但是也要注意沙漏模型的出现。

4.1.1 4 点壳单元或 3 点壳单元

壳单元使用 Bilinear Mindlin 平板理论，假定 z 方向上的几何尺寸要比其他两个方向的尺寸小得多，通常也假定 z 方向的应力为 0，这样 3D 问题就简化到了 2D。图 4-1 所示为常见的 4 点壳单元和 3 点壳单元。每个单元有自己的单元坐标系，法向垂直于壳平面向外（也就是常说的平面外），x 轴垂直于 y 轴（x-y 就是平面内坐标系）。

实际网格可能是很不规则的，在仿真中直接使用不规则的网格进行计算是比较困难的，那么利用一个规则的几何作为等参单元来进行数值计算就比较方便了，所以会用到 ξ-η 坐标系。ξ-η 坐标系和 x-y 坐标系之间有一定的映射关系，这样使用简单的 ξ-η 坐标系也能描述各种不规则的单元：

$$\sigma_{zz} = 0 \tag{4-1}$$

$$\varepsilon_{xz} = \varepsilon_{yz} = 0 \tag{4-2}$$

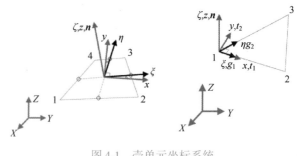

图 4-1 壳单元坐标系统

4.1.2 壳单元的形函数

在数值计算中经常使用形函数，它实际上使用函数来描述近似解的插值关系。壳单元的形函数如下。

4 点壳单元（节点号 $I = 1$，2，3，4）：

$$\Phi_I(x, y) = a_I + b_I x + c_I y + d_I xy \tag{4-3}$$

3 点壳单元用线性的形函数（节点号 $I = 1$，2，3）：

$$\Phi_I = a_I + b_I x + c_I y \tag{4-4}$$

在 Radioss 中可以使用 Belytschko-Bachrach 混合型函数来描述壳单元（Ishell = 1）。那么节点各个方向上的速度用形函数的方式描述为

$$v_x = \sum_{I=1}^{4} \Phi_I v_{xI}; \ v_y = \sum_{I=1}^{4} \Phi_I v_{yI}; \ v_z = \sum_{I=1}^{4} \Phi_I v_{zI}; \omega_x = \sum_{I=1}^{4} \Phi_I \omega_{xI}; \ \omega_y = \sum_{I=1}^{4} \Phi_I \omega_{yI} \tag{4-5}$$

对用形函数描述的量求导，只要对形函数求导即可，这在数值计算中带来了极大的便利。比如 4 节点壳单元的速度在各个方向的变化量（对各个方向求导）为

$$\frac{\partial v_x}{\partial x} = \sum_{I=1}^{4} \frac{\partial \Phi_I}{\partial x} v_{xI}; \ \frac{\partial v_x}{\partial y} = \sum_{I=1}^{4} \frac{\partial \Phi_I}{\partial y} v_{xI} \tag{4-6}$$

在壳单元中通常有膜行为和弯曲行为。壳单元膜行为下的应变率为

$$\dot{e}_{xx} = \frac{\partial v_x}{\partial x}; \ \dot{e}_{yy} = \frac{\partial v_y}{\partial y} \tag{4-7}$$

$$\dot{e}_{xy} = \frac{1}{2}\left(\frac{\partial v_x}{\partial y} + \frac{\partial v_y}{\partial x}\right) \tag{4-8}$$

$$\dot{e}_{xz} = \frac{1}{2}\left(\frac{\partial v_x}{\partial z} + \frac{\partial v_z}{\partial x}\right) = \frac{1}{2}\left(\omega_y + \frac{\partial v_z}{\partial x}\right) \tag{4-9}$$

$$\dot{e}_{yz} = \frac{1}{2}\left(\frac{\partial v_y}{\partial z} + \frac{\partial v_z}{\partial y}\right) = \frac{1}{2}\left(-\omega_x + \frac{\partial v_z}{\partial y}\right) \tag{4-10}$$

如果用形函数的方式表达，则上面的应变率为

$$\{\dot{e}\}_m = \{B\}_m \{v\}_m \tag{4-11}$$

式中，$\{B\}_m$ 是 B 矩阵中的膜行为部分。

而壳单元弯曲行为下的应变率为

$$\dot{\chi}_x = \frac{\partial \omega_y}{\partial x}; \ \dot{\chi}_y = -\frac{\partial \omega_x}{\partial y} \tag{4-12}$$

$$\dot{\chi}_{xy} = \frac{1}{2}\left(\frac{\partial \omega_y}{\partial y} - \frac{\partial \omega_x}{\partial x}\right) \tag{4-13}$$

同样如果用形函数的方式表达，上面的应变率为

$$\{\dot{e}\}_b = \{B\}_b \{v\}_b \tag{4-14}$$

式中，$\{B\}_b$ 是 B 矩阵中的弯曲行为部分。

B 矩阵用于计算内力：

$$f^{int} = \int_{\Omega^e} B^T \sigma d\Omega^e \tag{4-15}$$

式中，e 是离散化的单元域。

4.1.3 壳单元质量分配和转动惯量

无论是 4 节点壳单元，还是 3 节点壳单元，都是将单元质量 $m = \rho \cdot A \cdot t$ 均分到各个节点上，如图 4-2 所示。

那么壳单元的转动惯量计算公式为

$$I_{xx} = m\left(\frac{b^2 + t^2}{12}\right); \ I_{yy} = m\left(\frac{a^2 + t^2}{12}\right); \ I_{zz} = m\left(\frac{a^2 + b^2}{12}\right)$$

(4-16)

$$I_{xy} = -m\frac{ab}{16} \qquad (4-17)$$

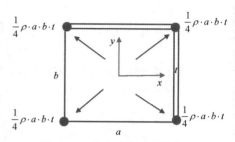

图4-2 4节点壳单元质量分配

用式（4-17）计算转动惯量时，在某些转动速度很大的运动中会出现计算的不稳定（不收敛）。所以 Belytsch-ko 单元（$I_{shell} = 1$）中假定了 $I_{xx} = I_{yy}$，也就是假定单元是个正方形。当然这和实际网格会产生一些误差，大多数情况下长方形的单元网格居多，但是单元长宽比不大的情况下这样的误差也是在可接受范围内的，尤其这种方法解决了大转动速度下的不稳定问题。所以划分网格时通常推荐尽量规则划分。

4.1.4 壳单元中的沙漏处理

Radioss 中有单积分计算和全积分计算之分，它们各有优劣。单积分计算快速但是会出现沙漏模型，全积分计算虽然需要更多资源但是不会出现沙漏模型。在 Radioss 中对于4节点壳单元有 $I_{shell} = 1$，2，3，4，即 Q4 单元，这些壳单元在平面内（注意是平面内，而不是厚度方向）仅有一个积分点。一个积分点的单元在变形过程中很有可能出现沙漏模型，如图4-3所示，当上下节点都有位移，而恰好中间积分点处没有位移时，有限元数值计算就认为这个单元没有形变，这当然与实际不符。

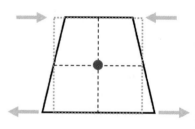

图4-3 壳单元沙漏模型

使用 $I_{shell} = 1$，2，3，4 时需要关注仿真结果中沙漏能的大小，它相对于总能量不要太大，比如将其控制在10%以内的仿真结果是可以接受的。或者改用 $I_{shell} = 24$，它使用物理稳定法，虽然也是使用一个积分点，但可以解决沙漏模型问题。

4.1.5 壳单元中力和力矩的计算

壳单元中力和力矩的计算是工程师们经常关注的问题。以图4-4所示的4节点壳单元为例，板厚为 t，局部坐标为 (x, y, z)，虚线所示为中面。在壳单元厚度方向（x-z 平面，见图4-5），x 方向受到的 x 轴力就是对板厚范围的积分。

$$N = \int_{-t/2}^{t/2} \sigma_x \mathrm{d}z \qquad (4-18)$$

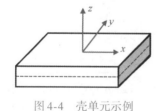

图4-4 壳单元示例

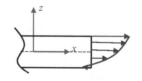

图4-5 壳单元厚度方向受力

而力矩是 x 方向应力饶 z 轴的力矩，并对板厚范围积分。

$$M = \int_{-t/2}^{t/2} \sigma_x \cdot z \cdot dz \tag{4-19}$$

在数值计算中采用数值积分的方法来计算力和力矩，就需要定义积分点。在壳单元的/PROP 卡片中，参数 N 定义壳单元厚度方向的积分点：$N=1$ 时积分点位于中面上；$N=2$ 时，如果使用高斯点，那么位置是中面上下 $0.5774 \times \dfrac{t}{2}$ 处；如果 $N=3$，那么除了中面上一个积分点外，还有两个分别是中面上下 $0.7746 \times \dfrac{t}{2}$ 位置处，如图4-6所示。

在 Radioss 中，多数采用 Lobatto 积分点作为壳单元厚度方法的积分点分布（见图4-7），那么当 $N=2$ 时积分点位置是中面上下 $0.5 \times \dfrac{t}{2}$ 处而不是 $0.5774 \times \dfrac{t}{2}$；当 $N=3$ 时积分点位置也是中面上下 $0.5 \times \dfrac{t}{2}$ 处，而不是 $0.7746 \times \dfrac{t}{2}$ 处。对于多于三个的积分点位置可以参见 Radioss 理论手册中关于单元属性的章节。

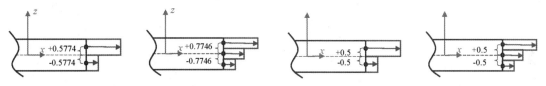

图4-6　壳单元厚度方向高斯积分点上力的分布　　　图4-7　壳单元厚度方向 Lobatto 积分点上力的分布

数值计算中除了需要积分点，还需要各个积分点上的权重 w_n^N（或 w_n^M），这样厚度方向数值积分就是厚度方向所有积分点上的应力考虑不同权重的总和，近似得到壳单元中的力和力矩。其计算方法为

$$N_x = \int_{-t/2}^{t/2} \sigma_x dz \ = \rangle N_x = t \sum_{n=1} w_n^N \sigma_x^p \tag{4-20}$$

$$M_x = \int_{-t/2}^{t/2} \sigma_x \cdot z \cdot dz \ = \rangle M_x = t^2 \sum_{n=1} w_n^M \sigma_x^p \tag{4-21}$$

使用不同的积分方法有不同的权重，比如三个 Lobatto 积分点的权重见表4-1，更多积分点的权重信息参见 Radioss 理论手册单元属性章节。

表4-1　三个 Lobatto 积分点的权重

积　分　点	1	2	3
力权重	0.250	0.500	0.250
力矩权重	− 0.083	0	0.083

示例：假设壳单元板厚 $t = 2.0$，积分点1上应力为1，积分点2上应力为2.5，积分点3上应力为3.8（见图4-8），根据式（4-20）和式（4-21），力和力矩的计算方法为

$$N_x = t \sum_{n=1} w_n^N \sigma_x^p = 2 \times (0.25 \times 1 + 0.5 \times 2.5 + 0.25 \times 3.8) = 4.9 \tag{4-22}$$

$$M_x = t^2 \sum_{n=1} w_n^M \sigma_x^p = 2^2 \times (-0.083 \times 1 + 0 \times 2.5 + 0.083 \times 3.8) = 0.9296 \tag{4-23}$$

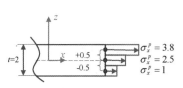

图4-8　壳单元厚度方向积分点上的计算示例

4.1.6　塑性计算

在 Radioss 中通常使用各个单元在各个时刻的 Von-Mises 应力和用户在材料卡片中给出的屈服应力相比较，如果小于屈服应力就认为材料处于弹性阶段，如果大于屈服应力则材料进入塑性阶段，如图 4-9 所示。

进入塑性阶段后，由于考虑材料的塑性硬化，在不同的塑性应变下需要根据材料卡片中的信息计算出相应的塑性容许应力，再与当前时刻计算得到的应力相比较，如果超过则需要进行数值处理，使得该应变下的最大应力为相应的塑性容许应力。Radioss 中通过 I_{plas} 提供了两种处理方法：$I_{plas}=1$ 时的迭代法和 $I_{plas}=2$ 时的径向返回，如图 4-10 所示。

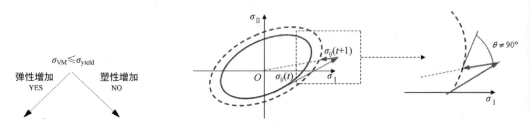

图 4-9　Radioss 计算中进入塑性阶段的判断　　　图 4-10　Radioss 中使用径向返回的计算方法

径向返回是比较常用的，尤其对于各向同性的材料。对于各向异性的材料，在径向返回时由于硬化而引起的应力增量 $\Delta\sigma$ 不一定垂直于硬化曲线，从而导致计算偏差，这时如果使用迭代法就可以解决这个问题，但是计算量会更大一些。通常 Radioss 模型中建议使用 $I_{plas}=1$。

4.2　实体单元

对于那些无明显厚度方向的构件（比如大块的泡沫），或者用于兼容某些特殊材料模型，推荐使用实体单元。在 Radioss 中实体单元有 8 节点、20 节点的六面体单元（用/BRICK 或/BRICK20 定义几何）或 4 节点、10 节点的四面体单元（用/TETRA4 或/TETRA10 定义几何）。实体单元主要涉及全积分、缩减积分、沙漏能、四面体等方面。

4.2.1　沙漏模型

在有限元中，全积分指每个方向多于一个积分点的设置，这样的单元计算精度比每个方向仅有一个积分点的缩减积分要高。它通常用于隐式积分计算中的静态或动态问题，不存在稳定性问题，但是有时会涉及闭锁问题，包括弯曲变形中的剪切闭锁和不可压缩材料的体积闭锁，而且它的计算费用通常要比缩减积分昂贵。在 Radioss 中，$I_{solid}=14$，16，17 时就是使用全积分的单元。

解决闭锁的一个方法是选用缩减积分，缩减积分被非常广泛用在显示积分计算中。它能大大减少计算时间。当然这种缩减积分会像前面的壳单元一样导致沙漏的数值问题，也就是单元变形并不能在积分点上产生应力，这种零能模式的现象称为沙漏现象，如图 4-11 所示。

在 Radioss 中，$I_{solid}=1$，2 时就是使用一个积分点的单元，对于这些单元则需要在仿真结果中控制沙漏能不要太大。这个沙漏能不是真实的物理能量，而是由于数值计算产生的不真实的能量，所以在使用缩减积分单元时需要控制沙漏能少于总能量的 10％，如果无法控制则可以重新划分网格，但是这样比较麻烦，所以通常推荐使用 $I_{solid}=24$，这种单元使用特殊物理稳定法通过修正内能来解决沙漏能的问题，这种方法相对于上面的方法对于网格质量好的模型效果尤为明显。

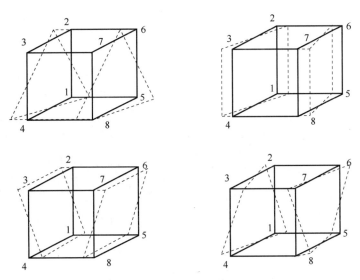

图 4-11　实体单元沙漏模型示意图

4.2.2　小应变参数

在 Radioss 中有大应变和小应变两种方式计算应力。通常大应变是显式计算中的默认方法，比较适合用于非线性、弹塑性问题，而小应变适合用于已知变形不大的计算中，比如线弹性问题。

在默认使用大应变的情况下，由于大应变计算使用每个时刻当前的参数（当前的体积，当前的单元特征长度），当大的网格变形和扭曲发生时，就可能引起时间步长的问题。比如当单元网格过分变形时，可能导致单元特征长度变小而使得时间步长大大减小，这样计算时间就会大大增加，甚至由于网格过分变形而出现负体积的现象，导致计算终止。

切换为小应变就可以解决负体积的问题。小应变假定单元变形很小，这样可以近似使用初始的或者切换前的参数（比如初始的体积，或者切换到小应变时的体积），并且在每个计算步长中都使用初始的或者切换前的参数，这样接下来的计算中负体积的问题就不会出现，而且由于使用初始的或者切换前的单元特征长度，所以时间步长也不再由于形变而进一步降低。虽然切换成小变形的计算结果与实际形变情况并不符合，但是可以通过/DT/BRIC/CST 来设定一个恰当的时间步长来切换小应变，这样最终会有一个精度尚可接受的计算结果，比直接在计算中途终止要好很多，具体公式为

$$\Delta t_c = \frac{l_0}{c} \tag{4-24}$$

小应变适用于一些特殊的材料，比如没有泊松效应的蜂窝材料，或者是泊松比很小的可压溃泡沫材料等。因为泊松比很小时，在压缩单元的情况下，截面积几乎不会变化，所以在应力计算时可以直接使用初始状态下的面积。对于其他的材料在使用小应变时需要非常慎重，并且小应变

也不推荐在碰撞计算时使用。

在 Radioss 中，$I_{smstr}=10$ 仅用于一些使用总应变的材料本构（比如橡胶等材料），这些材料使用左 Cauchy-Green 应变来计算其应变能。$I_{smstr}=11$ 则是为了使用总的工程应变的材料本构（如 LAW38，LAW70）而开发的。

4.2.3 四面体单元

四面体单元对于复杂的几何构件在网格化时有很好的适应性，在 Radioss 中有两种四面体的实体单元：4 节点的四面体/TETRA4 和 10 节点的四面体/TETRA10，如图 4-12 所示。

4 节点的四面体有一个积分点和四个积分点之分，都使用一阶线性插值的形函数。四面体单元即便是一个积分点的单元也没有沙漏现象，但是会出现剪切锁死。在 Radioss 中使用 $Itetra4$ 控制 4 节点四面体单元。

10 节点的四面体是二阶四面体单元，有四个积分点，使用二阶插值的形函数，同样没有沙漏现象，但也没有剪切锁死。在 Radioss 中使用 $Itetra10$ 控制 10 节

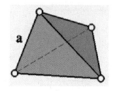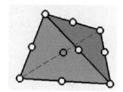

图 4-12　一阶和二阶四面体单元示意图

点四面体单元。二阶单元通常由于节点多而比较耗费计算资源，推荐使用 $Itetra10=2$，这是一个特殊处理的四个积分点的二阶四面体单元，其计算效率类似于一阶四面体单元。

4.2.4 连接实体单元

在 Radioss 中还有用于模拟焊点、黏胶层这些连接单元的特殊实体单元属性/PROP/CONNECT。其单元同样是用/BRICK 建立的 8 节点实体单元。如图 4-13 所示，这个单元的法向必须是实体单元中的 t 方向，它代表的是焊点单元的厚度方向，必须指向上下两个接触面，厚度方向必须是面 1-2-3-4 指向面 5-6-7-8。另外，这两个面上的节点分别通过/INTER/TYPE2 与上下焊点或者黏胶连接的构件连接起来。

焊点和黏胶通常厚度方向几何很小，用普通的实体单元模拟会由于厚度尺寸小而引起时间步长过小的计算效率问题，而用这个特殊的实体单元，t 方向代表的单元厚度方向在理论上甚至可以为零，但不影响单元时间步长，因为在单元时间步长计算时这个单元并不计入。这个特殊单元的时间步长是由从节点时间步长计算的，所以注意不要在相应的焊点或黏胶材料卡片中输入的密度太小，或是单元厚度方向的上下面没有和其他构件相连接而形成自由节点，因为一般这样的焊点或者黏胶本身体量比较小，如果是自由节点那么被分配到的质量也是非常小的，进而导致时间步长过小。这个单元在中面上有四个高斯积分点，如图 4-14 所示。

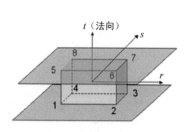

图 4-13　特殊的连接实体单元示例

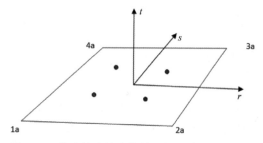

图 4-14　特殊的连接实体单元的积分点在中面上

在/PROP/CONNECT 中仅有 I_{smstr} 和 $True\_thickness$ 两个参数。$Ture\_thickness$ 这个参数用于修正焊点或黏胶层的真实厚度，以便 Radioss 正确计算单元的弯矩。该参数一般在模拟黏胶层时比较有用，因为当 CONNECT 单元上下面和壳单元连接时，由于壳单元的网格在中性层上，而黏胶实际上是黏结上下外表面的，建模时为了很好地用绑定接触，实体单元的节点通常是贴到上下中面上的，这样黏胶的实际厚度和仿真厚度有出入，尤其是模拟很薄的黏胶层时，在计算弯矩时会出现较大误差，而使用 $Ture\_thickness$ 这个参数可以非常方便地修正到实际的黏胶层厚度。

/PROP/CONNECT 目前仅和材料模型 LAW59、LAW83 兼容使用。关于如何使用 CONNECT 单元属性模拟焊点及相应的材料试验数据的对标，可以参见 Radioss 工具书中的实例 Example 4800-Solid Spotweld。

4.3 壳单元和实体单元坐标系统

上面讲到的壳单元和实体单元在用于定义各向异性材料时，会需要通过坐标系统来区分材料不同方向上的力学属性。仿真中常用的坐标系统有单元本身按照节点输入次序确定的单元局部坐标系统（用 x，y，z 表示，单元中的应力应变一般在单元局部坐标系统中计算），还有全局坐标系统（用 X，Y，Z 表示，它是一个固定不变的直角坐标系统）。数值计算中需要的自然坐标系统（等参系统）用 ξ，η，ζ 表示。有了这些坐标系就可以方便灵活地定义材料方向。

4.3.1 4 节点壳单元

如图 4-15 所示，(X, Y, Z) 就是固定不变的全局直角坐标系统。而 (ξ, η, ζ) 是自然坐标系统，ξ 的方向是边 14 的中点到边 23 的中点，η 的方向是边 12 的中点到边 34 的中点。(ξ, η) 平面处在壳单元的中面上，而 ζ 方向垂直于 (ξ, η) 面。(x, y, z) 是单元局部坐标系统，它是一个正交的单元坐标系统，即 z 方向垂直于壳单元的中面，(x, y) 平面在壳单元的中面上。x 和 y 的位置与 ξ 和 η 的位置关系是：x 与 ξ 之间的夹角和 y 与 η 之间的夹角一样。自然坐标系统 (ξ, η, ζ) 和单元局部坐标系统 (x, y, z) 的原点是一样的，都在中点线交汇的地方。

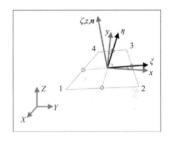

图 4-15　4 节点壳单元坐标系统

4.3.2 3 节点壳单元

如图 4-16 所示，(X, Y, Z) 就是固定不变的全局直角坐标系统，而 (ξ, η, ζ) 是自然坐标系统，ξ 的方向是从节点 1 到节点 2，η 的方向是从节点 1 到节点 3。(ξ, η) 平面处在壳单元的中面上，ζ 方向垂直于 (ξ, η) 面。(x, y, z) 是单元局部坐标系统，它是一个正交的标准单元坐标系统，z 方向垂直于壳单元的中面，x 方向是从节点 1 到节点 2，y 方向是处在中面上，并且垂直于 x。(x, y) 平面在壳单元的中面上。自然坐标系统 (ξ, η, ζ) 和单元局部坐标系统 (x, y, z) 的原点是一样的，都在节点 1 上。

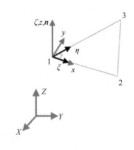

图 4-16　3 节点壳单元坐标系统

4.3.3 实体单元和厚壳

如图 4-17 所示，在实体单元中（X,Y,Z）是固定不变的全局直角坐标系统，自然坐标系统用（r,s,t）表示：r 方向是从面（1,2,6,5）的中点到面（4,3,7,8）的中点；s 方向是从面（1,2,3,4）的中点到面（5,6,7,8）的中点；t 方向是从面（1,4,8,5）的中点到面（2,3,7,6）的中点；（r,t）平面在中面（1′,2′,3′,4′）上，所以 r 的方向也可以认为是从 1′2′的中点到 3′4′的中点，t 的方向也是从 1′4′的中点到线 2′3′的中点，n 的方向垂直于中面（1′,2′,3′,4′）。而（x,y,z）是单元局部坐标系统，它是一个正交的标准单元坐标系统，其定义基于中面（1′,2′,3′,4′），各方向的定义和前面的壳单元在中面上的定义一样（r 在实体单元中类似于壳单元中的 ξ）。

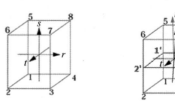

图 4-17 实体单元坐标系统

4.3.4 四面体单元

如图 4-18 所示，（X,Y,Z）是固定不变的全局直角坐标系统。自然坐标系统（r,s,t）中的 r 方向是从节点 4 到节点 1，s 方向是从节点 4 到节点 2，t 方向是从节点 4 到节点 3。

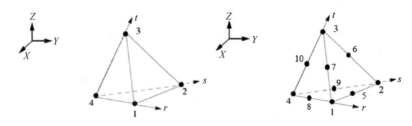

图 4-18 四面体单元坐标系统

4.3.5 材料坐标系统

材料坐标系统用于各向异性的材料。对于壳单元，描述各向异性的卡片有/PROP 中的 TYPE9、TYPE11、TYPE16、TYPE17、TYPE19、TYPE17、TYPE51 等。在这些卡片中都会用参考向量 V 和角度 φ 来定义材料方向（材料方向 1 记作 $m1$，材料方向 2 记作 $m2$）。各向异性的材料可以在不同的材料方向定义不同的材料属性，如弹性模量、应力应变关系、破坏等。下面以/PROP/TYPE9 为例来介绍材料方向是如何定义的，如图 4-19 所示。

如图 4-20 所示，用 V_X，V_Y，V_Z 来定义参考向量 V，向量 V 在单元平面上映射得到向量 V'，V' 逆时针转过 φ 角，就得到了材料方向 1（$m1$）。对于复合材料，不同的层还可以通过定义不同的 φ 角来定义不同的材料方向。材料方向 $m1$ 通常用于定义复合材料的纤维方向。材料方向 2（$m2$）是将 $m1$ 逆时针转过 90°，也就是说 $m2$ 通常是垂直于 $m1$ 的。当然 $m2$ 也可以不垂直于 $m1$，比如在/PROP/TYPE16 中可以定义 $m2$ 和 $m1$ 之间的夹角 α。n 是垂直于单元平面的法线方向。

(1)	(2)	(3)	(4)	(5)	(6)	(7)	(8)	(9)	(10)
/PROP/TYPE9/prop_ID/unit_ID or /PROP/SH_ORTH/prop_ID/unit_ID									
prop_title									
I_{shell}	I_{smstr}	I_{sh3n}	I_{dril}			P_thick_{fail}			
h_m		h_f		h_r		d_m		d_n	
N	I_{strain}	Thick		A_{shear}			I_{thick}	I_{plas}	
V_X		V_Y		V_Z		ϕ			

图 4-19　参考向量在卡片中的定义

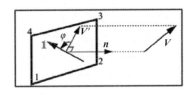

图 4-20　壳单元材料坐标系

对于实体单元和厚壳单元，由 *IP* 这个参数（在各向异性的单元属性/PROP/TYPE6 中）来定义材料坐标系中的参考平面，也就是 m1 和 m2 所组成的平面。如果 *IP* = 0，那么就是用/SKEW来直接定义材料的 m1、m2 和 m3，通常推荐使用这种方向来定义材料的参考平面。如果 *IP* > 0，那么需要用实体单元中的等参非正交坐标系（r, s, t）来定义材料的参考平面，比如 *IP* = 1（见图 4-21）时，实体单元中 r′、s′在（r,s）平面上转过 ψ 就是 m1、m2 方向。注意，（r′,s′,t′）是从（r,s,t）中得来的正交坐标系，即 r = r′,（r,s）平面的法向为 t′,s′是（t′, r）平面的法向。（m1,m2）平面的法向就是 m3 方向。*IP* = 2，3 与之同理。IP = 11 时，定义的向量 ***V*** 在（r, s）平面上的映射就是 m1 方向，逆时针转过 90°为 m2 方向，（m1,m2）平面的法向就是 m3 方向。*IP* = 12，13 与之同理，如图 4-22 所示。

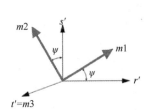

图 4-21　实体单元使用 *IP* = 1 时的材料坐标系

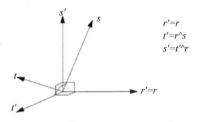

图 4-22　实体单元中的等参坐标系

4.4　复合材料单元属性

复合材料中添加的加劲材料通常会显示出各向异性的力学特征，而且复合材料制作工艺有所不同（比如铺层的复合材料中还需区分不同铺层的力学属性），这些都需要在 Radioss 单元属性中配合描述。在 Radioss 中可以用实体单元和壳单元模拟复合材料，相应的壳单元属性有 TYPE9、TYPE10、TYPE11、TYPE16、TYPE17、TYPE19、TYPE51 和/PROP/PCOMPP，实体单元属性有 TYPE6、TYPE14、TYPE20、TYPE21、TYPE22。根据复合材料的建模方式又可以分为基于铺层 Layer 和 Ply 两种。基于 Layer 模拟的单元属性有/PROP/TYPE10（SH _ COMP）和/PROP/TYPE11（SH_SANDW）；基于 Ply 模拟的单元属性 有/PROP/TYPE17（STACK）、/PROP/TYPE51、/PROP/PCOMPP + /STACK、/PROP/TYPE19（PLY）以及 /PLY，如图 4-23 所示。Layer 是复合材料铺层中的最小单元。

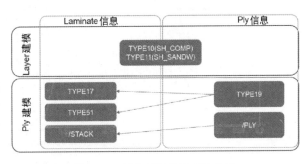

图 4-23　复合材料单元属性分类

对于基于 Ply 的模拟，所有 Ply 的信息（如材料、厚度、材料各向异性的角度以及单元的积分点）都定义在/PROP/TYPE19（或/PLY）卡片中，然后在/PROP/TYPE17 或者 /PROP/TYPE51（或者/STACK）中通过参数 Pply_IDi 将不同的层组合起来形成一个总的复合材料铺层，这对于复杂的复合材料铺层非常实用，如图 4-24 所示。

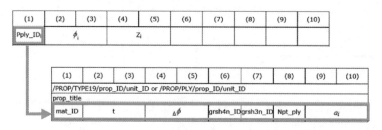

图 4-24　复合材料 Ply 中索引的层定义在/PROP/TYPE19 中

在基于 Ply 的模拟中，既可以用卡片中"by ply"的形式进行单层叠加，也可以用卡片中"by substack"的形式将几个不同组合的铺层（称为 substack）再次装配在一起，如图 4-25 所示。装配的方式如图 4-26 所示，可以简单地在厚度方向自下而上进行叠加，也可以用 INT 将两个 substack 粘在一起。

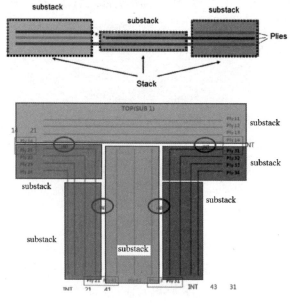

图 4-25　复合材料中层的装配方式

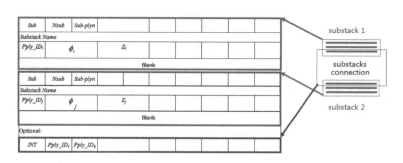

图 4-26　复合材料单元属性卡片中层的装配

4. 4. 1　壳体单元

对于壳单元，复合材料层数、每层的积分点、复合材料各向异性方向在层中的定义、复合材料层厚度和每个层的位置，以及复合材料在每个层中的应用，都可以在相应的各向异性单元属性中定义。

在复合材料的壳单元属性中经常会要求用户输入 N、*Thick* 和 t_i。N 在/PROP/TYPE9 中表示壳厚度方向上的积分点数，而在其他复合材料的壳单元属性中则表示复合材料的层数。*Thick* 是指壳单元的厚度。对于多层复合材料来说，每层厚度可以均分为 *Thick*/N，也可以通过参数 t_i 定义具体的层厚，如/PROP/TYPE11、/PROP/TYPE16、/PROP/TYPE17、/PROP/TYPE19、/PROP/TYPE51 以 及/PROP/PCOMPP 中都可以具体定义不同的层厚，在这种情况下各层的总厚度建议和 *Thick* 定义的值相同，以保持一贯性。如果不同，Radioss 会进行内部调整，详情参见 Radioss 使用手册中的 FAQs。

在复合材料的单元属性中还需要定义参考向量 **V** 和角度 φ，用于定义材料方向（加劲纤维的方向）。参考向量 **V** 可以用卡片中的参数 V_X、V_Y 和 V_Z 来定义，也可以在单元属性 TYPE11、TYPE16、TYPE17、TYPE19、TYPE51 和/PROP/PCOMPP（/STACK）中用/SKEW 来定义。如果使用了/SKEW，那么 V_X、V_Y 和 V_Z 的值将被忽略。在/SKEW 中 X 方向就是参考向量 **V** 的方向。有

了参考向量 **V** 和角度 φ，复合材料的材料方向 1（加劲纤维的方向）如图 4-27 所示，即参考向量 **V** 首先映射到单元平面上，然后再逆时针转过角度 φ 就是材料方向 1，此时复合材料的材料卡片中定义的 1 方向上的杨氏模量（$E11$）、屈服应力（σ_{1y}^c，σ_{1y}^t）等都可以正确地应用到复合材料构件的实际方向上。材料方向 2 通常是与材料方向 1 相垂直的方向，如果材料方向 1、2 并非正交，则可以通过参数 α_i 来定义（比如在/PROP/TYPE16、/PROP/TYPE19 中）。

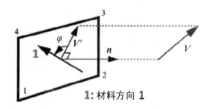

图 4-27　复合材料中材料坐标定义

示例：在/PROP/TYPE9 上使用坐标输入来设定参考向量 **V**。

这个例子中假设复合材料厚度方向有三个积分点，设置 N = 3；壳厚度 1.8mm，设置 Thick = 1.8；全局坐标系 （X，Y，Z）上原点 O 到 （1，0，1） 的向量就是定义的参考向量，设置参考向量 **V** 为 （1，0，1）；参考向量 **V** 的映射向量 **V**′ 再逆时针转过 45° 就是材料方向 1 （$m1$），设置 Phi = 45，如图 4-28 所示。

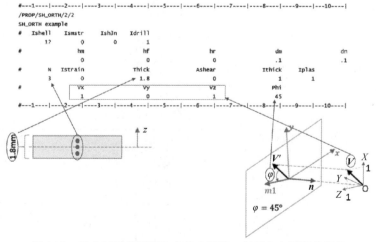

图 4-28　复合材料单元属性卡片中层数、材料方向厚度的定义

示例：在/PROP/TYPE11 上用/SKEW 定义参考向量 **V**。

这个例子中假设有三层的复合材料，设置 N = 3，这样在单元属性卡片的最下面增加三行用于定义每一层的材料方向、厚度、定位和材料；总厚度为 1.6mm，设置 Thick = 1.6；设置 Skew_ID = 1，一旦在 Skew_ID 中使用了自定义坐标系，那么无论在 Vx、Vy、Vz 中定义什么都会被忽略。关于如何定义 SKEW 可以参见 Radioss 使用手册。SKEW 中的 x 轴方向就是参考向量 **V** 的方向，然后再映射到壳单元上得到 **V'**，按每层定义的转角 Phi（φ）分别逆时针转动后得到每层的材料方向 1（$m1$）。在卡片上首先定义的是 Layer 1，然后是 Layer 2，最后是 Layer 3。在单元上沿着单元局部坐标系的 z 方向，Layer 1 首先布置在单元底部，然后沿着 z 的正方向依次布置 Layer 2 和 Layer 3，如图 4-29 所示。

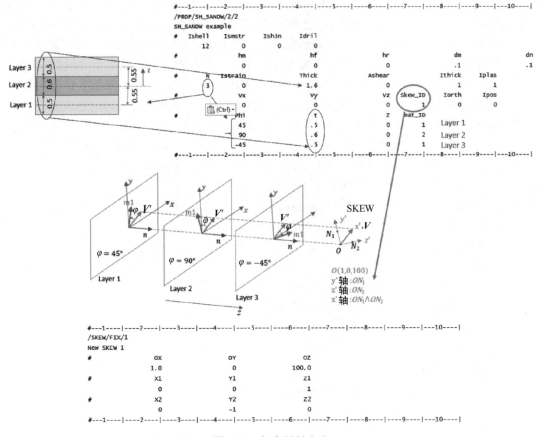

图 4-29　复合材料定义

Radioss 复合材料单元属性见表 4-2。

表 4-2　Radioss 复合材料单元属性

	基于 Layer 的单元属性		基于 Ply 的单元属性		
	TYPE10	TYPE11	TYPE17 + TYPE19	TYPE51 + TYPE19	/PCOMPP + /STACK + /PLY
N（层数或 Ply 数）	0 ~ 100	1 ~ 100	$Pply\_ID_i = 1 \sim n$		

（续）

	基于 Layer 的单元属性		基于 Ply 的单元属性		
	TYPE10	TYPE11	TYPE17 +TYPE19	TYPE51 +TYPE19	/PCOMPP +/STACK +/PLY
每层的积分点	每层一个积分点		每层一个积分点，并且这个积分点数定义在/PROP/TYPE19 中的 $Npt\_ply = 1$	每层 1~9 个积分点，并且这个积分点数定义在/PROP/TYPE19 中的 $Npt\_ply = 1~9$	每层 1~9 个积分点，并且这个积分点数定义在/PLY 中的 $Npt\_ply = 1~9$
I_{int} （积分方式）					√ 积分点均分 或按高斯积分分布
$\varphi_i + V$ （各向异性角用 V 向量定义）	√	√	√	√	√
$\varphi_i + SKEW$ （各向异性角用 SKEW 定义）		√	√	√	
θ_{drape} （层中材料方向）			√ 定义在 TYPE19		√ 定义在/PLY
α_i （各向异性轴间夹角）			√ α_i 定义在 TYPE19		√ α_i 定义在/PLY
t_i （层厚）		√	√ t_i定义在 TYPE19		√ t_i 定义在/PLY
$I_{pos} + Z_i$ （叠层位置）		√	√	√	√
$I_{pos} = 2，3，4$ （叠层平移）			√	√	√
mat_ID_i （层材料）	/PART 中定义的材料		√ 一种材料用于所有层		√ 不同层可以使用不同材料
常用 复合材料模型	LAW15 LAW25		LAW25		
$Plyxfem$ （层剥离）			√		
$Minterply$ （层间材料）			√ 仅兼容 LAW1 和 LAD_DAM 失效模型		

4.4.2 实体单元

随着复合材料技术的发展，复合材料可以变得更厚，此时可以用实体单元来进行模拟。在实体单元中最为常用的是/PROP/TYPE21 （TSH_ORTH）和/PROP/TYPE22 （TSH_COMP）这些厚壳单元，层厚就是厚壳的实际单元厚度。/PROP/TYPE21 仅可以定义单层的复合材料。/PROP/TYPE22 可以定义多层的复合材料，与壳单元中的/PROP/TYPE11 类似，能定义每层的厚度、材料、定位、材料方向，材料方向也类似于壳单元属性（如/PROP/TYPE11）基于参考向量 **V** 和角度 φ 的定义，首先参考向量 **V** 映射在厚壳或实体单元的中面上，然后再逆时针转过角度 φ 就是材料方向 1。

4.4.3 交叉异性单元

在 Radioss 中有两个材料模型可用于模拟织物材料，即 LAW19 和 LAW58。LAW19 用于描述正交各向异性的弹性材料，它必须和单元属性/PROP/TYPE9 结合使用。而 LAW58 是超弹性各向异性的织物材料模型，它必须和单元属性/PROP/TYPE16 结合使用，织物经纱和纬纱之间的耦合可以在 LAW58 材料中定义，这样可以很好地模拟纤维之间真实的相互作用。LAW19 和 LAW58 这两个织物材料经常用于模拟气囊材料，如图 4-30 所示。

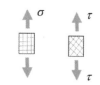

图 4-30　织物材料拉伸和剪切加载

LAW58 中有两种不同的方法用于定义材料的应力应变属性：一种是用户直接在 $f_{ct\_}ID_i$ 中输入材料曲线，用于定义材料经纬方向，以及剪切方向的材料强度；还有一种是由用户输入参数 B（软化系数）、S_i（材料应变强度）及 $Flex_i$（纤维受弯模量折减系数）以计算相应的材料强度。在织物的经纬方向，材料强度公式如下。

1）当 $\dfrac{\mathrm{d}\sigma}{\mathrm{d}\varepsilon}>0$（拉伸）时：

$$\sigma_{ii}=E_i\varepsilon_{ii}-\frac{(B_i\varepsilon_{ii}{}^2)}{2} \tag{4-25}$$

2）当 $\dfrac{\mathrm{d}\sigma}{\mathrm{d}\varepsilon}\leqslant0$（压缩）时：

$$\sigma_{ii}=\max_{\varepsilon_{ii}}\left(E_i\varepsilon_{ii}-\frac{(B_i\varepsilon_{ii}{}^2)}{2}\right) \tag{4-26}$$

式中，$i=1$，2。

如图 4-31 所示，在平面内剪切方向用 G_0（初始状态的剪切模量，由用户输入）计算剪切强度；当 α（经纬方向纤维的夹角）达到 α_T（剪力锁死角）时就用 G_T 来计算剪切强度，公式如下。

1）当 $\alpha\leqslant\alpha_T$ 时：

$$\tau=G_0\tan\alpha-\tau_0 \tag{4-27}$$

2）当 $\alpha>\alpha_T$ 时：

$$\tau=\frac{G_T}{1+\tan^2\alpha_T}\tan\alpha+\left(G_0-\frac{G_T}{1+\tan^2\alpha_T}\right)\tan\alpha_T-\tau_0 \tag{4-28}$$

图 4-31　织物中的剪切模量设置

当经纬方向纤维的夹角为 0 时，没有剪切模量，经纬方向纤维的夹角最大为 90°，所以 α 在 0°～90°之间变化。不同的织物材料在受剪切时的剪力锁死角各不相同。对于平面外的剪切，剪切应力应变可以通过参数 G_{sh} 来描述，如图 4-32 右图所示。

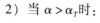

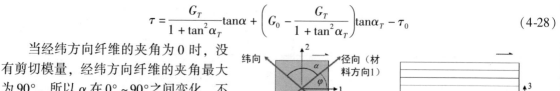

图 4-32　织物平面内和平面外（厚度方向）剪切

织物经过编织后经线和纬线初始是有一定弯曲的，受拉时，经纬线先有一个绷直的过程，在这个绷直过程中经纬线受拉并不大，如图 4-33 所示。这个过程在 LAW58 中可以通过参数 $Flex_i$ 来描述，也就是织物一开始的杨氏模量通过 $Flex_i$ 来折减。织物的经纬线绷紧后（也就是达到应变 S_i 后，如图 4-34 所示），可以使用纤维材料真实的杨氏模量 E_i。

$$E_{fi} = Flex_i \cdot E_i \tag{4-29}$$

经线受拉（纬向自由）

图 4-33　织物拉伸绷直过程

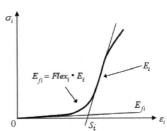

图 4-34　LAW58 中可以通过参数来描述织物拉伸绷直过程

4.5　弹簧单元

弹簧单元在仿真中应用非常广泛，常用于连接简化模拟，如焊接、铆接等。下面具体讲解一下 Radioss 中的弹簧分类（线性、非线性）、弹簧单元应用中的不同硬化类别以及失效方式。

4.5.1　弹簧的内力和弯矩计算

Radioss 中有纯弹簧模型、纯阻尼器模型以及弹簧和阻尼器串联模型三种不同的弹簧模型（见表 4-3），它们有不同的弹簧内力和弯矩计算过程，以及不同的时间步长计算过程。这三种弹簧模型都可以描述弹簧的线性和非线性力学性能，弹簧单元属性有 TYPE4、TYPE8、TYPE12、TYPE13、TYPE25。

表 4-3　弹簧单元分类

纯弹簧模型	纯阻尼器模型	弹簧和阻尼器串联模型
$\Delta t = \sqrt{\dfrac{M}{K}}$	$\Delta t = \dfrac{M}{2C}$	$\Delta t = \dfrac{\sqrt{C^2 + K \cdot M} - C}{K}$

1. 线性弹簧

简单的弹簧建模可以从线性建模开始，线性弹簧的力和弯矩计算也需要考虑是纯弹簧模型、纯阻尼器模型还是弹簧和阻尼器串联模型。以 TYPE13 弹簧单元中的 $i = 1$ 轴向拉压为例，线性阶段仅需要输入图 4-35 所示卡片中的弹簧刚度系数 K_1 和阻尼系数 C_1 即可。

2. 非线性弹簧

弹簧考虑非线性时就相对比较复杂了。其力和弯矩计算公式为

$$F_i(\delta^i) = f\left(\frac{\delta^i}{Ascale_i}\right)\left[A_i + B_i \ln\left(\max\left(1, \left|\frac{\dot{\delta}^i}{D_i}\right|\right)\right) + E_i g\left(\frac{\dot{\delta}^i}{F_i}\right)\right] + C_i \dot{\delta}^i + Hscale_i h\left(\frac{\dot{\delta}^i}{F_i}\right) \tag{4-30}$$

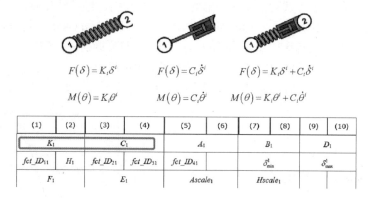

图 4-35 弹簧单元属性卡片中用于描述线性阶段的参数

式中，i = 1，2，3。

$$M_i(\theta^i) = f\left(\frac{\theta^i}{Ascale_i}\right)\left[A_i + B_i\ln\left(\max\left(1,\left|\frac{\dot{\theta}^i}{D_i}\right|\right)\right) + E_i g\left(\frac{\dot{\theta}^i}{F_i}\right)\right] + C_i\,\dot{\theta}^i + Hscale_i h\left(\frac{\dot{\theta}^i}{F_i}\right) \quad (4\text{-}31)$$

式中，i = 4，5，6。

力矩的计算和内力的计算非常相似，下面以内力 $F_i(\delta^i)$ 的计算为例。将看上去有些复杂的计算公式分解一下，它大致可以分为静态载荷下和动态载荷下的力和位移关系，其中动态载荷下有四种不同的描述方式：使用对数函数的形式（形式一）；使用与 f 曲线相关的 g 系数曲线输入形式（形式二）；使用与 f 曲线无关的独立的 h 曲线输入形式（形式三）；考虑动态载荷下的线性阻尼作用。动态载荷下的力和位移关系为

$$\underbrace{\left[A_i + B_i\ln\left(\max\left(1,\left|\frac{\dot{\delta}^i}{D_i}\right|\right)\right)\right.}_{\text{形式一}} + \underbrace{E_i g\left(\frac{\dot{\delta}^i}{F_i}\right)\right]}_{\text{形式二}} + \underbrace{C_i\,\dot{\delta}^i}_{\text{阻尼}} + \underbrace{Hscale_i h\left(\frac{\dot{\delta}^i}{F_i}\right)}_{\text{形式三}} \quad (4\text{-}32)$$

$$\underbrace{}_{\text{动态}}$$

静态载荷下的力和位移关系由输入曲线 fct_ID_{1i} 来描述 $f\left(\dfrac{\delta^i}{Ascale_i}\right)$（以下简称 f 曲线）。注意，这个输入的力和位移的 f 曲线通常在曲线最后有一个非常高的斜率，以免在弹簧受压时（尤其受到比较大的压力时）产生压溃。如果输入曲线的斜率不高，那么 Radioss 会给出图 4-36 所示的警告信息。

```
WARNING ID: 506
** WARNING IN SPRING PROPERTY
** WARNING IN SPRING PROPERTY SET ID=XXX
STIFFNESS VALUE 100 IS NOT CONSISTENT WITH THE MAXIMUM SLOPE (4550)
OF THE YIELD FUNCTION ID=X
THE STIFFNESS VALUE IS CHANGED TO 1000
```

图 4-36 警告信息示例

非线性静态载荷阶段需要用户输入 f 曲线（fct_ID_{1i}）及用于 f 曲线中的横轴系数 A_i 和纵轴系数 $Ascale_i$。以 TYPE13 弹簧单元中的 i = 1 轴向拉压为例，图 4-37 所示的参数 A_1、fct_ID_{11} 和 $Ascale_1$ 需要输入，用于描述弹簧线性的刚度 K_1 或者阻尼 C_1（根据选择的弹簧模型不同而不同）也是必须输入的。

动态载荷下的力和位移关系，实际上是需要考虑不同伸长率的力和位移的关系，在 TYPE4、TYPE8、TYPE12、TYPE13、TYPE25 中基本可以分为以下三种形式。

(1)	(2)	(3)	(4)	(5)	(6)	(7)	(8)	(9)	(10)
K_1		C_1		A_1 默认1.0		B_1		D_1	
fct_ID_{11}	H_1	fct_ID_{21}	fct_ID_{31}	fct_ID_{41}		δ_{min}^1		δ_{max}^1	
F_1		E_1		$Ascale_1$		$Hscale_1$			
f曲线									

图 4-37　弹簧单元属性中描述非线性弹簧的曲线输入方式

（1）动态载荷下的力和位移关系使用对数函数形式（形式一）

对于仅使用对数形式的方式，式（4-32）可简化为

$$F_i(\delta^i) = \underbrace{f\left(\frac{\delta^i}{Ascale_i}\right)}_{\substack{f曲线 \\ 静态}} \underbrace{\left[A_i + B_i \ln\left(\max\left(1, \left|\frac{\dot{\delta}^i}{D_i}\right|\right)\right)\right]}_{\substack{形式一 \\ 动态}} \quad (4\text{-}33)$$

由于这种方式考虑动态效应时仍然需要f曲线，所以对数函数实际上描述了力的系数和伸长率的关系，如图4-38所示。

伸长率超过D_i后，弹簧的内力额外增加。

$\ln\left(\max\left(1, \left|\frac{\dot{\delta}^i}{D_i}\right|\right)\right)$是力的系数，最终的力是由这个系数乘以准静态下的$f$曲线来描述，并且参数$B_i$是这个对数曲线的比例因子，用于调节曲线中力的系数的大小。使用这种形式考虑弹簧动态效应下的力，除了输入静态载荷时需要的f曲线（fct_ID_{1i}）

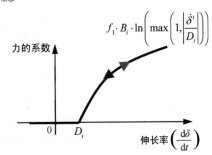

图 4-38　使用参数描述非线性弹簧

及用于f曲线的横轴系数A_i和纵轴系数$Ascale_i$以外，还需要输入系数B_i、D_i，用于描述对数函数。以 TYPE13 弹簧单元中的$i=1$轴向拉压为例，图 4-39 所示卡片中的参数K_1、C_1、A_1、B_1、D_1、fct_ID_{11}、$Ascale_1$都需要输入。

(1)	(2)	(3)	(4)	(5)	(6)	(7)	(8)	(9)	(10)
K_1		C_1		A_1 默认1.0		B_1		D_1	
fct_ID_{11}	H_1	fct_ID_{21}	fct_ID_{31}	fct_ID_{41}		δ_{min}^1		δ_{max}^1	
F_1		E_1		$Ascale_1$		$Hscale_1$			
f曲线									

图 4-39　弹簧单元属性卡片中使用参数描述非线性弹簧

（2）动态载荷下的力和位移关系使用g系数曲线输入（形式二）

对于仅使用g函数的方式，式（4-32）可简化为

$$F_i(\delta^i) = \underbrace{f\left(\frac{\delta^i}{Ascale_i}\right)}_{\substack{f曲线 \\ 静态}} \underbrace{\left[E_i g\left(\frac{\dot{\delta}^i}{F_i}\right)\right]}_{\substack{形式二 \\ 动态}} \quad (4\text{-}34)$$

这里的$g\left(\frac{\dot{\delta}^i}{F_i}\right)$曲线（在$fct\_ID_{2i}$中输入的系数曲线，以下简称$g$曲线）是弹簧各个伸长率下的力的系数曲线，也就是说最终某一时刻弹簧某一伸长率下的力和位移的实际曲线是f曲线和g

曲线的乘积 $f \cdot g$ 决定的。同样，参数 E_i 是这个比例系数曲线的比例因子，用于调节 g 曲线，如图 4-40 所示。

使用这种形式考虑弹簧动态效应下的力，除了输入静态载荷时需要的 f 曲线（fct_ID_{1i}）及用于 f 曲线的横轴系数 A_i 和纵轴系数 $Ascale_i$ 以外，还需要输入 g 曲线（fct_ID_{2i}）和 g 曲线的横轴系数 F_i 和纵轴

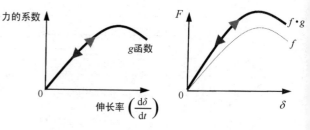

图 4-40　输入的弹簧单元的 g 曲线的功用

系数 E_i。以 TYPE13 弹簧单元中的 $i=1$ 轴向拉压为例，图 4-41 所示卡片中，参数 K_1、C_1、A_1、F_1、E_1、fct_ID_{11}、fct_ID_{21} 和 $Ascale_1$ 需要输入。

(1)	(2)	(3)	(4)	(5)	(6)	(7)	(8)	(9)	(10)
K_1		C_1		A_1 默认1.0		B_1		D_1	
fct_ID_{11}	H_1	fct_ID_{21}	fct_ID_{31}	fct_ID_{41}		δ_{min}^1		δ_{max}^1	
F_1		E_1		$Ascale_1$		$Hscale_1$			

f 曲线　　g 曲线

图 4-41　弹簧单元属性卡片中输入 f 曲线和 g 曲线的方式

（3）动态载荷下的力和位移关系使用独立的 h 曲线输入（形式三）

对于仅使用 h 函数的方式，式（4-32）可简化为

$$F_i(\delta^i) = \underbrace{f\left(\frac{\delta^i}{Ascale_i}\right)}_{\substack{f \text{曲线} \\ \text{静态}}} + \underbrace{Hscale_i h\left(\frac{\dot{\delta}^i}{F_i}\right)}_{\substack{\text{形式三} \\ \text{动态}}} \tag{4-35}$$

式（4-35）中，$h\left(\dfrac{\dot{\delta}^i}{F_i}\right)$ 曲线（在 fct_ID_{4i} 中输入的系数曲线，以下简称 h 曲线）是一个独立的伸长率和力的关系曲线。它和上面的 g 曲线区别在于，通过 g 曲线（形式二）得到某一伸长率下的力的系数，这个系数乘以 f 曲线才是最终的力和位移的曲线，而通过 h 曲线（形式三）得到的相应伸长率下的力值，直接加到 f 曲线上即为最终的力和位移的曲线，如图 4-42 所示。

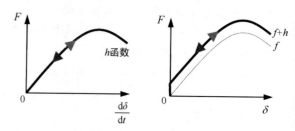

图 4-42　输入的弹簧单元的 h 曲线的功用

参数 $Hscale_i$ 是 h 曲线的比例因子，用于调节曲线中力的大小，所以使用这种形式考虑弹簧动态效应下的力，还需要输入 h 曲线（fct_ID_{4i}），以及 h 曲线的横轴系数 F_i 和纵轴系数 $Hscale_i$。以 TYPE13 弹簧单元中的 $i=1$ 轴向拉压为例，图 4-43 所示卡片中的参数 K_1、C_1、F_1、fct_ID_{41} 和

(1)	(2)	(3)	(4)	(5)	(6)	(7)	(8)	(9)	(10)
K_1		C_1		A_1		B_1		D_1	
fct_ID_{11}	H_1	fct_ID_{21}	fct_ID_{31}	fct_ID_{41}		δ_{min}^1		δ_{max}^1	
F_1		E_1		$Ascale_1$		$Hscale_1$			

h 曲线

图 4-43　弹簧单元属性卡片中输入 h 曲线的方式

$Hscale_1$ 需要输入。使用这种形式既可以不考虑静态载荷，只输入 h 曲线，也可以同时考虑静态载荷，输入需要的 f 曲线（fct_ID_{1i}）。

阻尼部分使用线性阻尼 $C_i \dot{\delta}^i$ 来描述动态载荷下的内力计算。

注意：f 曲线必须输入，不管是静态还是动态载荷下的计算。当用户没有输入相应的动态参数 B_i、D_i、E_i、$Hscale_i$ 时，参数 A_i 就是用于调节静态载荷下 f 曲线的比例因子。考虑动态效益时，一般弹簧并不是在所有伸长率下都会增加内力，而是仅在超过一定伸长率后才会增加，所以在形式一的对数函数中需要定义参数最小伸长率 D_i，形式二中的 g 曲线和形式三中的 h 曲线需要定义相应的最小伸长率 F_i。

4.5.2　弹簧的强化方式选择（H 参数）

在 Radioss 中，弹簧单元属性 TYPE4、TYPE8、TYPE12、TYPE13、TYPE25 可以使用不同的强化模型，这些不同的强化模型可以通过 H 参数选择。

- = 0：非线性弹性弹簧（nonlinear elastic spring）。
- = 1：各向同性强化的非线性弹塑性弹簧（nonlinear elastic plastic spring with isotropic hardening）。
- = 2：非耦合强化的非线性弹塑性弹簧（nonlinear elasto-plastic spring with decoupled hardening）。
- = 4：随动强化的非线性弹塑性弹簧（nonlinear elastic plastic spring with kinematic hardening）。
- = 5：描述非线性卸载的弹塑性弹簧（nonlinear elasto-plastic spring with nonlinear unloading）。
- = 6：描述各向同性强化以及非线性卸载的弹塑性弹簧（nonlinear elasto-plastic spring with isotropic hardening + nonlinear unloading）。
- = 7：非线性弹簧的弹性滞后（nonlinear spring with elastic hysteresis）。
- = 8：通过弹簧总位移定义的非线性弹簧（nonlinear elastic total length function）。

首先基于纯弹性弹簧模型（不考虑阻尼）来解释不同 H 参数的弹簧强化模型。

1. 线弹性弹簧，$H = 0$ 且仅线性参数输入

H 参数是用于非线性弹簧的，所以如果是线性弹簧，它是不起作用的。想要定义线弹性弹簧，必须设置 $H = 0$ 且仅输入线性参数，没有任何非线性曲线 fct_ID_i 的输入。线弹性弹簧是由输入的线性刚度 K_i 来决定弹簧中力和位移关系的，加载时力沿着直线上升，卸载时沿着同一条直线下降，如图 4-44 所示。

2. 非线性弹簧，$H = 0$

非线性弹簧中最简单的形式就是使用 $H = 0$，比如在不考虑应变率和阻尼的情况下（以下皆以此为假设），非线性弹簧可以用一条力和位移的曲线 fct_ID_{1i}（也称为 $f1$ 曲线）来描述，加载和卸载是沿着同一条曲线的，如图 4-45 所示。

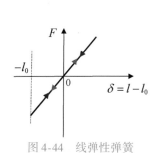

图 4-44　线弹性弹簧　　　　　　　　图 4-45　非线性弹簧使用 $H = 0$

3. 各向同性强化的非线性弹塑性弹簧，$H=1$

当使用 $H=1$ 时，可以描述各向同性强化的非线性弹塑性弹簧，这样就需要输入 $f1$ 曲线（fct_ID_{1i}）和卸载刚度 K_u（卡片中为 K_i）这两个参数。当拉伸加载时，力沿着曲线上升，而卸载时力沿着卸载刚度 K_u 直线下降；当力为零后继续压缩弹簧，仍然以卸载刚度 K_u 在压缩阶段下降，直到压缩力达到 $F1$ 时，弹簧进入非线性，而非线性走向使用输入曲线的压缩阶段的相应的 $F1$ 以后的走向，可以认为是压缩阶段力 $F1$ 以外的输入曲线的平移，如图 4-46 所示。

示例：使用一个简单的轴向拉伸试验（见图 4-47）来直观地表现 $H=1$ 时的弹簧强化形式。这个示例中使用了一个循环拉伸、压缩的载荷，力和位移的曲线显示，刚开始拉伸时，力沿着输入的 f_1 曲线（加载曲线）上升；第一次卸载时，力沿着定义的刚度 K_i（作为卸载刚度 K_u）直线下降，进入压缩阶段仍然保持直线下降，直到压缩力达到卸载时的力（即 $F1$）后进入非线性，取输入的非线性曲线的相应一段作为非线性走向；再次在压缩阶段卸载时同样沿着 K_u 直线上升，直到进入拉伸阶段；当达到压缩阶段最大值时，使用拉伸阶段输入的非线性曲线的相应一段继续沿曲线上升。下面的拉伸、压缩以此类推。

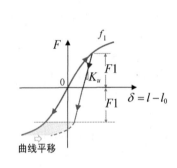

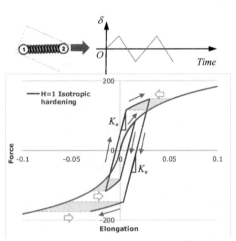

图 4-46　非线性弹簧并定义 $H=1$　　　　　图 4-47　循环载荷下的非线性弹簧并使用 $H=1$

4. 非耦合的非线性弹塑性弹簧，$H=2$

使用 $H=2$ 可以描述非耦合的非线性弹塑性弹簧，即不考虑拉伸和压缩的耦合，拉伸以后再压缩的过程中不考虑之前拉伸对压缩阶段的影响，如图 4-48 所示。与图 4-49 所示 $H=1$ 的情况不同的是，卸载时力恢复到零以后，位移必须也回归零，这样才能沿着曲线进入压缩阶段，同样压缩时也是必须力和位移归零后才能进入拉伸。在使用 $H=2$ 时需要输入 f_1 曲线（fct_ID_{1i}）和卸载刚度 K_u（卡片中是 K_i）这两个参数。

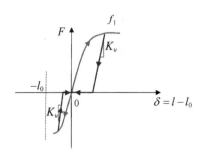

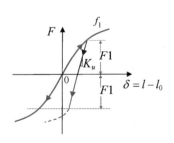

图 4-48　非线性弹簧使用 $H=2$　　　　　　图 4-49　非线性弹簧使用 $H=1$

5. 随动强化的非线性弹塑性弹簧，$H = 4$

当使用 $H = 4$ 时，可以描述随动强化的非线性弹塑性弹簧，需要输入 f_1 曲线（fct_ID_{1i}）、f_3 曲线（fct_ID_{3i}）和卸载刚度 K_u（卡片中是 K_i）这三个参数，如图 4-50 所示。此时被称为加载曲线的 f_1 曲线纵轴上的值必须都为正值（即曲线在力的正部），而被称为卸载曲线的 f_3 曲线纵轴上的值必须都为负值（即曲线在力的负部）。实际上 f_1 曲线和 f_3 曲线描述的是弹簧屈服的上下限，在这个上下限之间的力是沿着刚度 K_u 直线上升或下降的。如果 f_1 曲线和 f_3 曲线是两条平行线，那么当前情况就是比较典型的随动强化，如图 4-51 所示。

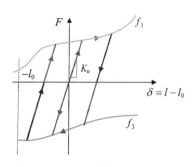

图 4-50　非线性弹簧并定义 $H = 4$

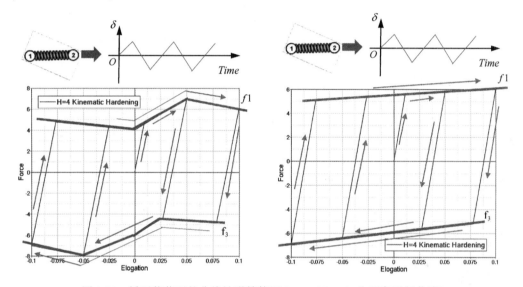

图 4-51　循环载荷下的非线性弹簧使用 $H = 4$（$f1$、$f2$ 为两条平行曲线）

6. 非线性卸载的弹塑性弹簧，$H = 5$

当使用 $H = 5$ 时，可以描述非线性卸载的弹塑性弹簧，需要输入 f_1 曲线（fct_ID_{1i}）、f_3 曲线（fct_ID_{3i}）、卸载刚度 K_u（卡片中是 K_i）以及残余位移 δ_{resid} 这四个参数。$H = 5$ 类似 $H = 2$，都是不考虑拉伸和压缩耦合的，但是 $H = 2$ 是线性卸载而 $H = 5$ 是非线性卸载。非线性卸载用到 f_3 曲线，公式如下。

$$F(K, f_3) = \alpha (\delta - \delta_{resid})^n \tag{4-36}$$

式中，$\delta_{resid} = f_3(\delta_{peak})$，即 f_3 曲线并不是使用 $H = 4$ 时的表示下限的力和位移的曲线，而是表示卸载的残余位移 δ_{resid} 和卸载处位移值 δ_{peak}（不超过 δ_{max}）的关系。

δ_{peak} 与 δ_{resid} 之间卸载曲线的形状由 α 和 n 决定，而 α 和 n 由用户输入的刚度 K_i 自动计算。所以卸载曲线并不是直接由 f_3 定义的。当卸载达到残余位移 δ_{resid} 时弹簧中的内力为零，再次加载时还是在上一次的残余位移 δ_{resid} 处开始线性加载到上一次卸载处的位移值 δ_{peak}，之后使用定义的 f_1 曲线进入非线性状态，如图 4-52 所示。

示例：如图 4-53 所示，在循环载荷中定义了两个不同的卸载位移 δ_{peak1}、δ_{peak2}，并在 f_3 曲线中定义了具有线性关系的 δ_{peak} 和 δ_{resid}，δ_{resid} 是 δ_{peak} 的 0.5 倍。f_3 曲线可以是线性的，也可以是非线性的，为了方便理解，这个示例中用最简单的线性关系描述 f_3 曲线。第一次卸载是在 $\delta_{peak1} = 0.05$

处，所以根据 f_3 曲线得出残余位移 $\delta_{resid1} = 0.5 \times 0.05 = 0.025$；再次加载，第二次卸载是在 $\delta_{peak2} = 0.1$ 处，仍然根据 f_3 曲线得出残余位移 $\delta_{resid2} = 0.5 \times 0.1 = 0.05$。

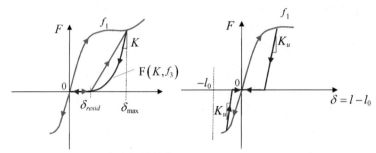

图 4-52　非线性弹簧使用 $H = 5$（左）和 $H = 2$（右）

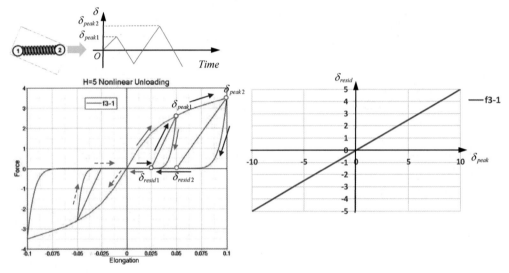

图 4-53　使用线性关系的 $f3$ 曲线

同样是线性关系的 f_3 曲线，如果 δ_{peak} 和 δ_{resid} 之间的比例上升，那么相应的残余位移 δ_{resid} 会变大，但是对卸载曲线形态并没有太大影响，因为卸载曲线的形态由卡片中的 K_i 决定，如图 4-54 所示。

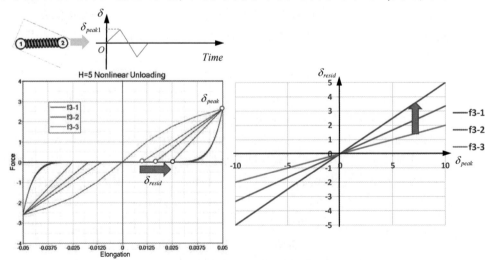

图 4-54　使用 $H = 5$ 时不同线性关系的 $f3$ 曲线的影响

在使用相同 f_3 曲线的情况下，使用不同的 K_i 时，残余位移 δ_{resid} 不变，但随着 K_i 的变大，卸载曲线的起始斜率也相应变大，进而整个卸载曲线的形状也变得更加陡峭，如图 4-55 所示（图中 K 指 K_i）。

7. 各向同性强化以及非线性卸载的弹塑性弹簧，$H=6$

$H=1$ 和 $H=6$ 都是描述各向同性强化的，但是 $H=6$ 使用 f_3 曲线来描述非线性卸载，而 $H=1$ 使用输入的刚度 K_i 进行线性卸载。在使用 $H=6$ 时，加载要么沿着 f_1 曲线，要么平行于 f_1 曲线，而卸载则是使用平行于 f_3 的曲线，如图 4-56 所示。

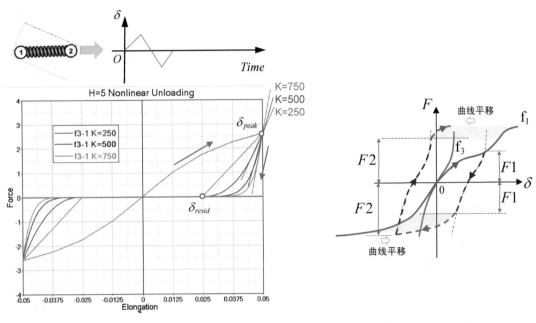

图 4-55 不同刚度输入值 K_i 对卸载曲线的影响　　　　图 4-56 非线性弹簧使用 $H=6$

8. 非线性弹簧的弹性滞后，$H=7$

$H=7$ 类似于 $H=4$，需要定义 f_1 曲线和 f_3 曲线作为上下限。$H=4$ 时 f_1 曲线纵轴必须全部为正，f_3 曲线纵轴必须全部为负，而 $H=7$ 没有这样的限制。$H=4$ 时卸载沿着输入刚度 K_i，加载仍然沿着 K_i 直线到达上限 f_1 曲线，而 $H=7$ 卸载同样沿着输入刚度 K_i，直到下限 f_3 曲线，加载沿着 f_1 曲线，如图 4-57 所示。

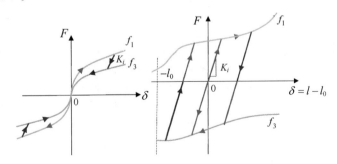

图 4-57 非线性弹簧使用 $H=7$（左图）和 $H=4$（右图）

示例：如图 4-58 所示，如果使用 $H=0$，加载和卸载是同一条曲线，而使用 $H=7$ 就可以描述弹簧的弹性滞后，即会在卸载和加载的路线中出现能量耗散区域（图 4-58 左图中阴影部分），所以在循环载荷下 $H=7$ 要比 $H=0$ 消耗更多的内能（图 4-58 右图）。

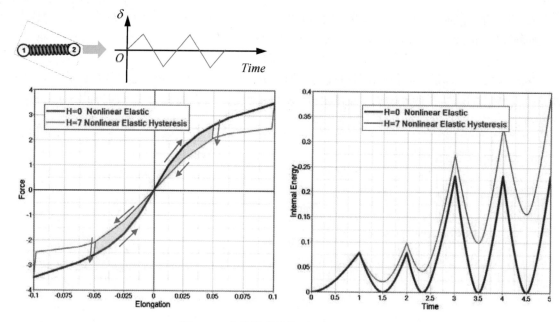

图 4-58　非线性弹簧使用 $H=7$ 和 $H=0$

9. 使用弹簧总长度的非线性弹簧，$H=8$

目前仅在/PROP/TYPE4 中有 $H=8$，能够在强化模型中使用总的弹性长度 l（即考虑弹簧本身的长度），而其他 H 值都是使用弹簧的相对位移 $\delta = l - l_0$，另外，使用 $H=8$ 时不考虑压缩阶段的刚度，所以需要输入的 f_1 曲线是力和总长的曲线，如图 4-59 所示。

示例：使用 $H=0$（使用相对位移）和 $H=8$（使用总长）的拉伸试验中，如果 $H=8$ 时使用的 f_1 曲线与 $H=0$ 时的 f_1 曲线有一个平移量 l_0，那么最终在力和位移曲线上显示在拉伸阶段的曲线是完全一致的，但是 $H=8$ 不能描述弹簧压缩，如图 4-60 所示。

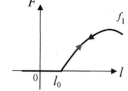

图 4-59　非线性弹簧使用 $H=8$

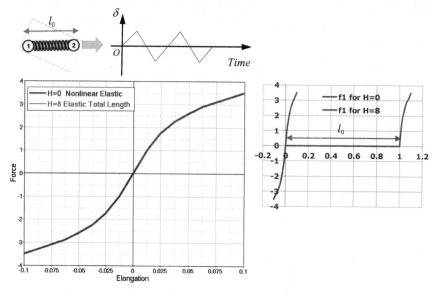

图 4-60　非线性弹簧使用 $H=8$ 和 $H=0$

4.5.3 弹簧的失效方式

弹簧单元也可以考虑失效。在弹簧单元属性 TYPE4、TYPE8、TYPE12、TYPE13、TYPE25 中有两种方式考虑失效，即通过参数 I_{fail} 控制的单向失效和多向失效。单向失效是默认的失效方式，TYPE4 单元属性中没有参数 I_{fail}，也就是说只有单向失效这一种失效方式。除此以外，弹簧失效准则还可以按照位移准则、内力准则或者内能准则处理，这是通过参数 I_{fail2} 来控制的。位移准则是默认的失效准则，类似于参数 I_{fail}，如果没有参数 I_{fail2}，那就使用默认的位移准则。

1. 单向失效（$I_{fail}=0$）

Radioss 中弹簧单元可以区分不同的承载方式，比如 TYPE13 可以考虑拉压、剪切、扭转、受弯这些承载方式，如图 4-61 所示。

如使用单向失效方式，只要任何一个承载方式满足失效准则，弹簧就会失效。比如使用位移准则时，平动方向 $i=1$，2，3 的任意一个承载方向上（正或负）位移达到用户定义的最大（正或负）位移值（δ_{max}^i，δ_{min}^i）后，弹簧就会失效，公式如下。

$$\left|\frac{\delta^i}{\delta_{max}^i}\right| \geq 1 \text{ 或 } \left|\frac{\delta^i}{\delta_{min}^i}\right| \geq 1 \quad (4\text{-}37)$$

转动方向 $i=4$，5，6 的任意一个承载方向上（正或负）转角达到用户定义的最大（正或负）转角值（θ_{max}^i，θ_{min}^i）后，弹簧就会失效，公式如下。

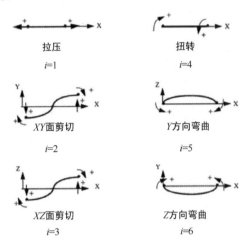

图 4-61 TYPE13 弹簧单元的自由度

$$\left|\frac{\theta^i}{\theta_{max}^i}\right| \geq 1 \text{ 或 } \left|\frac{\theta^i}{\theta_{min}^i}\right| \geq 1 \quad (4\text{-}38)$$

示例：单轴试验。

在单轴拉伸试验中定义弹簧轴向最大拉伸位移为 $\delta_{max}^1 = 0.04\text{m}$，那么当弹簧拉伸位移达到 0.04m 后弹簧失效，弹簧中的力为零（见图 4-62 左图）；在单轴扭转试验中定义了轴向扭转最大角度为 $\theta_{max}^4 = 0.035\text{rad}$，那么当弹簧扭转的角度达到 0.035rad 后弹簧失效，即弹簧中的力矩为零（见图 4-62 右图）。

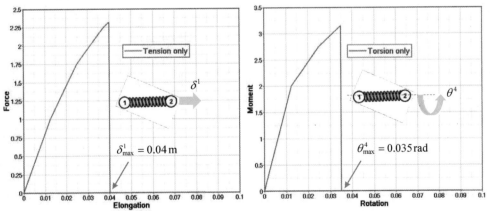

图 4-62 弹簧单元仅受拉和仅受扭转时最大值的定义示例

使用单向失效方式（$I_{fail}=0$）时，如果同时设置了多个载荷方向的失效最大值，那么一旦其中任何一个准则得到满足，弹簧就会失效。比如在图4-63所示的单轴拉伸和扭转试验中，同时设置了轴向最大拉伸位移 $\delta^1_{max}=0.04\text{m}$ 和轴向扭转最大角度 $\theta^4_{max}=0.035\text{rad}$，在 $Time=0.58\text{s}$ 时扭转角度已经达到 0.035rad，所以即便此时拉伸还没有达到最大拉伸位移 0.04m（从仅单轴拉伸试验看出，弹簧拉伸失效在 $Time=0.8\text{s}$），弹簧也会在 $Time=0.58\text{s}$ 后失效，弹簧中的力和力矩都为零，这种情况下弹簧就是遵从了其中的扭转失效。

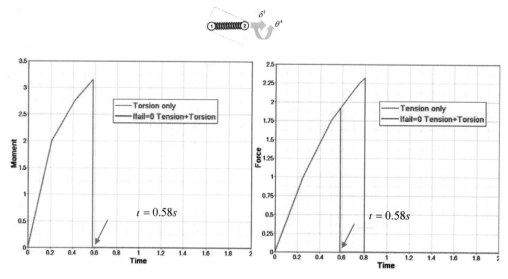

图4-63 弹簧受拉、受扭转时真正控制弹簧失效的载荷

2. 多向失效（$I_{fail}=1$）

多向失效用于考虑各个单向失效的耦合效应，公式（4-39）如下。

$$\sum_{i=1,2,3}\alpha^i\left(\frac{\delta^i}{\delta^i_{fail}}\right)^{\beta^i}+\sum_{i=4,5,6}\alpha^i\left(\frac{\theta^i}{\theta^i_{fail}}\right)^{\beta^i}\geq 1 \tag{4-39}$$

这里系数 α^i 用于调节各个方向失效的比例，一般 $\alpha^i>0$（默认 $\alpha^i=1$）；β^i 用于定义失效的耦合形态。如图4-64所示，当 α^i 不变时，不同的 β^i 导致的失效面也不同。

示例：仍然考虑单轴拉伸和扭转的载荷。与上面的示例类似，同时设置了轴向最大拉伸位移 $\delta^1_{max}=0.04\text{m}$ 和轴向扭转最大角度 $\theta^4_{max}=0.035\text{rad}$。如果现在采用的是多向失效（$I_{fail}=1$），那么结果显示无论单独从哪个载荷看，弹簧失效都会早于其单独加载，如图4-65所示。定义的最大拉伸位移为 $\delta^1_{max}=0.04\text{m}$，弹簧失效时最大轴向位移是 0.0236m（$<0.04\text{m}$）；定义的轴向扭转最大角度为 $\theta^4_{max}=0.035\text{rad}$，而弹簧失效时的最大扭转角度

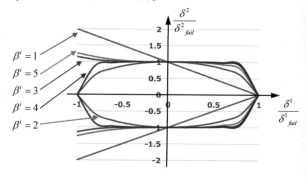

图4-64 弹簧单元失效模型中参数 β^i 的影响

是 0.02826rad（$<0.035\text{rad}$）。这是由于采用了比较常见的 $\alpha^i=1$；$\beta^i=2$ 的系数（默认设置），那么弹簧的失效面如图4-66所示。当载荷加载到位移 0.0236m 并且轴向转角 0.02826rad 时已经达到了失效面，所以弹簧就失效，力和力矩都为零。

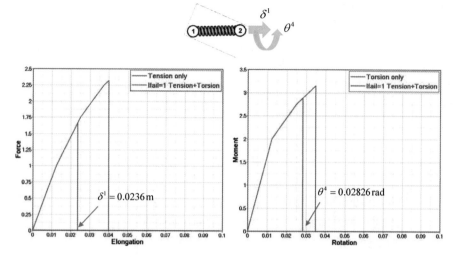

图 4-65　使用多向失效时同时受拉受扭转的弹簧失效与单独受拉或者单独受扭转不同

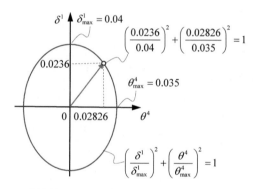

图 4-66　弹簧单元中两种自由度下设置的失效耦合计算示例

3. 弹簧失效准则（I_{fail2}）

弹簧单元的失效准则可以遵从位移（转角）准则、内力准则或内能准则，TYPE8、TYPE13、TYPE25 中的参数 I_{fail2} 用于选择不同的失效准则。而 TYPE4、TYPE12 就只有默认的一种位移准则。

（1）位移（转角）准则（$I_{fail2}=0$）

使用这个准则时要求在卡片中定义位移（转角）的极值 δ_{max}^i、δ_{min}^i（θ_{max}^i、θ_{min}^i）。根据上面不同的失效方式，当弹簧中的位移（转角）达到失效值时弹簧就失效，公式如下。

$$\sum_{i=1,2,3}\left(\frac{\delta^i}{\delta_{fail}^i}\right)^2 + \sum_{i=4,5,6}\left(\frac{\theta^i}{\theta_{fail}^i}\right)^2 \geqslant 1 \tag{4-40}$$

$$\delta_{fail}^i = \begin{cases} \delta_{max}^i, & \delta^i > 0 \\ \delta_{min}^i, & \delta^i \leqslant 0 \end{cases}; \theta_{fail}^i = \begin{cases} \theta_{max}^i, & \theta^i > 0 \\ \theta_{min}^i, & \theta^i \leqslant 0 \end{cases} \tag{4-41}$$

（2）考虑加载速度影响的位移（转角）准则（$I_{fail2}=1$）

相对于上面的准则，这一准则增加了参数 v_0、ω_0、c^i、n^i，以幂函数的方式来描述速度大小对失效的影响，公式如下。

$$\delta_{fail}^i = \begin{cases} \delta_{max}^i + c^i \cdot \left| \dfrac{v^i}{v_0} \right|^{n^i}, & \delta^i > 0 \\ \delta_{min}^i - c^i \cdot \left| \dfrac{v^i}{v_0} \right|^{n^i}, & \delta^i \leq 0 \end{cases} \tag{4-42}$$

$$\theta_{fail}^i = \begin{cases} \theta_{max}^i + c^i \cdot \left| \dfrac{\omega^i}{\omega_0} \right|^{n^i}, & \theta^i > 0 \\ \theta_{min}^i - c^i \cdot \left| \dfrac{\omega^i}{\omega_0} \right|^{ni}, & \theta^i \leq 0 \end{cases} \tag{4-43}$$

以平动为例，在不同的应变率下参数 n^i 对于 δ_{fail} 有图 4-67 所示的影响。

（3）内力（力矩）准则（$I_{fail2} = 2$）以及内能准则（$I_{fail2} = 3$）

内力（力矩）准则、内能准则类似于上面 $I_{fail2} = 1$ 的情况，但是卡片中要求输入的参数 δ_{max}^i、δ_{min}^i（θ_{max}^i、θ_{min}^i）就不再是位移（转角），使用内力（力矩）准则时（$I_{fail2} = 2$）表示力（或力矩）的大小，而使用内能准则时（$I_{fail2} = 3$）则表示力（或力矩）产生的内能大小。

表 4-4 是 Radioss 中弹簧单元失效方式和失效准则的汇总。

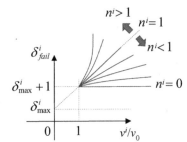

图 4-67 考虑加载速度影响的位移（转角）准则中参数 n^i 的影响

表 4-4 弹簧单元失效方式和失效准则的汇总

弹簧模型	失效方式（I_{fail}）			失效准则（I_{fail2}）			
	单向失效	多向失效		位移（转角）准则	速度效应的位移（转角）准则	力（力矩）准则	内能准则
		固定比例 $\alpha^i = \beta^i = 1$	可调比例 α^i, β^i				
TYPE4	√			√			
TYPE8	√	√		√		√	√
TYPE12	√			√			
TYPE13	√	√	√	√	√		√
TYPE25	√	√	√	√	√		√

4.6 连接单元

连接在碰撞分析中比较常用，也非常重要。相对于使用弹簧单元，KJOINT2 这样的单元不会给整个模型增加多余的质量，但是同样需要定义自由度以及相应的刚度，这些可能会影响模型计算的时间步长。PROP/TYPE45（KJOINT2）卡片可以设定全局属性、平动属性和转动属性。卡片中的第一部分是用于定义全局属性的，参数有连接的类型（不同自由度的定义）*Type*、约束自由度的刚度 K_n、临界阻尼 *Cr*，以及 *Sensor* 和局部坐标系的定义，如图 4-68 所示。

(1)	(2)	(3)	(4)	(5)	(6)	(7)	(8)	(9)	(10)
/PROP/TYPE45/prop_ID/unit_ID or /PROP/KJOINT2/prop_ID/unit_ID									
prop_title									
Type	K_n		ScF		Cr		sens_ID	Skew_ID₁	Skew_ID₂

图 4-68 KJOINT2 单元属性卡片

图 4-69 所示卡片用于描述连接部件的平动和转动属性，参数有平动刚度和转动刚度参数 K_{ti}、fct_K_{ti}、C_t、fct_C_{ti} 等；位移锁止和角度锁止参数 SD_{i-}、SD_{i+}、SA_{i-}、SA_{i+} 等；摩擦参数 K_{fxi}、FF_i、fct_FF_i、K_{fri}、FM_i、fct_FM_i 等。

对于 KJOINT2 的连接建模需要注意选用的具体连接类型、建模时使用的坐标系、连接部件的位移或角度锁止控制，以及连接件的刚度阻尼设定。下面将具体讲解这些内容。

To be defined for each non-blocked translational DOF (depending on joint type) 平动

(1)	(2)	(3)	(4)	(5)	(6)	(7)	(8)	(9)	(10)
K_{ti}		fct_K_{ti}		SD_{i-}		SD_{i+}	$Icomb\_t_i$		
C_t		fct_C_{ti}							
K_{fxi}		FF_i		fct_FF_i					

To be defined for each non-blocked rotational DOF (depending on joint type) 转动

(1)	(2)	(3)	(4)	(5)	(6)	(7)	(8)	(9)	(10)
K_{ri}		fct_K_{ri}		SA_{i-}		SA_{i+}	$Icomb\_r_i$		
C_{ri}		fct_C_{ri}							
K_{fri}		FM_i		fct_FM_i					

图 4-69　KJOINT2 单元属性卡片中平动和转动参数定义区域

4.6.1　KJOINT2 的连接类型

Radioss 中的 KJOINT2 连接实际包含了很多不同的具体连接类型（Type），这些不同类型的约束由不同自由度（Degree of Freedom，DOF）的组合来定义，见表 4-5 和图 4-70、图 4-71。例如，任何方向都可以自由转动时就是 Spherical 类型的连接；轴向转动（扭转）受约束而其他两个方向可以自由转动时就是 Universal 类型的连接；仅允许轴向自由转动（扭转）时就是 Revolute 类型的连接。KJOINT2 通常是用弹簧单元模拟的，轴向转动就是弹簧单元坐标系中的 x 方向转动。使用其他特殊坐标系定义的 x 方向也是可以的，比如用 $skew$ 定义坐标系。

表 4-5　KJOINT2 连接类型 1，2，5

Type 编号	类　型	平动自由度			转动自由度		
1	Spherical	×	×	×	0	0	0
2	Revolute	×	×	×	0	×	×
3	Cylindrical	0	×	×	0	×	×
4	Planar	×	0	0	0	×	×
5	Universal	×	×	×	×	0	0
6	Translational	0	×	×	×	×	×
7	Oldham	×	0	0	×	×	×
8	Rigid	×	×	×	×	×	×
9	Free	0	0	0	0	0	0

注：×表示约束此方向的自由度，0 表示释放，即不约束。

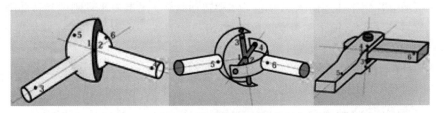

图 4-70　Spherical、Universal、Revolute 类型连接示意图

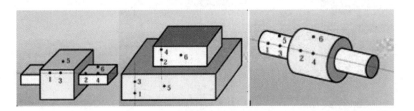

图 4-71　Translational、Cylindrical、Planar 类型连接示意图

4.6.2　KJOINT2 的建模要求和坐标系

　　KJOINT2 建模时必须将两端节点 N1 和 N2 分别连接刚体。一般在弹簧单元的卡片/SPRING 中，用 N1、N2 和 N3 节点定义的局部坐标系 x 方向从节点 N1 到 N2；节点 N1、N2 和 N3 形成 xy 平面，而平面的法向就是 z 方向；y 方向不是节点 N1 到 N3，而是垂直于 zx 平面。但是 KJOINT2 中根据连接类型的不同，局部坐标系定义也不同。推荐节点 N1 和 N2 取重合点，那么节点 N1 到 N3 就是局部坐标系中的 x 方向，N1、N3 和 N4 节点组成的平面的法线为 z 方向，垂直于 zx 平面的就是 y 方向，如图 4-72 所示。

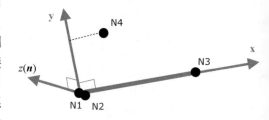

图 4-72　KJOINT2 局部坐标系示例

　　KJOINT2 建模中，Type = 1（Spherical）或 Type = 8（Rigid）时，连接可以仅有 N1 和 N2 节点，而无须定义节点 N3、N4，此时局部坐标系可以同全局坐标系。Type = 2（Revolute）、Type = 3（Cylindrical）、Type = 6（Translational）或 Type = 4（Planar）时连接可以仅有 N1、N2 和 N3 三个节点，那么节点 N1 到 N3 就是局部坐标系中的 x 方向。如果节点 N3 没有定义，那么节点 N1 和 N2 就不能是重合点了，因为此时 x 方向必须由 N1 和 N2 节点定义。Type = 7（Oldham）、Type = 5（Universal）或 Type = 9（Free）时，连接可以仅有 N1、N2、N3 和 N4 四个节点。当然 KJOINT2 弹簧单元坐标系也可以使用单元局部坐标系以外的坐标系，这由用户定义的参数 $Skew\_ID_1$ 和 $Skew\_ID_2$ 来决定，如表 4-6 和图 4-73 所示。

表 4-6　KJOINT2 弹簧单元坐标系的使用

没有定义任何 skew $Skew\_ID_1 = 0$；$Skew\_ID_2 = 0$	使用弹簧单元的局部坐标系
仅定义了 $Skew\_ID_1$ $Skew\_ID_1 \neq 0$；$Skew\_ID_2 = 0$	使用 $Skew\_ID_1$ 定义的局部坐标系

（续）

同时定义了所有 skew $Skew\_ID_1 \neq 0$; $Skew\_ID_2 \neq 0$	使用两个局部坐标系的平均局部坐标系，如图 4-80 所示。注意这两个局部坐标系的 x 方向必须是平行的
仅定义了 Skew_ID₂ $Skew\_ID_1 = 0$; $Skew\_ID_2 \neq 0$	首先将全局坐标系设置到 $Skew\_ID_1$ 中，然后取两个 skew 的平均坐标系

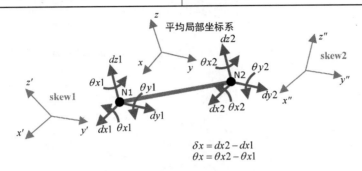

图 4-73　KJOINT2 使用 skew 时的局部坐标系

4.6.3　KJOINT2 的位移和角度锁止

使用 KJOINT2 模拟连接件时常常需要对连接件的移动和转动进行限制，卡片平动属性区域中的参数 SD_{i+} 和 SD_{i-} 可用于定义平动位移锁止，而转动属性区域中的参数 SA_{i+} 和 SA_{i-} 可用于定义转动角度锁止，用于角度锁止的角度参数使用弧度单位，如图 4-74 所示。这里 i 是指自由度，$i = x$，y，z。比如 Type = 6（Translation）的连接中有 x 方向（轴向）平动自由度，此时如果设置了参数 SD_{x+}、SD_{x-}，那么 x 方向的拉伸到限定位置 SD_{x+} 时连接件就会锁止，x 方向的压缩到限定位置 SD_{x-} 时连接件也会锁止，如图 4-75 所示。

To be defined for each non-blocked translational DOF (depending on joint type)　平动

(1)	(2)	(3)	(4)	(5)	(6)	(7)	(8)	(9)	(10)
K_{ti}	fct_K_{ti}		SD_{i-}		SD_{i+}		$Icomb\_t_i$		
C_t	fct_C_{ti}								
K_{fxi}		FF_i		fct_FF_i					

To be defined for each non-blocked rotational DOF (depending on joint type)　转动

(1)	(2)	(3)	(4)	(5)	(6)	(7)	(8)	(9)	(10)
K_{ri}	fct_K_{ri}		SA_{i-}		SA_{i+}		$Icomb\_r_i$		
C_{ri}	fct_C_{ri}								
K_{fri}		FM_i		fct_FM_i					

图 4-74　KJOINT2 中最大平动和转动锁止在卡片中的位置

如果选用的 KJOINT2 类型中 dy 方向设置了平动锁止 SD_{y+}，那么实际上是限制了连接件的剪切位移，如图 4-76 所示。如果选用的 KJOINT2 类型中 θx 方向设置了转动锁止 SA_{x+}，那么实际上是限制了连接件的扭转，如图 4-77 所示（negative 表示局部坐标系的负方向）。如果选用的

KJOINT2 类型中 θ_y 方向设置了转动锁止 SA_{y+}，那么实际上是限制了连接件的弯曲，如图 4-78 所示。

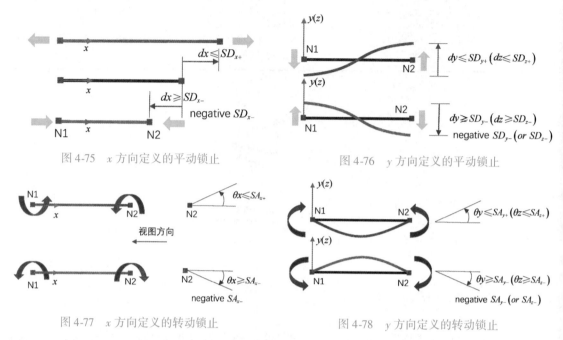

图 4-75　x 方向定义的平动锁止　　　　图 4-76　y 方向定义的平动锁止

图 4-77　x 方向定义的转动锁止　　　　图 4-78　y 方向定义的转动锁止

4.6.4　KJOINT2 的刚度和阻尼

在 KJOINT2 卡片中有三种刚度参数。

第一种是在全局卡片中定义全局约束刚度 K_n 和约束阻尼系数 Cr，如图 4-79 所示。K_n（以及考虑阻尼时的 Cr）用于定义约束方向的约束刚度（阻尼系数），如 Spherical 类型可以自由转动但约束三个方向的平动，所以 K_n 就是 dx、dy、dz 三个平动方向的约束刚度。如果在卡片中不设置 K_n，即 $K_n = 0$（默认），那么 Radioss 内部将自动设置一个比较大的值作为约束刚度。一旦设置了 K_n（即 $K_n > 0$），Radioss 就会使用用户定义的约束刚度。

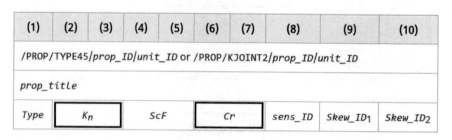

(1)	(2)	(3)	(4)	(5)	(6)	(7)	(8)	(9)	(10)
/PROP/TYPE45/prop_ID/unit_ID or /PROP/KJOINT2/prop_ID/unit_ID									
prop_title									
Type	K_n		ScF		Cr		sens_ID	Skew_ID$_1$	Skew_ID$_2$

图 4-79　KJOINT2 卡片中定义刚度和阻尼的参数

第二种是分别定义平动刚度 K_{ti} 和转动刚度 K_{ri}（$i = x,\ y,\ z$），用于自由度没有约束的位置的刚度。比如 Type = 1（Spherical）中如果定义了 K_{ri}，那么 K_{ri} 用于定义可自由转动处的刚度，即 θ_x、θ_y、θ_z 方向的转动刚度，见表 4-7。

第三种就是用于考虑阻尼衰减的平动黏度系数 C_{ti} 和转动黏度系数 C_{ri}，同样用于自由度没有约束的位置的黏度系数，如图 4-80 所示。

表 4-7　平动刚度 K_{ti} 和转动刚度 K_{ri} 用于 KJOINT2 中的力和力矩计算

线性 KJOINT2	非线性 KJOINT2
$F = K_{ti}\delta_i$ $M = K_{ri}\theta_i$ K_{ti}：平动刚度 K_{ri}：转动刚度；$i = x,\ y,\ z$	$F = K_{ti}f(\delta_i)$ $M = K_{ri}f(\theta_i)$ K_{ti}：平动刚度曲线 $f(\delta_i)$ 的比例因子 K_{ri}：转动刚度曲线 $f(\theta_i)$ 的比例因子；$i = x,\ y,\ z$

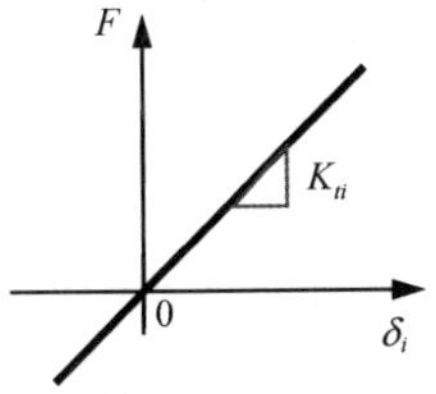

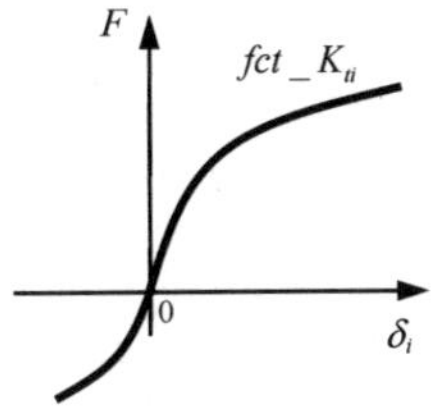

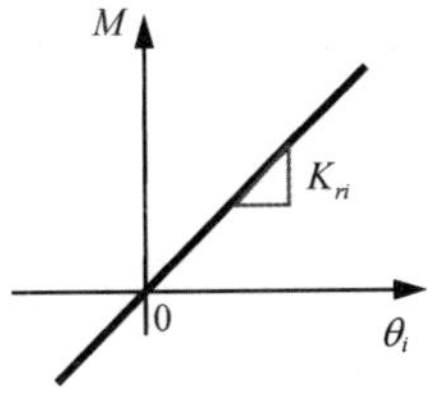

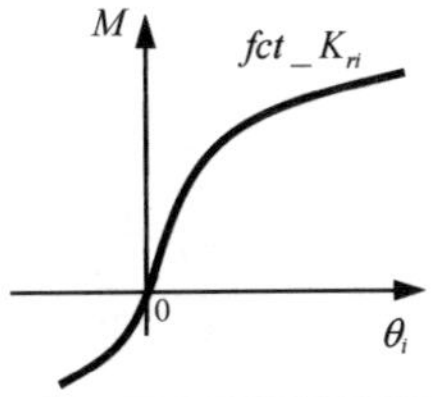

To be defined for each non-blocked translational DOF (depending on joint type)　平动

(1)	(2)	(3)	(4)	(5)	(6)	(7)	(8)	(9)	(10)
K_{ti}	fct_K_{ti}		SD_{i-}		SD_{i+}		$Icomb\_t_i$		
C_t	fct_C_{ti}								
K_{fxi}		FF_i		fct_FF_i					

To be defined for each non-blocked rotational DOF (depending on joint type)　转动

(1)	(2)	(3)	(4)	(5)	(6)	(7)	(8)	(9)	(10)
K_{ri}	fct_K_{ri}		SA_{i-}		SA_{i+}		$Icomb\_r_i$		
C_{ri}	fct_C_{ri}								
K_{fri}		FM_i		fct_FM_i					

图 4-80　KJOINT2 卡片中分别定义各个自由度不同的刚度参数

示例：以 $v = 1.33$ 匀速轴向拉伸 KJOINT2 弹簧单元。如果仅设置平动刚度 $K_t = 100$，那么力沿着图 4-81 中三角形标注的直线以斜率 100 随位移变化。如果仅设置了黏度系数 $C_t = 50$，那么力沿着图 4-81 中方形标注的直线变化，当力达到 $F = C_t\dot{\delta} = 50 \times 1.33 = 66.5$ 后，力的曲线保持水平。如果同时设置了平动刚度 $K_t = 100$ 以及黏度系数 $C_t = 50$，那么力的曲线沿着圆点标注的曲线变化，这个力的变化实际上是上面两种情况的组合。

除此以外还可以设置摩擦刚度，包括平动方向上的 K_{fxi} 和转动方向上的 K_{fri} 参数。这些参数形成一个力（或力矩）来阻止位移或转动超出用户定义的锁止范围 SD_{i+}、SD_{i-}、SA_{i+}、SA_{i-}。另外，如果 K_{fxi}、K_{fri} 在卡片中没有设置，那么 Radioss 将自动使用一个非常大的值作为摩擦刚度，如图 4-82 所示。

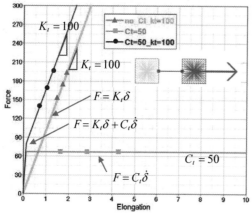

图 4-81 匀速轴向拉伸 KJOINT2 弹簧单元

To be defined for each non-blocked translational DOF (depending on joint type) 平动

(1)	(2)	(3)	(4)	(5)	(6)	(7)	(8)	(9)	(10)
K_{ti}		fct_K_{ti}		SD_{i-}		SD_{i+}	$Icomb\_t_i$		
c_t		fct_C_{ti}							
K_{fxi}		FF_i		fct_FF_i					

To be defined for each non-blocked rotational DOF (depending on joint type) 转动

(1)	(2)	(3)	(4)	(5)	(6)	(7)	(8)	(9)	(10)
K_{ri}		fct_K_{ri}		SA_{i-}		SA_{i+}	$Icomb\_r_i$		
c_{ri}		fct_C_{ri}							
K_{fri}		FM_i		fct_FM_i					

图 4-82 KJOINT2 卡片中定义超出锁止范围后的行为

示例：轴向拉伸载荷下，设置了轴向最大拉伸位移为 $SD_{i+} = 100$。如果 K_{fxi} 没有设置（见图 4-83 左图），那么当拉伸位移达到 100 后，力快速增长，也就是此后的斜率非常大（图 4-83 中几乎是垂直向上的）。如果设置了 $K_{fxi} = 1000$（见图 4-83 右图），那么当拉伸位移达到 100 后，力的曲线是以斜率 $K_{fxi} = 1000$ 向上增长的。

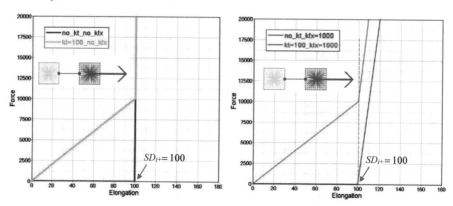

图 4-83 轴向拉伸载荷下设置锁止后的不同行为

从这个示例中也可以看出平动刚度 K_{ti} 仅用于达到最大锁止值 SD_{i+} 之前力的计算。K_{fxi} 的值不能设置太小，理论上在达到最大锁止后应该需要非常大的力（或力矩）来锁止位移（或转动），并且此时会有图 4-84 所示的警告信息。

```
WARNING ID :            979
** WARNING IN FRICTION DEFINITION FOR KJOINT2
DESCRIPTION :
    ELASTIC STIFFNESS 0.1000000000000 IS SMALLER THAN THE MAX
DERIVATIVE 720.8000000000 OF THE
    FRICTION FUNCTION 0
```

图 4-84 警告信息示例

如果在没有设置平动刚度 K_{ti} 的情况下分别设置了摩擦刚度 $K_{fxi} = 1000$ 和摩擦力 $FF_i = 15000$（见图 4-85 左图圆点标注的曲线），那么摩擦刚度 K_{fxi} 用于开始时将力提升到 15000，当达到最大拉伸锁止值 SD_{i+} 时再次使用 K_{fxi} 处理之后的力。如果同时设置了平动刚度 $K_{ti} = 100$（见图 4-85 右

图三角形标注的曲线），那么摩擦刚度 K_{fxi} 用于开始时将力提升到 16500（$FF_i + K_{ti}\delta_i = 15000 + 100 \times 15 = 16500$），随后力以平动刚度 $K_{ti} = 100$ 为斜率开始增长，当达到最大拉伸锁止值 SD_{i+} 时使用 K_{fxi} 处理之后的力。

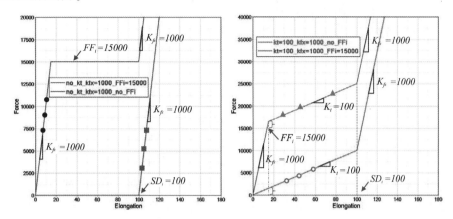

图 4-85　设置锁止后的连接单元中的受力

在达到最大锁止后，如果考虑用户定义的处理力和力矩的方式，那么相应的摩擦刚度 K_{fxi}、K_{fri} 必须设置，否则即便定义了摩擦力 FF_i（或摩擦力矩 FM_i），或定义了摩擦力曲线 fct_FF_i（或摩擦力矩曲线 fct_FM_i），还是会使用 Radioss 内部计算的非常大的刚度来处理。

第 5 章

其 他 设 置

5.1 接触设置

接触碰撞问题是最难解决的非线性问题之一，因为它们在速度-时间历程中引入了不连续性。接触前两物体的法向速度不相等，而碰撞后的法向速度必须与不可穿透条件相一致。同样，当摩擦模型中出现黏滑时，沿界面的切向速度是不连续的。这些时间上的不连续性使控制方程的积分变得复杂，并影响数值方法的性能。接触碰撞问题的核心是不可穿透条件。Radioss 中有用于流固耦合的接触类型 TYPE1、TYPE9、TYPE18，用于绑定接触的 TYPE2，还有很多用于整车碰撞、包装跌落的罚函数法的接触。罚函数接触方法不增加系统未知量，直接引入罚刚度与界面穿透量的乘积作为接触力，使得界面无穿透的约束条件得到近似满足（依赖于罚刚度的选择）。罚函数法不破坏有限元方程组的解耦特性，与显式算法的直接时间积分兼容，因此被有限元显式求解器广泛使用。表 5-1 是 Radioss 现有接触类型的汇总。

表 5-1　Radioss 现有接触类型

TYPE	描　　述	应　　用	接 触 算 法
1/9	带滑动的 ALE/LAG	流固耦合	主从
18	CEL 接触	流固耦合	罚函数
2	绑定接触	固连接触	主从或拉格朗日乘子
3&5	部件之间的接触碰撞	建议使用 TYPE7	非线性罚函数
6	刚性体之间的接触	自定义接触	非线性罚函数
7	通用部件之间的接触	所有速度下的结构接触碰撞	罚函数或拉格朗日乘子
8	压延筋接触	冲压相关应用	罚函数
10	类似于 Type 7，但是固连	特殊用途	罚函数
11	线线接触	可与 TYPE7 等接触同时存在	罚函数
16/17	节点与二阶实体/壳单元表面，或者二阶实体单元之间	8 或 16 节点壳单元或 20 节点实体单元	拉格朗日乘子
19	通用接触	相当于 TYPE 7 对称接触 + TYPE 11	非线性罚函数
21	刚性主面与可变形从面接触	冲压相关应用	罚函数
23	软罚函数接触	用于安全气囊	软罚函数
24	一般接触，可选点面、面面接触	此接触可以替换接触类型 3、5、7。用于无间隙实体接触	线性惩罚刚度是恒定的，因此时间步长不受影响
25	一般接触，可选点面、面面接触	此接触可以替换接触类型 3、5、7、24	线性惩罚刚度是恒定的，因此时间步长不受影响

注：ALE 为任意拉格朗日-欧拉；LAG 为拉格朗日；CEL 为耦合的欧拉-拉格朗日。

TYPE2 是比较特殊的一种接触类型，它即有运动学条件（kinematic condition）又可以有罚函数方法，应用非常普遍的是运动学条件的绑定接触设置。TYPE4 是很陈旧的接触类型，已经不再建议用户使用，所以没有列在表 5-1 中。

每种接触类型的开发都是针对某一特殊应用领域的，但是对于实际问题中接触类型的选择，这不应是唯一的选择依据，而是需要考虑到某些接触类型的固有算法局限性。比如 TYPE3、TYPE5 和 TYPE6 的接触搜索是根据初始位置最近原则进行的，计算效率很高，但在主面高曲率时容易导致接触搜索错误。TYPE7、TYPE10、TYPE11 则不是这样，它们的接触搜索是直接进行的，因此对接触发生位置的判断是实时的，但会消耗更多 CPU 时间。

基于罚函数法的接触类型是基于主面与从节点的，主面与从面的处理方法可以是接触发生在一系列从节点和一系列主面（segment，也记作片）之间，也可以是发生在一系列从面和一系列主面之间。主面的定义与单元类型有关，如图 5-1 所示。如果是 3 节点或 4 节点壳单元，单元的表面就是它的接触面；对于实体单元，单元的每个表面都是一个片；对于 2D 单元（比如QUAD），它的每条边都是一个片。

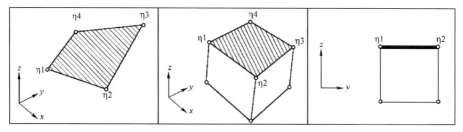

图 5-1　主面的定义

接触间隙（Gap）是 Radioss 接触算法里非常重要的概念之一，它是用于判断从节点是否与主片发生接触的参考距离，可以理解为片或节点占据的"厚度"空间。比如壳单元，网格划分在中面上，中面以外一半厚度的距离内是实际物体的最外缘，如果两个壳体接触，那么两个壳体厚度之和的一半（$t1 + t2$）/2 就是接触间隙，两个物体网格上的节点不可能靠近到相互距离小于这个接触间隙，否则就是一个物体侵入到另一个物体里面了，这不符合物理实际。数值计算中当某个主面的从节点穿透（penetrate）到主面由 Gap 决定大小的空间时，就判定该主面和从节点发生了接触，如图 5-2 所示。一旦接触发生，罚函数接触算法就在发生接触的从节点在主面上的投影点上，向该从节点施加一个使其向外离开 Gap 空间的力，这个力的大小与从节点侵入这个 Gap 空间的大小有关，因此罚函数的作用机制就像是在从节点与其投影点之间施加了一个虚拟的弹簧，以迫使主面和从节点之间始终满足接触界面无穿透条件，这个弹簧的刚度被称为接触刚度，如图 5-3 所示。

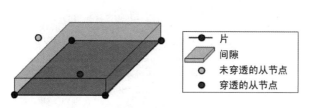

●—	片
▬	间隙
○	未穿透的从节点
●	穿透的从节点

图 5-2　间隙和穿透

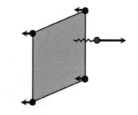

图 5-3　主面的反作用力

这个接触刚度可以是非线性（TYPE7）的，也可以是线性的（TYPE24）。非线性罚函数法是Radioss 求解器独有的，两者之间的区别在于，只要设置合理，当使用非线性罚函数法的时候，很难产生网格交叉（intersection），在接近交叉前的接触刚度趋于无穷大；而使用线性罚函数算法时，如果变形剧烈，就有可能产生网格交叉。非线性罚函数法是真正符合物理实际的，如图 5-4 所示。

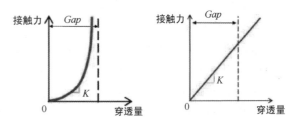

图 5-4　线性和非线性罚函数法

由于接触刚度的存在，从节点稳定计算的临界时间步长将受到影响。在接触发生后，从节点上被施加了一个弹簧，这个弹簧的刚度将被记入该节点的总刚度，此时该节点稳定计算的临界时间步长为

$$\Delta t = \sqrt{\frac{2M_{\text{node}}}{K_{\text{node}} + K_{\text{spring}}}} \tag{5-1}$$

接触会导致时间步长减小，而且接触刚度越大，时间步长减小得越多。当没有接触，或者接触消失时，虚拟的弹簧也被移除，从节点的时间步长恢复正常。同时，整个罚函数法的作用过程并不是像运动学条件那样将从节点绑定到主面（从节点自由度被移除），因而基于罚函数的接触类型可以和所有的运动学条件（如刚体、强制速度等）完全兼容。与罚函数法不同，拉格朗日乘子法（使用/LAGMUL 和/INTER/LAGMUL 调用）是纯数学方法，没有引入弹簧来模拟接触行为，接触条件是通过求解非线性方程组得到满足的，因此，它不存在因为接触刚度增加而导致的时间步长下降问题，但是需要在每个循环里耗费更多的计算资源来求解非线性方程组，同时它不能计入摩擦。

5.1.1　非线性罚函数接触算法

TYPE7、TYPE11 和 TYPE19 使用非线性罚函数接触算法，其中，TYPE7 是一个使用广泛的通用接触，可以模拟一组节点和主曲面之间的接触。TYPE7 接触是非定向的，从节点也可以属于主面，因此这个接触类型可以模拟碰撞，尤其是模拟在高速碰撞期间结构自身发生扭曲等行为，如图 5-5 所示。

接触类型 TYPE7 通过直接搜索算法搜索最近的接触面，因此没有搜索限制，可以找到所有可能的接触面。它利用边界处的圆柱间隙消除了由节点撞击壳体边缘引起的能量跳跃。TYPE7 的主要优点是接触刚度不是恒定的，并且随着穿透性的增加而增加，这样可以更好地阻止节点穿过壳体中间表面，这也真实地描述了实际接触过程中力的变化。TYPE7 中使用的间隙位于壳体中间表面的两侧，边缘周围添加了圆柱形间隙，如图 5-6 所示。

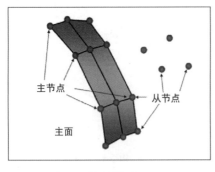

图 5-5　接触类型 TYPE7

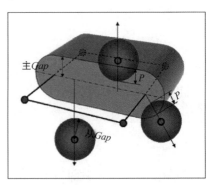

图 5-6　接触类型 TYPE7 的间隙

主面上由于有圆柱间隙而消除了接触过程中由于从节点一会儿进入接触范围一会儿离开接触范围所导致的能量跳跃，旧的接触 TYEP5 没有这样的处理，而 TYPE7 的这种单元边缘处理就使得在接触中滑动时反应力在区段间保持平滑，如图 5-7 所示。

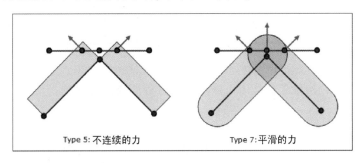

图 5-7　滑动接触

1. 接触间隙

接触中的接触间隙除了按照实际物体之间的真实厚度距离计算外，在数值计算中还可以进行数值微调以方便建模和计算。比如在 TYPE7 的接触卡片中有控制接触间隙的选项 I_{gap}。

1）$I_{gap}=1$ 时，使用可变接触间隙，接触间隙为

$$\max\left[Gap_{\min},(g_s+g_m)\right] \tag{5-2}$$

2）$I_{gap}=2$ 时，使用可变接触间隙，接触间隙为

$$\max\left\{ Gap_{\min},\min\left[Fscale_{gap}\cdot(g_s+g_m),Gap_{\max}\right]\right\} \tag{5-3}$$

推荐使用 $I_{gap}=2$，它可以考虑两个部件之间的真实距离。

3）$I_{gap}=3$ 时，使用可变接触间隙，接触间隙为

$$\max\left\{ Gap_{\min},\min\left[Fscale_{gap}\cdot(g_s+g_m),\%\,mesh\_size\cdot(g_{s\_l}+g_{m\_l}),Gap_{\max}\right]\right\} \tag{5-4}$$

当壳体网格划分得非常小，甚至小于壳体的厚度时，在自接触设置中从节点容易将其周围相连的节点认为是初始穿透，这是不符合实际的，此时可以设置 $I_{gap}=3$ 和参数 $\%\,mesh\_size$，这样网格的尺寸大小将被考虑，从而避免报出不真实的初始穿，如图 5-8 所示。

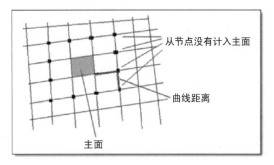

图 5-8　$\%\,mesh\_size$ 避免单元相邻从节点计入接触搜索范围

4）$I_{gap}=1000$ 时，使用固定的接触间隙，接触间隙计算时使用参数 $Gap_{\min}$ 进行设置。模型中部件众多又有初始穿透时，可以用这种方法简单、快速地调试模型的接触。但是这种方法的原理并不符合实际的数值处理方法，在穿透并不大的情况下可以使用，这样既可以快速建模又可以在精度方面有保证。

计算接触间隙需要主面和从节点的间隙参数 g_m、g_s，这些参数是随着单元类型的不同而有所区别的，详见表 5-2。

表 5-2　不同类型单元的间隙

单 元 类 型	主面间隙（g_m）	从节点间隙（g_s）
壳体	$g_m=\dfrac{t}{2}$，t 是主面单元的厚度	$g_s=\dfrac{t}{2}$，t 是从节点所在壳单元的最大厚度

（续）

单元类型	主面间隙（g_m）	从节点间隙（g_s）
六面体	$g_m = 0$	$g_s = 0$
TRUSS 和 BEAM	不能做主面	$g_s = \dfrac{1}{2}\sqrt{S}$，$S$ 是截面积

2. 初始穿透

对有限元模型而言，初始穿透是由于网格划分过程的离散导致的，是不可避免的常见现象，如图 5-9 所示。

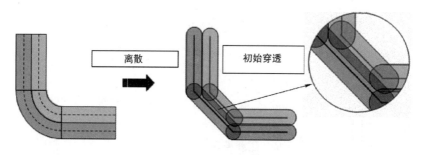

图 5-9　网格离散导致初始穿透

TYPE7 通过卡片参数 I_{nacti} 可以对初始穿透进行三类特殊处理：①将发生初始穿透的从节点或主面单元的刚度移除，自动调整节点坐标以消除初始穿透；②可以移动有初始穿透的从节点或者主面；③对可变间隙进行修正，以新的可变间隙进行接触激活的识别。

1）当 $I_{nacti} = 0$ 时，不处理初始穿透。

2）当 $I_{nacti} = 1$ 时，关闭初始穿透从节点的刚度。

3）当 $I_{nacti} = 2$ 时，关闭初始穿透主面单元的刚度。

4）当 $I_{nacti} = 3$ 时，自动调整初始穿透的节点坐标，以移除初始穿透。

5）当 $I_{nacti} = 5$ 时，使用随时间可变的接触间隙，初始间隙被初始穿透量修正为 $Gap_0 = (Gap - P_0)$，其中 P_0 是初始穿透量。

6）当 $I_{nacti} = 6$ 时，使用随时间可变的接触间隙，初始间隙被初始穿透量修正为 $Gap_0 = 95\%(Gap - P_0)$，如图 5-10 所示。

如果有限元网格模型质量较高，且 TYPE7 的间隙设置合理，$I_{nacti} = 0$ 是较好的选项；$I_{nacti} = 1$，2 在仅有少量初始穿透

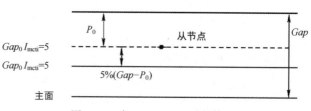

图 5-10　当 $I_{nacti} = 5$，6 时的情况

节点的情况下可以使用，但是如果初始穿透的节点和单元较多，移除刚度后就会产生较大的接触问题；在使用 $I_{nacti} = 3$ 时需要注意，应避免移动初始穿透节点坐标后的网格与原始网格发生较大偏差，即初始穿透量不应太大，同时，如果某些初始穿透的节点是 Spring 单元的端点，则节点坐标的调整会使 Spring 单元"创造"出非物理的初始能量；对于 $I_{nacti} = 5$，如果修正后的 Gap_0 还是足够大（不引起接触刚度和时间步长的问题），那么这个选项的接触结果精度是较好的，否则建议使用 $I_{nacti} = 6$ 予以替代，因为 $I_{nacti} = 6$ 避免了接触计算的高频影响。

图 5-11 示意了 $I_{nacti} = 5$ 如何随时间更新可变的间隙：在 $t = 0$ 时，某个节点有初始穿透，于是

它的初始间隙被自动修正；在随后的时间里，这个修正的初始间隙将在每次远离主面时增大一次，直到完全恢复到原始设定的间隙。这个作用机制主要应用在气囊展开仿真中，它可以在所有节点都有很大初始穿透的气囊展开初期，使数值计算中的接触获得一个合理的时间步长，如图 5-12 所示。

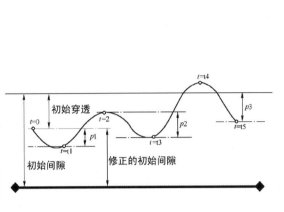

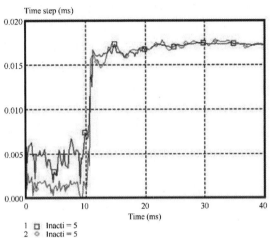

图 5-11　随时间更新可变的间隙　　　　图 5-12　使用 $I_{nacti} = 5$ 对时间步长的影响

　　需要强调的是，尽管 TYPE7 提供了丰富的选项和功能来处理模型的初始穿透，笔者仍然推荐在创建有限元模型时，通过前处理工具（如 HyperMesh、HyperCrash）由用户自主进行初始穿透的消除。

　　选项 Fpenmax（最大初始穿透的比值）用于处理一些比较大的初始穿透。无论选用哪种 I_{nacti}，当 $Penetration \geqslant Fpenmax \cdot Gap$ 时从节点的刚度将不会激活。

3. 接触刚度

　　在罚函数接触算法中，当检测到接触发生（节点侵入接触的 Gap 空间）时，TYPE7 的从节点与主面之间会施加一个弹簧，TYPE7 的接触刚度（弹簧刚度）是穿透量的函数，能够近似模拟接触力。这个力是节点穿透量的非线性函数，随着穿透量的增大而呈指数形式增大，如图 5-13 所示。

　　假设从节点的穿透量是 P，考虑到穿透速度带来的黏性阻尼，总的接触力为

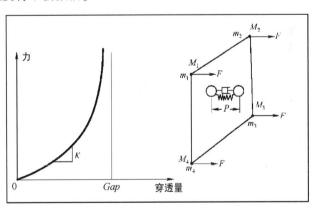

图 5-13　TYPE7 的接触力

$$F_n = KP + C \frac{dP}{dt} \tag{5-5}$$

式中，$K = K_0 \left(\dfrac{Gap}{Gap - P} \right)$，$C = VIS_S \sqrt{2KM}$，$VIS_S$ 为虚拟的接触刚度中的阻尼系数。

　　那么瞬时刚度为

$$K = \frac{\partial F}{\partial P} = \frac{K_{0i} \cdot Gap^2}{(Gap - P)^2} \tag{5-6}$$

式中，K_{0i}为初始接触刚度。

图 5-14 为力-穿透量曲线。图 5-15 为作用在节点上的法向力和切向力。如果穿透量较大，那么节点的临界时间步长将受到影响，因为在节点的临界时间步长计算中需要考虑该节点上的接触刚度。为此，可以通过增大间隙和增大初始接触刚度（设置使用参数 Stfac）来减小接触刚度。两种方法都使得接触中吸收的能量更少进而使得接触过程更加平滑。需要说明的是，如果模型使用了单元步长控制进行计算，那么只要模型含有 TYPE7 接触，节点时间步长就会自动计算，最小的那个时间步长将被用作模型最终使用的时间步长。与 TYPE5 相反，一个小于 1.0 的系数 Stfac 会使第一次接触发生大的穿透，导致很大的接触刚度和作用力。为避免大的穿透，建议设置 Stafc 参数大于或者等于 1.0。增大初始接触刚度尽管会在开始穿透的时刻导致小的时间步长，但是能够在穿透量较大的情况下增大时间步长。

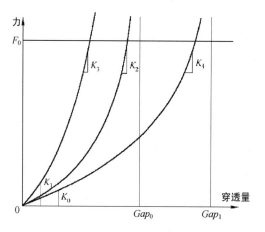

图 5-14 力-穿透量曲线

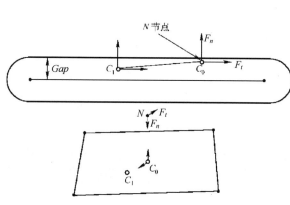

图 5-15 作用在节点上的法向力和切向力

Radioss 的接触产生的摩擦力有几种形式，最简单也最常用的一种是使用库伦模型。这种摩擦公式仅需要一个参数（库伦摩擦系数 m），它能够对常见的碰撞问题给出精确的结果。

库伦摩擦系数 m 的默认值是 0（即表面之间无摩擦）。为了计算摩擦力，默认的摩擦罚函数公式是基于切向速度的黏性形式。如图 5-15 所示，节点从位置 C_0（t 时刻的接触点）滑动穿透到位置 C_1（时刻 $t+t_0$ 的接触点），由于接触黏性，这里引入一个黏性系数 C_t 来计算附着力如图 5-16 所示。

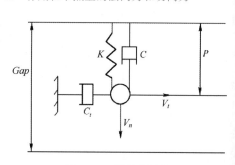

图 5-16 附着力计算

$$F_{ad} = C_t \cdot V_t \tag{5-7}$$

式中，$C_t = VIS_F \sqrt{2KM}$；K 是瞬时接触刚度；VIS_F 是接触摩擦的临界阻尼系数；M 是主节点质量。

附着力 F_{ad} 计算出来后，如果比 μF_n 小，则摩擦力不变（仍然等于 F_{ad}），并且依然保持黏着；如果大于 μF_n，那么摩擦力就要减小为 mF_n，如图 5-17 所示，计算公式如下。

$$F_t = \min(\mu F_n, C_t V_t) \tag{5-8}$$

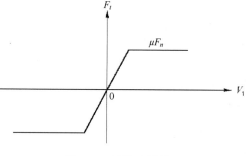

图 5-17 摩擦力计算

如果相对滑动速度很低（如准静态问题仿真），那么默认的基于切向速度的黏性公式将不起作用。为了克服这个问题，Radioss 提供了一种新的基于切向位移的罚函数法（刚度公式），在 TYPE7 的卡片参数 $I_{form} = 2$ 时可以激活这种公式。它引入一个构造的刚度 K 来计算摩擦力的变化。

$$\Delta F_t = K \cdot \delta_t \tag{5-9}$$

式中，δ_t 是切向位移。

与之前的黏性公式相反，基于刚度的公式在速度很低的情况下也能正确地计算摩擦力。图 5-18 中的例子就说明了这一点，方块被施加了一个速度很低（比如 0.01m/s）的强制位移，在底板上滑动，右边的摩擦力曲线显示黏性公式计算的摩擦力不正常，而刚度公式则正确地反映了物理情况。

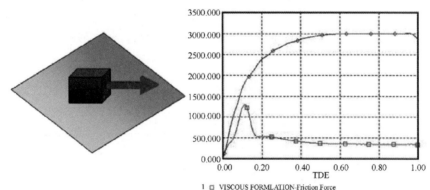

1 □ VISCOUS FORMLATION-Friction Force
2 ◇ STIFFNESS FORMLATION-Friction Force

图 5-18　黏性公式和刚度公式

除了库伦摩擦模型，Radioss 接触卡片还可通过参数 I_{fric} 选择其他三种摩擦模型，它们的原理与库伦摩擦模型相似：Radioss 首先计算附着力，然后与 μF_n 比较。不同之处在于摩擦系数 μ 不再是恒定的，而是一个与主面上法向压力和从节点切向速度相关的函数。

1）广义的黏滞摩擦公式为

$$\mu = Fric + C_1 \cdot p + C_2 \cdot V + C_3 \cdot p \cdot V + C_4 \cdot p^2 + C_5 \cdot V^2 \tag{5-10}$$

2）Darmstad 摩擦公式为

$$\mu = C_1 \cdot e^{C_2 V} \cdot p^2 + C_3 \cdot e^{C_4 \cdot V} \cdot p + C_5 \cdot e^{C_6 \cdot V} \tag{5-11}$$

3）Renard 摩擦公式的图形表达如图 5-19 所示，Renard 摩擦公式为

$$\mu = C_1 + (C_3 - C_1) \cdot \frac{V}{C_5} \cdot \left(2 - \frac{V}{C_5}\right), \ V \in \lfloor 0, \ C_5 \rfloor \tag{5-12}$$

$$\mu = C_3 - (C_3 - C_4) \cdot \left(\frac{V - C_5}{C_6 - C_5}\right)^2 \cdot \left(3 - 2 \cdot \frac{V - C_5}{C_6 - C_5}\right), \ V \in \left[C_5, C_6\right] \tag{5-13}$$

$$\mu = C_2 - \frac{1}{\cfrac{1}{C_2 - C_4} + (V - C_6)}, \ V \geqslant C_6 \tag{5-14}$$

以 Renard 模型为例，如果有摩擦系数和运动速度的关系曲线，那么接触卡片中的参数 $C_1 \sim C_6$ 就可以直接在曲线上读取。另外，所有的摩擦公式都可以进行摩擦滤波以光顺摩擦力，可查阅帮助文档/INTER/TYPE7 卡片的参数 I_{filtr} 和参数 X_{freq}。

对于没有初始穿透的 TYPE7 接触，有时在计算过程中会遇到由于形变而导致接触节点上的时

间步长下降、计算不稳定（会产生一些能量）的问题，这时首先要检查设置的接触间隙，这些值必须符合物理实际。如果使用恒定间隙（$I_{gap}=0$）而且没有输入最小间隙（$Gap_{min}=0$），那么 Radioss 会在 Gap_{min} 中使用默认值，具体数值可以查看 starter 输出文件 *0000.out。同时应检查接触两侧的刚度。如果两侧材料的刚度比大于 100，则需要设置 $I_{stf}=0$，这样就能使用材料较硬的主面的刚度（有软硬不同的构件接触时，通常硬的构件设为主面），因此即使接触的初始时间步长很小，接触初始

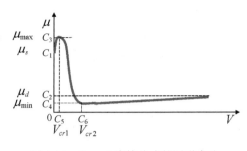

图 5-19　Renard 摩擦公式的图形表达

刚度将更大，如果穿透变大，那么时间步长也变大，从而阻止了从节点穿透。

表 5-3 的刚度计算中，S 是接触面积，V 是实体体积，B 是体积模量，E 是材料的弹性模量，t 是壳体厚度。如果由于特殊需求而一定要使用刚性较小的结构为主面（例如，因为网格较粗），则可以更改接触刚度系数 $Stfac$ 的值以增加初始接触刚度，否则，$Stfac$ 的默认值 1 通常是非常合适的。壳体的 $Stfac$ 计算如下。

$$Stfac = \frac{K_s}{K_m} \tag{5-15}$$

表 5-3　接触两侧刚度计算

	壳 体	实 体
从节点一侧刚度 K_s	$K_s = \frac{1}{2} \cdot E \cdot t$	$K_s = B \cdot \sqrt[3]{V}$
主面一侧刚度 K_m	$K_m = Stfac \cdot \frac{1}{2} \cdot E \cdot t$	$K_m = Stfac \cdot B \cdot \frac{S^2}{V}$

4. 热交换

热会在两个不同温度的物体间通过接触来交换。热交换有辐射和传导两种方式，在 Radioss 的接触 TYPE7、TYPE11 和 TYPE21 中可以模拟这些热交换。当从节点靠近另一个物体，也就是从节点和主面的距离 $d < D_{rad}$，但是还没有挨上主面（即 $d > Gap$）时，认为从节点已经进入热辐射区，从而有热辐射的热交换；如果从节点继续靠近主面，最终到达主面（即 $d \leqslant Gap$），那么此时认为两个物体有实质的接触而用热传导的方式进行热交换。热辐射范围的大小可以由接触卡片中的 D_{rad} 参数计算得到，如图 5-20 所示。

需要考虑接触时的热交换时，可以设置 $I_{the}=1$，此外还需要输入一些关于热交换的参数。当处于热传导时，热传导系数 K_{the} 需要输入，或者直接输入一个关于热传导系数和接触压力的曲线 fct_ID_K，如图 5-21 所示。

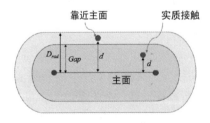

图 5-20　接触中考虑热交换范围的示意图

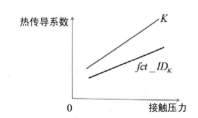

图 5-21　热传导系数与接触压力的关系

处于热辐射时（即 $Gap < d < D_{rad}$），辐射热的交换计算公式为

$$h_{rad} = F_{rad}(T_m^2 + T_s^2) \cdot (T_m + T_s) \tag{5-16}$$

式中，F_{rad} 是一个辐射热参数，是一个材料相关的参数。

$$F_{rad} = \frac{\sigma}{\frac{1}{\varepsilon_1} + \frac{1}{\varepsilon_2} - 1}; \sigma = 5.669 \times 10^{-8} \text{W}/(\text{m}^2 \cdot \text{K}^4) \tag{5-17}$$

式中，ε_1、ε_2 分别是两个接触表面用于描述辐射能力的辐射系数；T_s、T_m 分别是从节点和主面的温度。

在接触中除了考虑不同温度物体的热交换，还可以考虑摩擦生热的效果。摩擦生热主要考虑切向的摩擦力 F_t 做功而形成的热 Q_{Fric}。

$Fheat_s$ 和 $Fheat_m$ 参数描述摩擦生成的热在主面和从节点上的分配，总和不超过 1.0，即 $Fheat_s + Fheat_m < 1.0$，小于 1.0 的部分是考虑摩擦功不完全转换为热，也不完全分配到两个接触面上，比如可能有微小的热辐射消散，见表 5-4。

表 5-4　摩擦生热的计算方式

	$I_{the\_form} = 1$（罚函数法）	$I_{the\_form} = 2$（刚度法）
从节点一侧	$Q_{Fric} = Fheat_s \cdot C \cdot V_t^2 \cdot dt$	$Q_{Fric} = Fheat_s \cdot \frac{(F_{adh} - F_t)}{K} \cdot F_t$
主面一侧	$Q_{Fric} = Fheat_m \cdot C \cdot V_t^2 \cdot dt$	$Q_{Fric} = Fheat_m \cdot \frac{(F_{adh} - F_t)}{K} \cdot F_t$

其中，F_{adh} 为黏滞力。

5. 时间步长控制

前面的章节里已经解释了由于所有穿透节点的接触刚度被纳入临界时间步长的计算，节点时间步长可能会由于接触因素而剧烈减小。

$$dt_{nodal} = \sqrt{\frac{2M_{nodal}}{\sum(K_{interface} + K_{element})}} \tag{5-18}$$

同时，为了阻止节点在一个积分时间循环内穿过主面，还需要计算一个运动的时间步长。如果检测到节点在当前侵入速度当前时间步长下，能够在下一个同样步长的时间循环里穿过主面，那么 Radioss 会减小下一个时间步长，以保证有足够的 Gap 空间可以向该节点施加接触力，以迫使其减速或停止穿透趋势。如果 p 是 Gap 空间的侵入量，dp/dt 是当前侵入速度，那么运动时间步长是继续侵入当前位置到主面距离的一半所用的时间。

$$dt_{kin} = \frac{1}{2}\left[\frac{Gap - p}{\frac{dp}{dt}}\right] \tag{5-19}$$

这个时间步长也是为了保证数值稳定，因此，模型计算的稳定时间步长是各个临界步长中的最小值。

在汽车碰撞仿真中，运动时间步长（有时称为 Interface 时间步长）不会控制计算的时间步长，即它不是各个临界步长中的最小值。如果它被激活为模型求解过程的时间步长，一般是由模型质量引起的。如果由于某种原因，使节点有很大的穿透，节点时间步长或运动时间步长变得很小，则可以在 engine 文件中使用卡片/DT/INTER/DEL，将时间步长很小的节点从接触对里释放出来。所有时间步长减小到 dt_{min} 的节点将从接触中移除。这个选项对于保持接触过程的合适时间步长有用，但是当释放的节点太多时，可以预见计算结果将会很糟糕。提示节点释放的信息如图 5-22 所示。

6. 接触导致的质量增量

使用质量缩放（选项/DT/NODA/CST）在某些情况下会导致质量的不稳定。节点进一步侵入接触的 *Gap* 空间，则该节点的瞬时接触刚度增大，节点总刚度增大，从而节点的时间步长降低。为了满足质量缩放要求的最小时间步长，Radioss 将在节点上增加质量。然而，增加质量会导致节点动能（*KE*）和动量增加，而这两项物理量的增加会使得节点的 *Gap* 侵入量更大，如图 5-23 所示。

```
**WARNING MINIMUM TIME STEP XXX IN INTERFACE 1

REMOVE SLAVE NODE XXX FROM INTERFACE
```

图 5-22 节点释放提示信息

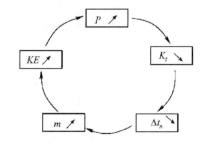

图 5-23 质量缩放对 TYPE7 的影响

除非接触力能够"阻止"这个侵入运动，否则增加的质量（由于使用质量缩放而导致）将会变得越来越大。于是，计算一般会停下，因为质量增量很快，几个循环内就会变得非常巨大。这时接触卡片需要进行修改，建议从以下几点出发。

1）增大 *Gap*。

2）增大初始接触刚度。

3）网格模型应该细化，并在接触区域均匀化。

7. 边边接触锁死

由于 TYPE7 是点面接触类型，所以它不能很好地处理边边接触，例如会出现图 5-24 所示的接触锁死。

当网格很精细时，边边接触的侵入通常伴随着节点对壳单元的接触。边边接触主要的问题是可能发生锁死的情况。图 5-25 具体示意了这种情况的发生，节点 *N* 和壳单元 *S*

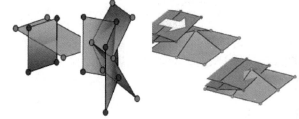

图 5-24 边边接触锁死

原本没有检测到接触，在边边侵入发生后，其相对位置发生了变化，之后单元 *S* 沿法向移动时，与节点 *N* 之间将检测到接触发生，接触力将阻止单元 *S* 的滑行。通常这种情况会带来大的穿透，计算也将由于时间步长的减小而停止不前。

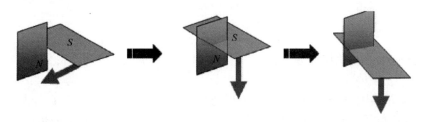

图 5-25 边边接触锁死的发生

如果发生了这种锁死，有必要在该局部区域定义一个边边接触（TYPE11）来解决这个问题。TYPE11 用于模拟 1D 单元、壳单元和实体单元边边之间的线接触，如图 5-26 所示。

TYPE11 使用与 TYPE7 一样的罚函数法和直接接触搜索方法，TYPE11 使用数学上更复杂的算法，因此仅建议在需要的地方使用。大量的 TYPE11 会较大程度地增加 CPU 时间，使计算速度下降。

8. 切向力

当侵入接触 *Gap* 空间的从节点无摩擦滑动时，由于壳单元边上重叠的圆柱面的 *Gap* 区域的存在，使得接触力在壳单元边的局部不再严格垂直于壳的中面，于是就产生了力的切向分量，即切向力，如图 5-27 所示。

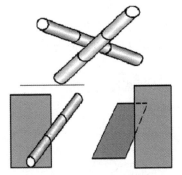

图 5-26　边边接触

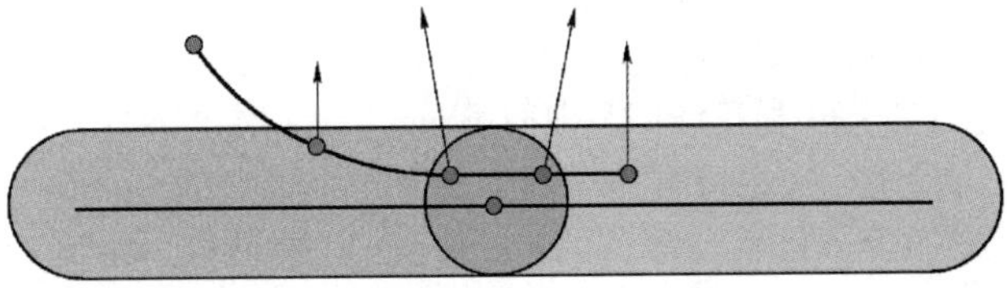

图 5-27　切向力的产生

需要说明的是，在碰撞分析中观察到这种现象是没有影响的，但是在对摩擦问题非常敏感的分析中，这种切向力的存在会影响接触结果的精度，比如金属冲压成形。这里推荐总是在后处理中查看接触力，如果接触力太大，与对问题物理实际的理解不符，那么需要检查模型。或者为了检查对称接触的力，每个接触可以分解成四个接触。例如，对于两个部分 A 和 B，可以创建如下四个接触。

1）接触 1：A 是从，B 是主。

2）接触 2：A 是主，B 是从。

3）接触 3：A 是主，A 同时是从。

4）接触 4：B 是主，B 同时是从。

9. 自接触 *Gap* 警告

在自接触时通常会出现警告。在模拟自接触时，建议使用多于主面最小边长一半的数值为最小 *Gap*（即 Gap_{min}）。这个提示信息表明主面上至少有一个单元的边长小于两倍的 *Gap*，从而导致局部过于刚硬的风险。

```
WARNING IN INTERFACE GAP
INPUT GAP 1.7
HOWEVER GAP IS RECOMMANED TO BE LESS THAN 1
```

图 5-28 示意了自接触里 *Gap* 等于一半的单元边长的情况。当单元受压缩超过 50% 后，"X" 标注的节点将进入其相邻节点的 *Gap* 空间内，此时两者之间就认为发生了自接触，从而导致 "X" 标注的节点在进一步压缩变形过程中变形刚度增大为单元本身刚度与自接触刚度之和，即此处局部产生了刚硬结构。

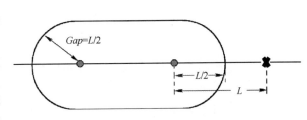

图 5-28　自接触的 *Gap*

如果单元边长一开始就小于它本身的 *Gap*（默认为其厚度），计算一开始就会有这种情况发生。如果这种情况只是偶尔出现或者局部少量出现，那么也是可以接受的。用户可以通过上述提示信息在前处理软件（如 HyperCrash、HyperMesh）中找到发生这种情况的位置，然后按照一定的网格尺寸标准修正网格。

5.1.2　线性罚函数接触算法

TYPE24 和 TYPE25 可以定义单面接触、面面接触和点面接触，是使用线性罚函数法的接触。这两种接触类型除了有 TYPE7 中的接触刚度、接触摩擦、常用穿透处理等内容以外，还能更好地处理实体与实体单元间接触，尤其对于网格有些微小的穿透的模型。并且这些接触不太会影响仿真的时间步长，所以常用于手机等使用实体单元的家用设备的跌落模拟。下面介绍 TYPE24 和 TYPE25 有别于 TYPE7 的特性。

TYPE24 和 TYPE25 中有 *Edge_angle* 这个参数，用于几何有不同程度凹凸时，将一些突起的棱自动进行边边接触，即两个面夹角小于 *Edge_angle* 时增加边边接触。默认的 *Edge_angle* 是 135°，如图 5-29 所示。

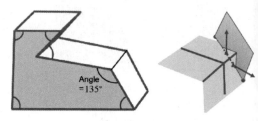

在 TYPE25 的点面接触中，参数 I_{shape} 确定 *Gap* 范围在构件端部的形状（方形还是圆形）以及接触力（法向）方向，如图 5-30 所示。参数 I_{shape} 对边边接触的间隙及其形状没有影响。

图 5-29　*Edge-angle* 的使用

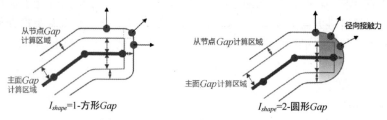

图 5-30　TYPE25 中构件端部的处理

在 TYPE25 中，参数 *IVIS2* = -1 用于在正向添加附着力，在切向添加黏性阻力。这个功能可用于模拟热塑性复合材料成型。使用时，一半的接触间隙被视为黏结区，而另一半的接触间隙作为物理接触区，因此为了保持相同的物理接触间隙，接触厚度应使用 *Gap_scale* 来加倍。只有当从节点进入物理接触区域时才会施加黏合力。黏合力的作用是在接触正向方向上防止节点移出附着力区。该黏合力的方向是接触面法向，其大小为

$$F_N = \frac{SigMaxAdh \cdot Area}{\frac{1}{2}Gap}\left(\frac{1}{2}Gap - P_{adh}\right) \tag{5-20}$$

式中，*Area* 是从面的面积，P_{adh} 是从节点对黏合区域的穿透 *SigMaxAdh* 是接触面上平行方向的最大黏滞力。

当节点退出黏结区域时，类似的黏合弹簧失效，如果节点再次进入接触区域，将重新创建接触，如图 5-31 所示。

当从节点进入黏结力区域时，黏性阻力在切向上也可以考虑。此时施加黏性切向相对力而不是摩擦力，方向平行于接触面，大小为

$$F_T = -ViscAdhFact \frac{ViscFluid \cdot Area}{\frac{1}{2}Gap}V_{rel} \tag{5-21}$$

式中，ViscAdhFact 是切向黏性阻力比例因子；ViscFluid 是接触面上的流体黏度。

式中，*Area* 还是从面面积；V_{rel} 是从节点相对于主面的运动速度，如图 5-32 所示。

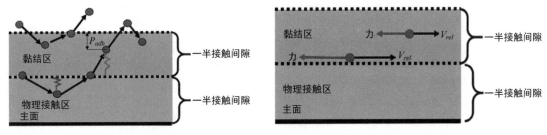

图 5-31　TYPE25 接触中法向黏合力示意图　　　图 5-32　TYPE25 接触中切向黏合力示意图

5.1.3　/FRICTION 和/FRIC_ORIENT 摩擦系数

在 Radioss 接触设置中还可以通过独立的/FRICTION 卡片来全局定义接触中的摩擦系数，并且可以区分不同材料间摩擦形成的不同方向上的摩擦系数。这在仿真碰撞中安全带和假人胸部织物（正交异性材料）材料之间的摩擦时能显著提高计算精度。使用/FRICTION 卡片区分设置不同方向的摩擦系数时，各向异性的方向如何定义？一种方法是通过主面使用的单元属性 TYPE9、TYPE10、TYPE11、TYPE17、TYPE51、TYPE52 来定义；另一种方法是通过/FRIC_ORIENT 卡片中的参考向量 V 和角度 φ 来定义。类似于接触卡片中定义摩擦的方法，激活参数 I_{fric} 后输入描述摩擦的 $C_1 \sim C_6$ 参数。如果考虑各向异性摩擦，则通过 $I_{dir} = 1$ 来激活，而 $I_{dir} = 0$ 为各向同性摩擦，如图 5-33 所示。

```
#---1----|----2----|----3----|----4----|----5----|----6----|----7----|----8----|----9----|---10----|
/FRICTION/999
test no 1
#     Ifric    Ifiltr              Xfreq     Iform
          0         0                  0         2
#        C1                  C2                  C3                  C4                  C5
          0                   0                   0                   0                   0
#        C6                Fric                VisF
          0                  .2                   0
#GRpartID1 GRpartID2  PartID_1  PartID_2                    Idir
       111       222         0         0                       1
#      C1_1                C2_1                C3_1                C4_1                C5_1
          0                   0                   0                   0                   0
#      C6_1              Fric_1              VisF_1          方向 1
          0                  .1                   0
#      C1_2                C2_2                C3_2                C4_2                C5_2
          0                   0                   0                   0                   0
#      C6_2              Fric_2              VisF_2          方向 2
          0                  .4                   0
#---1----|----2----|----3----|----4----|----5----|----6----|----7----|----8----|----9----|---10----|
```

图 5-33　摩擦卡片示例

摩擦系数在库伦摩擦模型中是通过常量 F_{ric} 来指定，在广义黏性摩擦模型和修正 Darmstad 模型中是使用以接触时相对速度和接触压力为变量的函数。具体见前面的章节。另外，可以通过 *GRpart* 灵活定义不同组件间的摩擦系数，即便这些组件分别属于不同的接触定义也是可以的。目前/FRICTION 仅可用于壳单元，还不兼容实体单元、1D 单元以及边边接触。

5.1.4　接触推荐设置

接触类型的推荐设置见表 5-5 和表 5-6。

表 5-5　接触类型 TYPE7、TYPE11 的推荐设置

参　数	注　解
$I_{gap} = 2$	可变接触间隙
$Gap_{min} \geqslant 0.5 \, mm$	使用最厚单元的一半
$I_{nacti} = 6$	初始间隙可调
$I_{stf} = 4$	$K_n = S_{tfac} \cdot \min (K_m, \, K_s)$
$I_{rem\_gap} = 2$	当单元尺寸小于接触间隙时从节点不激活
$I_{del} = 2$	如果从节点所属的单元失效删除了，从节点也删除
$I_{form} = 2$	考虑摩擦刚度的罚函数法
$Fpenmax = 0.8$	从节点在穿透量 > 80% 的接触间隙时不激活
$St_{min} = 1000 \, N/mm$	最小刚度

表 5-6　接触类型 TYPE24 的推荐设置

参　数	注　解
I_{nacti}	= 6：初始间隙可调
	= -1：实体与实体
$I_{stf} = 4$	$K_n = S_{tfac} \cdot \min(K_m, K_s)$
$St_{min} = 1000 \, N/mm$	最小刚度

5.2　连接设置

结构中的连接通常是关键的传力部分，在仿真中连接设置恰当与否会影响仿真结果的正确性和精度。这一节介绍 Radioss 的常用连接设置，包括简单的通过强制自由度约束的刚体、考虑应力和变形的 1D 螺栓连接，以及 3D 实体模型设置的焊接黏胶连接。

5.2.1　刚体（/RBODY）

/RBODY 是用于设置刚体的卡片，它由一个主节点和若干个从节点组成，并具有无限刚度（从节点间没有相对位移）的构件。它对时间步长的计算没有影响。它的刚体运动是由主节点控制的，边界条件也是只能作用在主节点上，但其转动是可以作用在局部坐标（用 *skew_ID* 定义）上的。它不能定义刚体的破坏。

1. /RBODY 的质量和转动惯量

/RBODY 本身是有质量的，它的质量 m 是主节点（用 M 标识）和所有从节点（用 i 标识）上的质量之和，也可以通过卡片上的 *mass* 输入额外的质量。这个额外的质量是被加载在主节点上的。那么刚体的质心为

$$x^G = \frac{m^M x^M + \sum m^i x^i}{m}; y^G = \frac{m^M y^M + \sum m^i y^i}{m}; z^G = \frac{m^M z^M + \sum m^i z^i}{m} \qquad (5\text{-}22)$$

/RBODY 也可以在主节点上添加转动惯量，这些量可以在 /RBODY 卡片中输入。刚体上的转动惯量中心就是主节点，所以从节点上的转动惯量和用户输入的转动惯量之和在主节点上。转动惯量 I_{xx} 为

$$I_{xx} = I_{xx}^M + m^M((y^M - y^G)^2 + (z^M - z^G)^2) + \sum_i I_{xx}^i + m^i((y^i - y^G)^2 + (z^i - z^G)^2) \quad (5\text{-}23)$$

2. /RBODY 的力和力矩

/RBODY 的力也是主节点力和所有从节点力之和。

$$F = F^M + \sum_i F^i \quad (5\text{-}24)$$

力矩是主节点力矩、所有从节点上的力矩与所有从节点对重力中心的力矩的代数和。

$$M = M^M + \sum_i M^i + \sum_i S_i G \times F^i \quad (5\text{-}25)$$

式中，G 是从节点到质心的向量。

3. /RBODY 的 ICOG 参数

/RBODY 卡片上还有一个参数 ICOG，它用于定义重力中心的位置。不同 ICOG 参数的区别见表 5-7。主节点的位置在使用不同的 ICOG 时可能会被移动，所以建议使用独立的点（不属于单元的点）作为主节点。ICOG 的取值各有用处，通常使用 ICOG = 2 更加符合实际。当主节点正好是重力中心时，ICOG = 1 和 ICOG = 2 是相同的。

表 5-7　不同 ICOG 参数的区别

	外加的质量和转动惯量	从节点质量和转动惯量	刚体总质量	重力中心位置	主点位置
ICOG = 1	在主节点上	在从节点上	所有从节点质量和外加质量之和	由所有主节点和从节点计算	移动到重力中心
ICOG = 2	在重力中心	在从节点上	所有从节点质量和外加质量之和	由所有从节点计算	移动到重力中心
ICOG = 3	在主节点上	从节点上的质量和转动惯量传递到主节点上	所有从节点质量和外加质量之和	直接位于主节点	主节点和重力中心重合
ICOG = 4	在重力中心	不计从节点上的质量和转动惯量	仅外加质量	直接位于主节点	主节点和重力中心重合

在汽车碰撞中，/RBODY 被大量用到，主要有三种类型：①将整个构件设为刚体，将一些影响小或不考虑变形的构件设为刚体能大量节省计算时间；②用/RBODY 来描述没有建立具体几何模型的部件，即用带质量或转动惯量的刚体来替代该部件，以便模拟对主体结构受力（接触）情况的影响；③用/RBODY 来模拟两个部件的连接，比如最简单的焊点、刚体螺栓等，通常这些刚体不需要外加质量，但是由于这样的刚体一般都比较小（比如由两个从节点组成的刚体），所以可能在一个方向非常小，而在另外两个方向非常大，那么为了提高计算稳定性需要使用球形转动惯量（设 $I_{spher} = 1$）：

$$\begin{bmatrix} I_{max} & 0 & 0 \\ 0 & I_{max} & 0 \\ 0 & 0 & I_{max} \end{bmatrix} \quad (5\text{-}26)$$

4. /RBODY 的开关设置

/RBODY 的开关可以用/SENSOR/RBODY 来控制，这种方法主要用于接触中，在刚体接触中力或力矩处在某个范围中时考虑使用/RBODY。也可以在 engine 文件中使用/RBODY/ON 和/RBODY/OFF 控制，比如汽车翻滚的空中部分不需要考虑物体的变形，那么可以设置/RBODY/ON 将物体变为刚体，这样计算更快，当物体接触地面时就可以使用/RBODY/OFF 来取消物体的刚体设置，因为此时需要考虑物体变形。参见 Radioss 帮助文档中的 Example1200 Jumping Bicycle。另外，物体受重力作用时的静态平衡中也可使用/RBODY，因为使用刚体比使用变形体能够更快地得到物体的静态平衡状态。

5. 多个刚体的合并

/MERGE/RBODY 可以用于多个刚体的合并。比如车门结构和汽车主体结构分别定义在不同的 include 文件中，使用/MERGE/RBODY 可以轻松地将两部分连接处的刚体合并起来以模拟装配。在/MERGE/RBODY 中定义的主刚体可以在另一个/MERGE/RBODY 中作为从刚体，但使用时为了便于直观理解模型，应该尽量避免这样的复杂层次结构。从刚体或者从节点只能在一个/MERGE/RBODY 中定义，不能在其他的/RBODY 中定义，否则将出现运动不兼容（incompatible kinematic conditions）的警告。在合并之前，Radioss 将根据每个从刚体和主刚体的/RBODY 特性计算各自的惯性、质量和重心，然后将它们合并到主刚体上，并基于/MERGE/RBODY 中的 I_{flag} 选项计算新的刚体特性。

- $I_{flag}=1$：忽略从刚体或者从节点的质量和惯性。合并的最终刚体将使用主刚体中定义的特性。
- $I_{flag}=2$（默认）：将从刚体或者从节点的质量和惯性添加到主刚体。主节点位置将移动到合并刚体的新重心处。
- $I_{flag}=3$：将从刚体或者从节点的质量和惯性添加到主刚体，但是合并以后主刚体中的主节点位置不动。

5.2.2 刚性连接（/RLINK）

/RLINK 是类似于刚度无限大的/PROP/TYPE8 的弹簧单元。它可以将速度设置在所有/RLINK 的从节点上。/RLINK 上的最终速度计算使用了对所有从节点质量加权的算法，并且遵守动量守恒的原理，如图 5-34 所示。

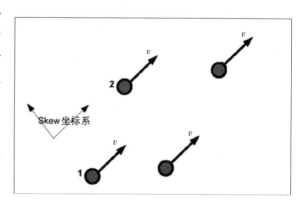

平动速度为
$$V^i = \frac{\sum_{i=1}^{N} m_i v_i}{\sum_{i=1}^{N} m_i} \quad (5\text{-}27)$$

转动速度为
$$\omega^i = \frac{\sum_{i=1}^{N} I_i \omega_i}{\sum_{i=1}^{N} I_i} \quad (5\text{-}28)$$

图 5-34　RLINK 中各个从节点的速度

5.2.3 碰撞中的螺栓建模

Radioss 对螺栓有不同的建模方法，螺栓模型越详细，模拟的结构就越精准，但是计算资源耗费得就越多。通常螺栓有以下建模方法（见图 5-35）。

1）刚性螺栓。

2）带弹簧（和预紧）的刚性螺栓。

3）带弹簧和预紧的可变形螺栓。

4）考虑初始应力的可变形螺栓。

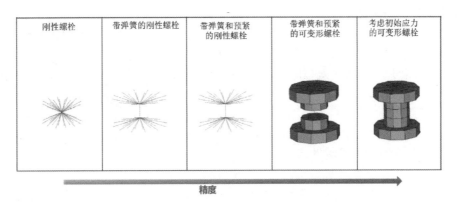

图 5-35　螺栓建模方法

1. 刚性螺栓

使用一个刚体（/RBODY）模拟螺栓是最简单的方法。虽然这种方法非常稳定，易于建模，但其不能考虑螺栓的预紧、弹塑性行为和失效行为，如图 5-36 所示。

2. 带弹簧（和预紧）的刚性螺栓

使用两个刚体（/RBODY）连接到与螺栓相连的两端的零部件，然后在两个刚体之间设置一个弹簧单元（/PROP/SPR_BEAM）。使用这种方法可以描述任何方向的弹塑性行为和失效行为，以及使用/TH/SPRING输出通过螺栓的力（法向力、剪切力、力矩）。该方法常用于汽车碰撞分析，但无法描述螺栓的预紧力。注意，主节点应为自由节点；弹簧单元的节点为两端刚体的从节点，如图 5-37 所示。

图 5-36　刚性螺栓

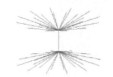

图 5-37　带弹簧的刚性螺栓

要用此方法描述预紧性，还需要再添加两个弹簧单元（/PROP/SPR_PRE 和 /PROP/SPR_BEAM），使用/IMPDISP 或/CLOAD 来模拟预加载，Radioss 会自动计算以达到平衡状态，如图 5-38 所示。

3. 带弹簧和预紧的可变形螺栓

使用实体单元（/BRICK 或任何其他实体单元类型）模拟螺栓，并在中间分开。在两侧分离面上分别定义刚体，并使用弹簧单元连接它们，弹簧可以使用两个/PROP/SPR_BEAM 弹簧和一个/PROP/SPR_PRE 弹簧，类似于图 5-37 中的预紧模拟。使用这种更详细的模型可以考虑穿过孔的螺栓头，如图 5-39 所示。

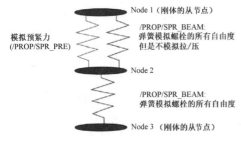

图 5-38　用弹簧模拟有预紧力的螺栓

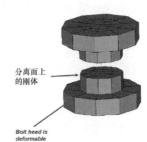

图 5-39　带弹簧和预紧的可变形螺栓

4. 考虑初始应力的可变形螺栓

螺栓完全使用实体单元（/BRICK）更加接近真实情况，并且很容易定义材料和材料失效，如图 5-40 所示。可使用/SECT 在螺栓中获取截面力/力矩（/TH/SECT）。预紧定义可以使用两种方法，一种是使用初始应力（/INIBRI/STRS_F）作为预紧力，另一种是通过/PRELOAD 来直接定义预紧力。注意，螺栓失效和应力的精度取决于网格大小；螺栓中的截面力是测量通过孔的力。

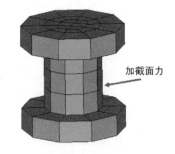
加截面力

图 5-40　考虑初始应力的可变形螺栓

5. 使用/PRELOAD 定义预紧力

/PRELOAD 可用于对装配体中使用的螺栓预紧力进行建模。还可以使用物理螺栓紧固仿真来模拟预紧力。

图 5-41 所示的步骤 1 中，在结构初步装配后，通过施加指定的扭矩（根据螺纹的间距转换为指定的张力）将各个螺栓上的螺母拧紧，螺栓的工作部分变短了 ΔL。这个距离取决于施加的力、螺栓和预紧的装配体。预紧是通过缩短螺栓来实现的。在步骤 1 结束时，每个螺栓的缩短 ΔL 并被 "锁定"，此时其载荷将作用于装配体上，如图 5-42 所示。在该阶段，螺栓中的应力和应变通常会发生变化。

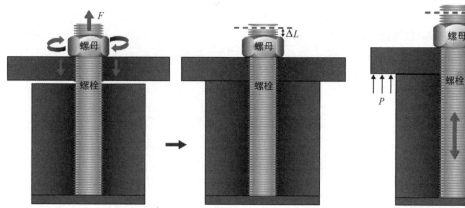

图 5-41　预紧装配-预紧载荷的应用（步骤 1）

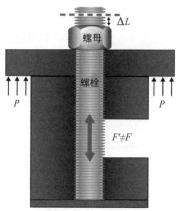

图 5-42　预紧装配-"锁定"螺栓缩短量（步骤 2）

还可以使用/PRELOAD 定义预加载。要在螺栓中创建预紧力，首先使用截面/SECT 定义需要设置预紧力的一组单元，然后在/PRELOAD 卡片中输入上面定义的截面 ID 来创建预载荷，将预紧的力或者应力施加在所定义的截面上，即可描述由于预紧而缩短的距离 ΔL，如图 5-43 所示。

通过/PRELOAD 中的 I_{type} 选项可以选择输入的预紧力是力（默认）或应力。如果输入力，则/SECT 的初始截面用于计算相应的预紧应力。/PRELOAD 的 T_{start} 选项用于定义开始施加预紧力的时刻，而 T_{stop} 选项则表示预紧力施加完成的时刻，并且之后会一直保存这个预紧力，如图 5-44 所示。预紧力也可以使用/SENSOR 激活，在这种情况下，T_{start} 和 T_{stop} 选项会根据/SENSOR 定义的时间进行偏移。使用/TH/SECTIO 可以输出截面预紧力，如图 5-45 所示。

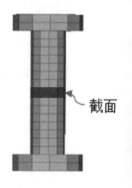
截面

图 5-43

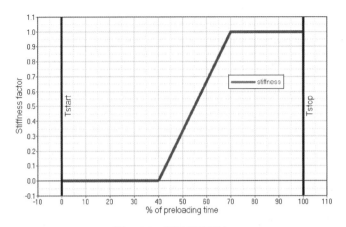

图 5-44　材料刚度增加

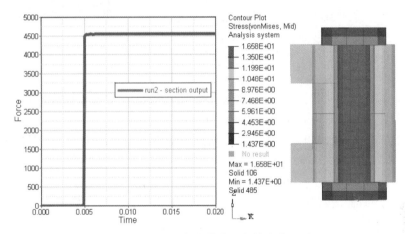

RD_3510

图 5-45　截面预紧力曲线和螺栓应力云图

实例见 Radioss 帮助文档中的 RD-3510：Cantilever Beam with Bolt Pretension。

5.2.4　焊点和黏胶建模

焊接是非常普遍的连接金属部件的方法，焊接的质量、焊点的承受力是影响产品质量的重要因素。黏胶应用广泛，尤其在电子产品中，但是黏胶在两个黏结面之间的几何非常薄，而在快速碰撞跌落的显式积分法计算中，这样的几何会影响计算时间步长。综合计算精度和计算效率，在 Radioss 中有几种不同的方法可以对焊点或者黏胶进行建模，包括节点绑定（TIED 接触）、1D 弹簧单元和实体单元建模。

1. 节点绑定

焊点或者黏胶可以直接使用绑定接触/INTER/TYPE2 来模拟，选择其中一个曲面为主面，另一个表面的某些节点为从节点即可。使用这种方案时，主面的网格与焊点位置无关，这样主面的网格划分比较方便；如果是点焊，那么从面上的节点需要考虑焊点位置，所以这种方案更适用于线焊或者黏胶，如图 5-46 所示。

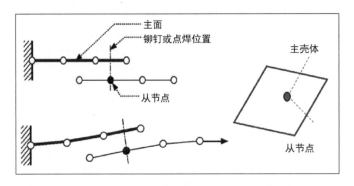

图 5-46　两个壳体曲面之间的连接示例

（1）绑定接触

如图 5-47 所示，TYPE2 也称为"绑定接触"，是严格将一组从节点连接到主曲面的节点约束。从节点的力和力矩被传输到主节点，然后从节点根据主节点的位置运动。此接触可确保力和力矩平衡。绑定接触有四种功能选项用于描述连接，包括默认焊接定义、优化的焊接定义、失效定义和罚函数法。

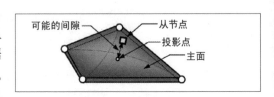

图 5-47　绑定接触

（2）连接失效

使用 $Spot_{flag}$（20，21，22）可以定义以下两种失效方式：一种是使用参数 $Rupt = 0$ 的独立失效，也就是当任意方向达到 Max_N_Dist 或 Max_T_Dist 时连接即失效（默认）；另一种是使用参数 $Rupt = 1$ 的耦合失效，也就是可以考虑法向、剪切方向的耦合，当满足以下条件时连接失效。

$$\sqrt{\left(\frac{N\_Dist}{Max\_N\_Dist}\right)^2 + \left(\frac{T\_Dist}{Max\_T\_Dist}\right)^2} > 1 \qquad (5\text{-}29)$$

在计算过程中，计算法向应力、剪切应力、法向位移和切向位移，并将其与绑定接触卡片中定义的这些参数的最大值进行比较，一旦达到最大标准，法向应力和剪切应力将设置为 0 以示连接失效。

2. 1D 弹簧单元

使用一个弹簧单元（/PROP/TYPE13），弹簧单元的两端分别使用绑定接触（/INTER/TYPE2）来连接上、下两个面。焊点的弹簧节点是独立于上、下面的，这样建模的好处是上下两个面的网格划分不用刻意考虑焊点位置，如图 5-48 所示。焊点的力学属性（拉压、剪切、扭转以及弯曲）可以用弹簧单元很好地描述，如图 5-49 所示。

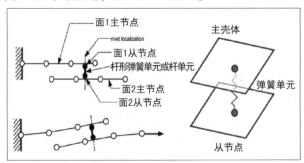

图 5-48　点焊建模

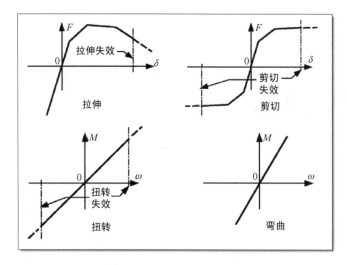

图 5-49　弹簧单元/PROP/TYPE13-用于点焊的典型输入

此外，对使用弹簧的焊点失效建模有两种不同方式：一种是使用上述弹簧单元/PROP/TYPE13 中的失效定义；另一种是使用绑定接触/INTER/TYPE2 中的选项 $Spot_{flag}$ = 20，21，22 来设置。

注意：焊点的建模技术也可用于焊接线、镶边、胶水和螺栓等其他类型的连接，如图 5-50 所示。对于螺栓建模，无须使用绑定接触，因为外壳节点可以直接置于刚体中。

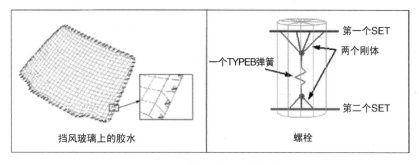

图 5-50　胶水和螺栓建模示例

3. 实体单元

焊点或者黏胶的 3D 建模方法是使用/PROP/TYPE43（8 节点实体单元）和/MAT/LAW59 + /FAIL/CONNECT（或 /MAT/LAW83 +/FAIL/SNCONNECT）进行建模，从而得到更精准的结果。

（1）实体的单元属性

3D 建模在实体单元上使用特殊的实体单元属性 /PROP/TYPE43，如图 5-51 所示。它的积分点仅位于中面，也就是位于平面（1、2、3、4）和平面（5、6、7、8）之间。中面上的法向一定是从平面（1、2、3、4）到平面（5、6、7、8）。平面上只有四个积分点。这个特殊的实体单元并不参与计算时间步长，因此模拟的焊点或者黏胶的厚度可以非常小而不影响整个模型的计算效率。

（2）实体单元与上、下表面的连接

使用绑定接触/INTER/TYPE2 将实体单元上的点绑定在上、下表面。实体单元的法向一定是垂直于上下表面的，如图 5-51 所示，也就是必须将实体单元中的节点 1、2、3、4 绑定在一个面上，另外一组节点 5，6，7，8 绑定在另一个面上。不允许其他平面（如 1，4，8，5）绑定在上、

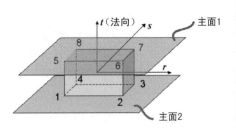

下表面。

（3）实体单元的材料和失效

Radioss 中的实体焊点或黏胶可以使用/MAT/LAW59 +/FAIL/CONNECT 或 /MAT/LAW83 +/FAIL/SNCON-NECT 材料模型进行建模。使用这些材料模型需要通过下面四种（KSII）试验来验证材料参数。

1）剪切测试（也称为0°测试）。

2）法向拉伸测试（90°测试）。

3）拉剪组合测试（至少一种为30°测试、45°测试或60°测试）。

4）弯矩测试（如劈裂测试）。

（4）材料的弹性模量

上面的这些不同测试中观察到的刚度各不相同，这是由于受到了上下连接的板材变形的影响，一般在剪切测试中这种影响会低一些，因此，弹性模型通常可以从剪切试验中选取。

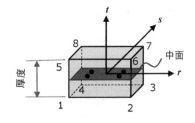

图 5-51　使用 LAW59 和 LAW83 的特殊实体单元示意图

（5）使用/MAT/LAW59 +/FAIL/CONNECT 的建模

焊点或黏胶材料屈服曲线。使用 LAW59 材料卡片要求分别输入法向和剪切方向的材料屈服曲线。法向的屈服曲线（$Y\_fct\_ID_N$）可以从法向（正向）拉伸测试（90°测试）中得到，而剪切方向（切向）的屈服曲线（$Y\_fct\_ID_T$）可以从剪切测试（0°测试）中得到。材料卡片中的曲线要求输入的是真实应力和塑性位移的曲线。如果考虑材料在不同加载速度下的影响，还需给出每条曲线相应的位移率，如图 5-52 所示。

焊点或黏胶的材料失效。使用 LAW59 模拟焊点或者黏胶并考虑失效时，一定要使用失效模型/FAIL/CONNECT。这个失效模型可以考虑两种失效准则：位移失效准则和能量失效准则。使用位移失

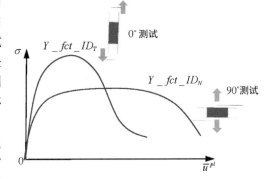

图 5-52　LAW59 中输入的正向和切向材料曲线

效准则时，当材料变形（法向或者剪切方向）达到定义的失效位移时，材料即为失效。当然还可以使用非耦合失效（$I_{fail}=0$，仅考虑单向的失效）和耦合失效（$I_{fail}=1$，考虑多方向失效的耦合效应）。非耦合失效表示为

$$\overline{u}_i \cdot f(\dot{\overline{u}}) > \overline{u}_{maxi} \tag{5-30}$$

式中，$i=33$ 表示法向；$i=13$ 或者 $i=23$ 表示切向。

如图 5-53 所示，在法向拉伸测试（90°测试）中，单元一旦达到用户定义的最大位移 $\overline{u}_{maxN}$，就会失效；在剪切测试（0°测试）中，单元一旦达到用户定义的最大位移 $\overline{u}_{maxT}$，就会失效。在拉剪组合测试（如30°测试或60°测试）中，实体焊点失效并不考虑剪切方向和法向的组合应力效应。这意味着每个方向的失效都是单独的。一旦这两个应力中的任何一个首先到达相应的最大位移，单元就会失效。

而耦合失效表示为

$$\left| \frac{\overline{u}_N}{\overline{u}_{\max N}} \cdot \alpha_N \cdot f_N(\dot{\overline{u}}_N) \right|^{\exp_N} + \left| \frac{\overline{u}_T}{\overline{u}_{\max_T}} \cdot \alpha_T \cdot f_T(\dot{\overline{u}}_T) \right|^{\exp_T} > 1 \qquad (5\text{-}31)$$

在拉剪组合测试中，当单元达到最大应力 $\overline{u}_{\max N}$ 和 $\overline{u}_{\max T}$ 的耦合时就会失效，这样实际上更贴近真实情况。该失效至少需要四个不同的组合测试通过拟合参数 α_N、α_T、$\exp_N$、$\exp_T$ 来描述曲线失效面，如图 5-54 所示。

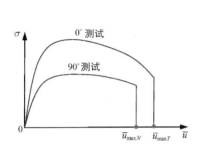

图 5-53　正向和剪切最大位移

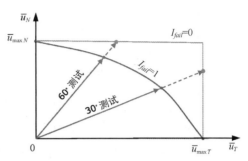

图 5-54　I_{fail} 参数控制拉剪失效面

除了位移失效准则，这个失效模型中还可以使用能量失效准则。能量失效准则需要用户提供失效的能量值 $EN_{\max}$、$ET_{\max}$。这两个参数同样可以通过拉伸、剪切试验得到，得到的应力曲线面积即为能量。当内能达到所定义的最大能量 $EN_{\max}$、$ET_{\max}$ 时，单元失效，如图 5-55 所示。

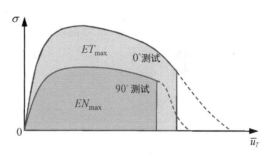

图 5-55　使用能量控制失效

对于拉剪组合测试，单元失效可以考虑内部能量的多方向效应。使用法向和剪切方向输入的内部能量，以下式计算单元的失效。

$$\left(\frac{E_n}{EN_{\max}} \right)^{N_n} + \left(\frac{E_t}{ET_{\max}} \right)^{N_t} \geq 1 \qquad (5\text{-}32)$$

也可以只输入总内部能量 $EI_{\max}$，承载过程中一旦达到这个内能，则单元失效。公式如下。

$$\frac{E(t)}{EI_{\max}} \geq 1 \qquad (5\text{-}33)$$

如果 $EI_{\max}$ 和 $EN_{\max}$、$ET_{\max}$ 都已输入，那么只要其中一个条件满足，单元就失效。也可以同时定义位移失效准则和能量失效准则，也是只要其中一个准则满足，单元就失效。至于是一个积分点满足条件就删除单元（$I_{solid}=1$）还是所有积分点都满足条件才删除单元（$I_{solid}=2$）可以根据实际情况在材料校验时选择。

除此以外，这种建模还可以描述焊点或黏胶材料的软化。如果没有定义软化，那么满足失效条件后，单元删除。如果在满足失效条件后设置材料软化的参数，就可以描述材料软化（应力逐渐降低为 0 的过程），如图 5-56 所示。

在这个材料失效模型中，参数 $T_{\max}$ 和 N_{soft} 可以用于控制材料软化方式，公式如下。

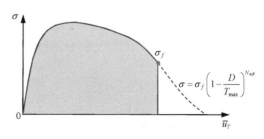

$$\sigma = \sigma_f \left(1 - \frac{D}{T_{\max}} \right)^{N_{soft}}$$

图 5-56　焊点和黏胶材料的软化曲线

$$\sigma = \sigma_f \left(1 - \frac{D}{T_{\max}} \right)^{N_{soft}} \tag{5-34}$$

$T_{\max}$ 参数和不同的 N_{soft} 参数对应力降低过程的影响如图 5-57 所示。

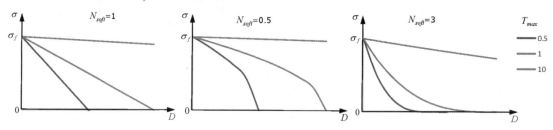

图 5-57 不同 N_{soft} 参数控制不同的材料软化行为

（6）使用/MAT/LAW83 +/FAIL/SNCONNECT 的建模

除了上面的 LAW59，在 Radioss 中还可以使用 LAW83 描述焊点或黏胶材料特征。LAW59 需要输入两个屈服曲线（法向和剪切方向），LAW83 中只需要输入一个曲线，如图 5-58 所示，而且这条曲线的应力值需要除以其最大应力，也就是输入的是一条 y 值在 $0 \sim 1$ 范围内的曲线。参数 R_N、R_S 用于区分法向和剪切方向的力学性能。法向的屈服就是输入曲线乘以 R_N，而剪切方向的屈服就是输入曲线乘以 R_S，如图 5-59 所示。

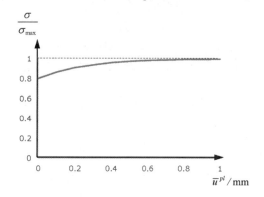

图 5-58 LAW83 中输入的材料曲线

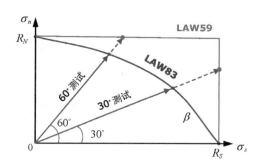

图 5-59 LAW83 和 LAW59 描述材料强度的不同

拉剪组合的屈服可以使用 LAW83 中的参数 β 通过下式来考虑。

$$\sigma_y = \left[\left(\frac{\sigma_n}{R_N \cdot f_N (1 - \alpha \cdot sym)} \right)^{\beta} + \left(\frac{\sigma_s}{R_S \cdot f_S} \right)^{\beta} \right]^{\frac{1}{\beta}} \tag{5-35}$$

这是 LAW83 区别于 LAW59 的另外一个地方，这样可以很好地考虑拉剪组合情况下的真实力学行为，如图 5-60 所示。如果不考虑弯矩效应，LAW83 中的屈服应力可以计算如下。

$$\sigma_y = \left[\left(\frac{\sigma_n}{R_N \cdot f_N} \right)^{\beta} + \left(\frac{\sigma_s}{R_S \cdot f_S} \right)^{\beta} \right]^{\frac{1}{\beta}} \tag{5-36}$$

参数 α 用于描述材料的弯曲效果。比如图 5-61 所示的剥离测试中，通过减少 α ·

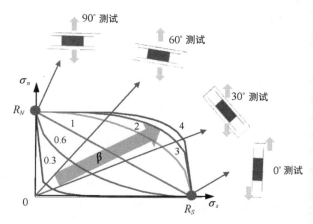

图 5-60 LAW83 中参数 β 对于拉剪组合中材料强度的影响

sym 对法向拉伸试验数据进行折减。*sym* 是焊点或者黏胶上表面和下表面之间的角度 *A* 的正弦。它随着焊点或黏胶的弯曲变形而在 ［-1，1］ 之间变化。参数 α 可以通过有限元分析和试验数据对标拟合而来。（参见 Radioss 帮助手册 Example 4802）。图 5-62 显示了剥离测试中参数 α 对力与位移曲线的影响。在 LAW83 中同样可以使用曲线 *fct_ID*$_N$ 和 *fct_ID*$_S$ 来考虑不同加载速度对材料力学属性的影响。

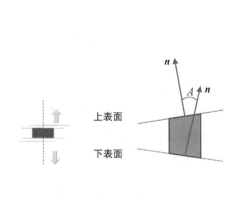

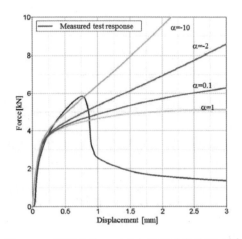

图 5-61　参数 α 用于描述材料的弯曲效果　　　　图 5-62　不同参数 α 对力与位移曲线的影响[1]

　　LAW83 类型的焊点或黏胶必须使用模型/FAIL/SNCONNECT 来描述材料失效。如图 5-63 所示，使用这个失效模型需要输入开始失效的塑性位移和最终失效的塑性位移，而且在两个方向上（法向和剪切方向）都需要输入。对于拉剪组合载荷，类似于 LAW83 卡片中的最大应力，还需要使用参数 β_0 来描述开始失效的塑性位移，参数 β_f 来描述最终失效的塑性位移，如图 5-64 所示。

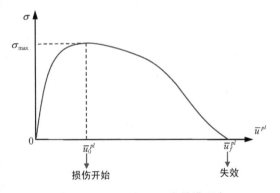

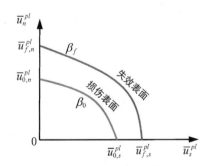

图 5-63　SNCONNECT 失效模型中　　　　　图 5-64　参数 β_0 和参数 β_f 分别描述开始的和
　　　　　　控制失效的位移　　　　　　　　　　　　　　最终失效的塑性位移

　　对于考虑弯曲效应的剥离测试，与 LAW83 卡片中的最大应力 α_0 类似，需要使用参数 α_0 来描述剥离试验开始失效的塑性位移，参数 α_f 来描述最终失效的塑性位移。在开始失效和最终失效之间采用线性描述材料软化。

参考文献：

[1] PASLIGH N，SCHILLING R，Bulla M. Modeling of Rivets Using a Cohesive Approach for Crash Simulation of Vehicles in Radioss ［J］. SAE International，2017，5（2）：208-216.

第6章

Radioss模型优化

6.1 Radioss 的 RADOPT 功能

自 Radioss 的 V13.0 版本后有了 RADOPT，通过调用 OptiStruct 中的优化功能来对 Radioss 模型进行优化。

6.1.1 RADOPT 优化介绍

Radioss 中的 RADOPT 功能给用户提供了比较简单的方法来设置优化问题：仅仅需要增加一个优化文件 *.radopt，而原有的 Radioss 文件可以保持不变，然后 OptiStruct 基于 Radioss 模型和 *.radopt 文件产生相应的 Bulk 格式的 .fem 优化文件。通常 Radioss 的模型涉及许多非线性的问题，OptiStruct 使用等效静态载荷法（Equivalent Static Load Method，ESLM）来对 Radioss 模型进行相应的转换。ESLM 是由汉阳大学 Park 博士提出的，是一种适用于动态载荷作用下的优化设计技术。

如图 6-1 所示，等效静态载荷是指在给定的时间步长下产生与动力/非线性分析相同的响应场的载荷，计算出与该时间历程中的每个时间步长相对应的等效静态负载，从而在静态环境中复制该系统的动态/非线性行为。分析计算的等效静态载荷被认为是单独的载荷情况，并且这些载荷情况用于线性响应优化循环中，然后在优化循环中将更新设计传递给 Radioss 分析以用于验证和计算总体收敛，如图 6-2 所示。等效静态载荷法在 OptiStruct 中是响应瞬态优化的一种有效方法，是动态和非线性的解决方案。更多关于等效静态载荷法的内容参见 OptiStruct 的用户手册。

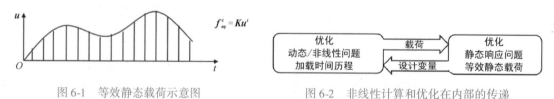

图 6-1 等效静态载荷示意图   图 6-2 非线性计算和优化在内部的传递

6.1.2 RADOPT 的优化流程

对于 RADOPT 的使用，除了常规的 Radioss 模型的 starter 输入文件和 engine 输入文件，还需要一个用于定义优化问题的 .radopt 文件，也就是需要一个能够正常计算的 Radioss 模型，这个模型也会作为基准模型进行计算，用于比对和验证优化结果，如图 6-3 所示。

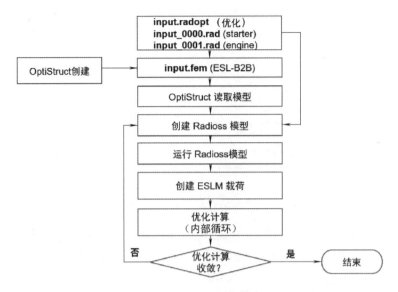

图 6-3　RADOPT 的优化流程

RADOPT 中首先将名为 < name >. radopt 的优化文件传递给 OptiStruct，然后 OptiStruct 可以根据 < name > 自动识别在同一目录下的相应的 Radioss 模型输入文件（< name >_0000. rad 和 < name >_0001. rad）。随后 OptiStruct 将 Radioss 模型转换成相应的 . fem 优化文件，并且运行优化计算。在一个优化迭代结束后，OptiStruct 将优化设计变量转换到相应的 Radioss 模型文件中，形成新的 Radioss 模型（新的 starter 文件 < name >_rad_s#_i###_0000. rad 和新的 engine 文件 < name >_rad_s#_i###_0001. rad），之后计算新的 Radioss 模型（这就是外部循环）。与此相对，运行 OptiStruct 优化称为内部循环（Inner loop）。运行完 Radioss 的外部循环后，OptiStruct 读取 Radioss 结果值。

如果 Radioss 结果值比上一次结果值要差或不满足优化设计的约束等（也就是优化不收敛），那么 OptiStruct 的优化过程继续，产生新的设计变量后继续循环计算，直到优化设计收敛。

如果优化结果收敛（满足条件），那么 RADOPT 优化结束并输出优化后的相应的 Radioss 模型文件。

6.1.3　RADOPT 优化文件的定义

在每一个优化设计中有最基本的优化目标、优化约束以及优化设计变量需要用户定义。每一个优化设计都会有一个优化的目标，可以是结构减重（质量最小化）、性能提高（应变最小化，或内能最大化）、体积最小化等，在 RADOPT 中使用卡片/DESOBJ 来描述。*type* = 0 或 1 用来选择最大化还是最小化，如图 6-4 所示。

(1)	(2)	(3)	(4)	(5)	(6)	(7)	(8)	(9)	(10)
/DESOBJ									
title									
type	*resp_ID*								

图 6-4　Radioss 中用于定义优化的卡片

最大化（最小化）的对象可以在优化响应（/DRESP1）中定义。如图 6-5 所示，在 RADOPT 中通过 RTYPE 参数可以选择将质量、体积、位移、应力、应变、内能、速度等作为优化响应。

RTYPE	Response type for an optimization run. (Integer > 0) = 1: Mass = 2: Fraction of mass = 3: Volume = 4: Fraction of design volume = 5: Displacement = 6: Stress = 7: Strain = 8: Internal strain energy = 9: Velocity

图 6-5　Radioss 中用于优化的响应类型

优化约束定义了优化响应的上下限。比如对某一构件定义了减重（质量最小化）的目标，但是构件减重后的产品品质还是需要保证的，构件受力时某个点上的最大位移不能超过某个数值，那么这个条件就需要使用优化约束（/DCONSTR 卡片）来定义。优化设计变量通常和实际模型有关，比如模型单元属性中的壳单元厚度等，可以用/DVAPREL1 卡片定义。优化方法在 RADOPT 中支持尺寸优化，使用/DESVAR 卡片定义；拓扑优化，使用/DTPL 卡片定义；形貌优化，使用/DTPG 卡片定义；自由尺寸优化，使用/DSIZE 卡片定义；自由形状优化，使用/DSHAPE 卡片定义（关于如何定义这些不同类型的优化可以参见 OptiStruct 用户手册）。

实际上在 RADOPT 中使用的不同优化方法的关键字非常类似 OptiStruct 中的相应卡片，比如 RADOPT 中拓扑优化的/DTPL 类似于 OptiStruct 中的 DTPL 卡片。另外，如果用户对 OptiStruct 优化设计非常熟悉，甚至可以使用/BULK、/BULKFMT、/BULKPROP、/BULKMAT 以及/BULK/IO 卡片将 OptiStruct 中 Bulk 格式的模型设置直接用在 RADOPT 的优化文件 < name > . radopt 中。

6.1.4　运行 RADOPT 优化

有两种方法可以运行 RADOPT 优化，一种是使用 HyperWorks Solver Run Manager 对话框，如图 6-6 所示，只要选择 < name > . radopt 优化文件作为输入，然后选择"-radopt"单击"Run"按钮就可以了。

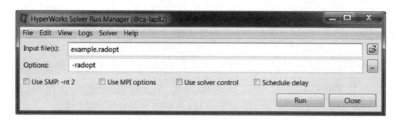

图 6-6　使用 HyperWorks 求解器界面运行 RADOPT 优化

还有一种方法是使用命令行运行 RADOPT 优化。首先需要确认设置好了环境变量。以 V2019 为例，在 Linux 64 和 Windows 64 中的环境变量设置如下。图 6-7 所示为在 Windows 系统中交互设置 Radioss_STARTER 环境变量。

Linux（bash）：

```
export Radioss_STARTER = $ ALTAIR_HOME/hwsolvers/radios/bin/linux64/s_2019_linux64
export Radioss_ENGINE = $ ALTAIR_HOME/hwsolvers/radios/bin/linux64/e_2019_linux64
```

Windows：

```
set Radioss_STARTER = % ALTAIR_HOME%  \ hwsolvers \ Radioss \ bin \ win64 \ s_2019_win64.exe
set Radioss_ENGINE = % ALTAIR_HOME%  \ hwsolvers \ Radioss \ bin \ win64 \ e_2019_win64.exe
```

图 6-7　在 Windows 系统中交互设置 Radioss_STARTER 环境变量

运行 RADOPT 优化的命令如下。

1）直接使用命令。

Linux：

```
$ ALTAIR_HOME/hwsolvers/optistruct/bin/linux64/ < optistruct_executable >  < name >. radopt-radopt
```

Windows：

```
$ ALTAIR_HOME/hwsolvers/optistruct/bin/win64/ < optistruct_executable >  < name >. radopt-radopt
```

2）使用脚本，下面为 Windows 中的 Radioss 运行脚本。

```
$ ALTAIR_HOME/hwsolvers/scripts/optistruct.bat < name >. radopt-radopt
```

两种运行优化的方法各有所长，前一个因为使用求解器界面所以比较容易操作，后一种使用命令的方法可以很方便地将运行语句放在自己编写的其他自动化脚本中。注意，必须将 Radioss 模型文件和 < name >. radopt 优化文件放在同一工作目录下。

6.2　Radioss 实体单元拓扑优化示例

这个 RADOPT 实体单元拓扑优化示例是 Radioss 使用手册中的示例，如图 6-8 所示。这个示例使用/DTPL 设置拓扑优化。与典型的优化问题一样，这个示例的拓扑优化也有三个要素，首先优化的目标是最小化结构的体积，体积小了，材料就节省了；其次是约束顶部最大位移小于5mm；最后，设计变量是下部的钩状结构。

拓扑优化
RADOPT

图 6-8　实体单元拓扑优化

6.2.1　优化模型介绍

这个示例中，钩状结构的载荷是顶部设置刚体，并施加向下的集中力。使用的单位系统是mm、s、ton、N、MPa。具体模型可以在安装目录下找到：< install_directory >/hwsolvers/demos/radioss/example/51_RADIOSS_Optimization/Topology_Optimization。

6.2.2 优化设置

- 优化目标：最小化优化区域的体积。
- 优化约束：ID 为 120 的节点组（Node Group）最大位移小于 5.0mm，如图 6-9 所示。
- 优化方法：拓扑优化中使用优化质量控制选项 MEMBSIZ = 1，并通过选项 DRAW = 1 考虑拔模方向，如图 6-10 所示。

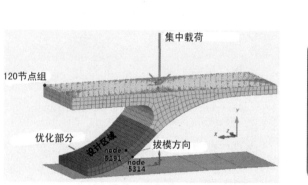

图 6-9　模型描述

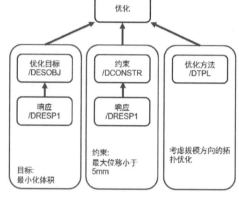

图 6-10　优化设置

/DESOBJ 卡片用于定义优化目标。在这个示例中优化的目标是最小化（选择 *type* = 0）优化设计响应#10（即体积）。这个目标响应在/DRESP1/10 卡片中定义的 RTYPE = 3 即为体积（参见 Radioss 帮助文档中关于优化的章节）。PTYPE = 3 以及 *grpart* = 4 即定义优化区域的 *group part ID* 为 4，如图 6-11 所示。

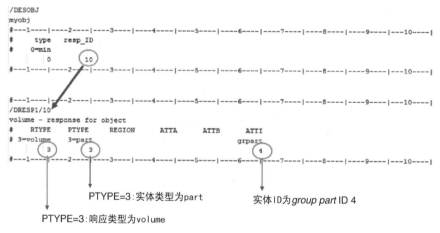

图 6-11　在 RADOPT 中定义优化目标（体积最小化）

在这个示例中，定义钩状结构在集中力的作用下最终位移少于 5mm，以保障构件品质，所以需要使用/DCONSTR 卡片以及/DRESPS1 卡片来定义这个具体的优化约束。在/DRESPS1 卡片中定义优化响应为 ID 为 120 的节点组上的总位移，然后将这个响应#11 用到约束/DCONSTR 中，并且定义位移上限 cmax 为 5.0，即总位移不能超过 5mm，如图 6-12 所示。

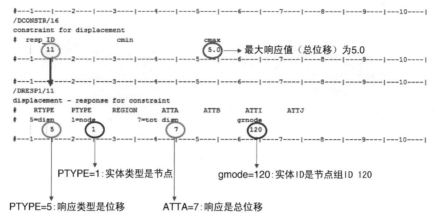

图 6-12　在 RADOPT 中设置优化约束（指定点的位移最大不超过 5mm）

/DTPL 卡片支持很多有特殊约束的拓扑优化设计，比如使用 TMIN 的最小化厚度；使用 STRESS 的应力约束；使用 MEMBSIZ 的构件尺寸约束；使用 DRAW 的拔模方向约束；使用 EXTR 的挤压方向约束；使用 PATRN 的多模铸造约束以及使用 PATREP 的多模铸造重复约束，如图 6-13 所示。

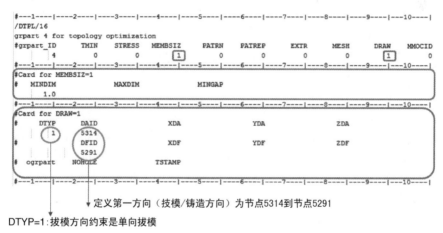

图 6-13　在 RADOPT 中设置采用的优化方式（拓扑优化）

在这个拓扑优化示例中使用了下面两种约束方式。

（1）构件尺寸约束（设置 MEMBSIZ = 1）

拓扑优化中，构件尺寸约束其实更是一种控制质量的方法。在这个例子中设置最小直径（MINDIM）为 1。一般建议 MINDIM 为单元平均网格的 3～12 倍，这里优化区域固体单元的网格约为 0.7mm，所以 MINDIM 将在优化中自动调整到单元平均尺寸的 3 倍。

（2）拔模方向定义（设置 DRAW = 1）

在拓扑优化中允许定义拔模方向，以便模拟在实际工艺制造中模具沿给定方向的滑动。DT-YP 用于定义模的类型，在这个实例中使用 DTYP = 1，即单槽模（single die）的类型，这个类型用于 3D 优化设计。拔模方向可以用两种不同的方法来定义：一种是使用节点 ID（从 DAID 到 DFID 的方向）来定义；另一种是使用坐标来定义，即从（XDA，YDA，ZDA）到（XDF，YDF，ZDF）的方向。不同的拔模方向会得出不同的拓扑优化结果，比如图 6-14 中，左边优化结构的拔模方向为垂直厚度方向，右边拔模方向为 z 方向。

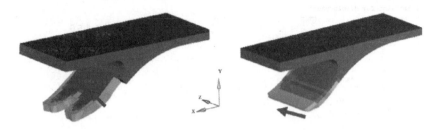

图 6-14　选择不同拔模方向而导致的不同优化结果

6.2.3　RADOPT 计算结果查看

运行 Radioss 优化模型后在结果文件中需要检查以下几点，如图 6-15 所示。

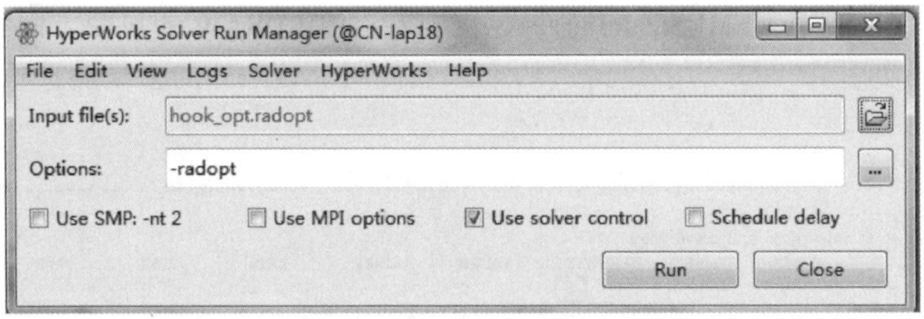

图 6-15　运行 RADOPT

1) 检查最后一个设计是否为最优设计，是否为合理可行的设计。在 *. out 文件（在这个示例中是 hook_opt. out）的每一个内部迭代最后是否有这样的信息："FEASIBLE DESIGN（ALL CONSTRAINTS SATISFIED）"它表明得到的设计是合理可行的。如果是 "INFEASIBLE DESIGN（AT LEAST ONE CONSTRAINT VIOLATED）"，则表明得到的设计还需进一步优化。这些信息也可以在 hwsolver. mesg 文件中看到。

2) 在 *. out 文件（hook_opt. out）中，检查每次优化迭代中的定义以及结果。比如通过搜索 "Objective Function：Minimize VOLUM" "Run Type：Topology Optimization" 等关键字来检查，如图 6-16 所示。

```
Objective Function (Minimize VOLUM) =  2.92243E+02
Maximum Constraint Violation %      =  0.00000E+00
```

图 6-16　每个优化迭代中的信息打印在 * selout 文件中

3) 在运行 RADOPT 优化时，会自动有一个相应的 OptiStruct 模型（*. fem）产生，这个示例中是 hook_opt. fem。如果用户熟悉 OptiStruct，那么可以检查相应的优化设置在自动生成的 *. fem 文件中是否与 *. radopt 中定义的相一致。

还可以在动画（*. h3d）文件、时间历程文件 T01 中使用 HV 和 HG 直观地观察每个优化迭代的结果。最终这个实例中优化区域的体积得到了优化，优化前体积是 324. 715mm³，拓扑优化后，体积是 230. 202mm³，如图 6-17 所示。图 6-18 显示在优化过程中总位移一直得到了很好地控制（小于 5mm）。

另外，RADOPT 优化在 Radioss 帮助文档中还有一个例子是 B 柱减重设计示例，使用了尺寸优化方法。

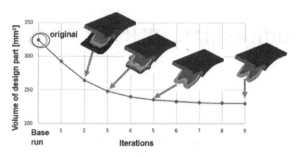

图 6-17　构件体积优化的迭代过程

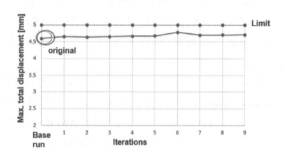

图 6-18　构件优化迭代过程中的最大位移约束控制

第7章

Radioss用户二次开发子程序简介

Radioss 给用户提供了用于二次开发的材料模型、材料失效模型、单元属性模型，传感器等接口。Radioss 模型一般有 starter（0000.rad）和 engine（0001.rad）两个模型文件，所以不管开发的是材料模型还是单元属性，都需要编译 starter 子程序和 engine 子程序。starter 子程序用于读取输入数据以及初始化参数，ENGINE 子程序用于定义及执行用户编译的子程序。在 Radioss 主程序和用户子程序之间直接通过特殊定义的参数/函数来进行交流，所以在用户子程序中有些参数名字不能随意更改，要遵循 Radioss 要求的命名方式来写。

表 7-1 中是二次开发的特殊输入/输出卡片名称，注意其中的名称 USER 不能随意改动，能改的是序号 n 和 m。输出/ANIM/keyword/USRi 中的 keyword 通常可以用 ELEM。engine 二次开发子程序中的用户变量 UVAR（i）就可以在有限元模型中使用/ANIM/ELEM/USERi 卡片来输出。表 7-2 中是特定的子程序名称，其中，nn = 29，30，31。图 7-1 所示为二次开发子程序和 Radioss 主程序的直接交互关系。

表 7-1　二次开发的特殊输入/输出卡片名称

	Radioss starter	Radioss engine
	用户输入卡片名称	用户输出卡片名称
二次开发材料模型	/MAT/USERn	/ANIM/keyword/USRi /ANIM/keyword/USRj/k
二次开发单元属性模型	/PROP/USERn	
二次开发传感器模型	/SENSOR/USERm	
二次开发材料失效模型	/FAIL/USERn	

表 7-2　二次开发特定的子程序名称

		用户子程序	
		starter 子程序名称	engine 子程序名称
二次开发窗口		USERWIS.f	USERWI.f
二次开发材料模型 LAWS 29，LAWS 30， LAWS 31	壳体	LECMnn.f	SIGEPSnnC.f
	实体	LECMnn.f	SIGEPSnn.f
二次开发单元属性模型	弹簧	LECGnn.f 和初始化子程序 RININn.f	RUSERnn.f
	实体	LECGnn.f 和初始化子程序 SININn.f	SUSERnn.f
二次开发材料失效模型 01，02，04	壳体	LECRll.f	flllawC.f
	实体	LECRll.f	flllaw.f
二次开发传感器模型		LECSEN_USERm.f	USER_SENm.f

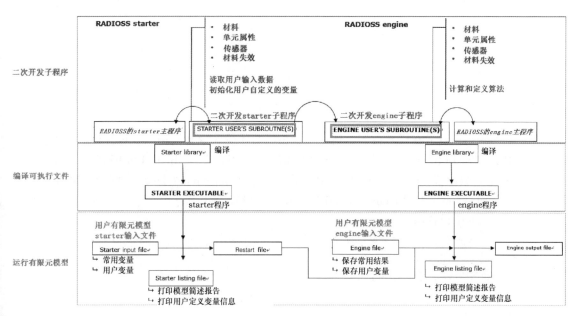

图 7-1　Radioss 主程序直接交互关系

7.1　Radioss 二次开发的准备工作

Radioss 给用户提供了二次开发的可能。如果用户对材料模型等有特殊要求，而在现有的 Radioss 材料模型库中又没有适用的，那么用户可以使用 Radioss 提供的二次开发接口来编译自己独特的材料模型。除了材料模型可以二次开发以外，材料失效模型、单元属性模型、传感器等也都可以进行二次开发。

7.1.1　用户动态库

Radioss 使用用户动态库（UserLib SDK）为二次开发提供了接口，这个用户动态库在完整安装 HyperWorks 求解器安装包后可以在安装目录下找到。图 7-2 所示为 64 位 Windows 平台中的安装目录。当然 Radioss 的二次开发程序既可以在 Windows 平台上使用，也可以在 Linux 平台上用 Intel Fortran 或者 Gfortran 进行编译。不同的平台用相应的脚本来生成动态库，如图 7-3 所示。

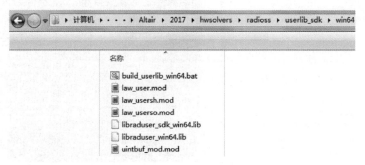

图 7-2　安装目录下的 Radioss 为二次开发提供的用户动态库

```
userlib_sdk
├── linux64              : Linux 64 Bit with Intel Compiler 12.1.3 or Higher
├── linux64_gfortran     : Linux 64 Bit with GNU Gfortran 4.4.5 or Higher
├── linux64_sp           : Linux 64 Bit Single Precision with INTEL Compiler 12.1.3 or Higher
├── linux64_sp_gfortran  : Linux 64 Bit Single Precision with GNU Gfortran 4.4.5 or Higher
├── win64                : Windows 64 Bits with INTEL Compiler 12.1.3 or higher
├── win64_gfortran       : Windows 64 Bits with GNU MinGW Fortran 4.9.2
└── win64_sp             : Windows 64 Bits Single Precision with INTEL Compiler 12.1.3 or
                            higher
```

图 7-3   不同平台中的动态库运行脚本

用户动态库可以存放在任意位置，通过设置相应的环境变量来使用，在计算机上设置好两个环境变量 RAD_USERLIB_SDK_PATH、RAD_USERLIB_ARCH 即可，RAD_USERLIB_SDK_PATH 用于指明 SDK 的存放位置，RAD_USERLIB_ARCH 指明使用的 Windows/Linux 的编译器架构。

示例：下面是 Linux 和 Windows 平台中的环境变量设置。

Linux 的 bash 中设置如下。

export RAD_USERLIB_SDK_PATH = $ ALTAIR_HOME/hwsolvers/Radioss/userlib_sdk.

export RAD_USERLIB_ARCH = win64_gfortran.

在 Windows 中可以这样设置如下。

RAD_USERLIB_SDK_PATH = % ALTAIR_HOME% \hwsolvers \Radioss \userlib_sdk

RAD_USERLIB_ARCH = win64_gfortran

7.1.2   编译步骤

用户动态库中的编译器可以根据自身情况进行安装。比如 Intel Compiler、用于 Linux 的 Gfortran 等。这里推荐安装 MinGW Gfortran。这是一个免费的编译器，可以从 MinGW Gfortran 官网下载（http://sourceforge.net/projects/mingw-w64/），推荐下载 4.9.2 版（目前在 4.9.2 以上版本会有些兼容问题）。在 Windows 平台上安装时请使用图 7-4 所示的推荐设置，安装完成后会在桌面出现图 7-5 所示的图标，双击这个图标出现图 7-5 所示的窗口。输入 gcc-v 或者 gfortran-v 可以检查安装版本等信息。

图 7-4   安装 MinGW-W64 时的推荐设置   图 7-5   使用 gcc-v 检查是否成功安装 MinGW W64

安装好编译器后，可以用一个 Radioss 帮助文档中的用户子程序示例来试试如何编译。可以根据 starter 子程序（取名为 lecm29. f）和 engine 子程序（取名为 sigeps29c. f）创建一个运行脚本文件（比如 script. bat 文件）。在脚本中写入下面的运行命令。

\Altair\2017\hwsolvers\Radioss\userlib_sdk\win64_gfrotran\build_userlib_win64_gfortran.bat /
STARTER lecm29. f /ENGINE sigeps29c. f

当然，除了/STARTER、/ENGINE 这些必选的命令参数以外，Radioss 还为二次开发提供了用于添加其他静态库的/LIBRARY 命令，用于给出非默认库名称（比如扩展名变成 .so 而不是 .dll）的/OUTFILE 命令等。

如果没有设置好环境变量也可以在脚本开头定义。

set RAD_USERLIB_SDK_PATH =…\Altair\2017\hwsolvers\Radioss\userlib_sdk
set RAD_USERLIB_ARCH = win64_gfortran

双击 MinGW Gfortran 编译器图标，在其中运行脚本文件进行编译的二次开发程序必须没有任何报错才表示编译成功，如图 7-6 所示。成功编译后会生成一个名为 libraduser_win64. dll 的文件，这个 .dll 文件就可以和 Radioss 主程序一起计算 Radioss 模型了。可以直接将生成的 libraduser_win64. dll 文件复制到 Radioss 模型所在的文件夹中，如图 7-7 所示，然后像运行 Radioss 模型一样提交 Radioss 计算即可。

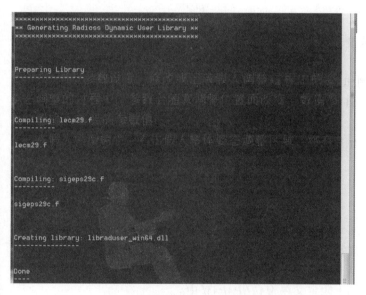

Radioss 二次
开发_准备

图 7-6　成功编译二次开发程序时的打印信息示例

图 7-7　将生成的 .dll 放到
模型所在的文件夹

7.2　Radioss 用户材料模型二次开发

在 Radioss 帮助文档的材料模型库中可以看到，LAW29、LAW30 以及 LAW31 是专门留给用户使用编译的二次开发材料模型，如图 7-8 所示。这里的序号只能是 29、30、31。如果有更多的二次开发材料模型，可以使用扩展的用户材料模型（参见 Radioss 帮助文档 User Subroutine 章节）。LAW29、LAW30、LAW31 这三个用户材料模型是可以用于 2D 或 3D 的单元，但是不可以用于弹簧或杆（Truss）单元。要编写用户材料模型，必须编写两个子程序，一个是名为 LECMnn 的 starter 子程序，另一个是名为 SIGEPSnn 的 engine 子程序。

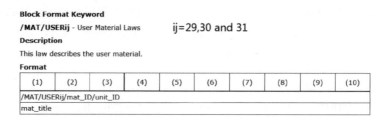

Block Format Keyword
/MAT/USERij - User Material Laws   ij=29,30 and 31
Description
This law describes the user material.
Format

(1)	(2)	(3)	(4)	(5)	(6)	(7)	(8)	(9)	(10)
/MAT/USERij/mat_ID/unit_ID									
mat_title									

图 7-8   starter 中定义二次开发材料模型的卡片

7.2.1 LECMnn 的 starter 子程序

LECMnn 的 starter 子程序用于读取用户材料数据，初始化用于内部计算的材料参数。比如用户材料模型是 LAW29，那么子程序的名字就是 LECM29，即 nn = 29。子程序的格式如图 7-9 所示。

```
SUBROUTINE LECMnn(IIN  ,IOUT ,UPARAM ,MAXUPARAM,NUPARAM NUVAR,IFUNC,MAXFUNC,NFUNC,PARMAT )
```

图 7-9   材料二次开发的 starter 子程序格式

子程序中的参数名称不能随意改变，这些名称用于和 Radioss 其他内部程序进行交流。下面具体介绍这些参数。

1) IIN 用于读取数据的单位，例如，READ(IIN, '(2F20. 0)') E, NU 是指读取两个 20 位浮点数作为 E 和 NU 的值；READ(IIN, '(5F20. 0)') CA, CB, CN, EPSM, SIGM 是读取的这一行是五个 20 位浮点数的值。

2) IOUT 用于输出数据的单位，例如：

```
WRITE(IOUT,1100)E,NU
1100 FORMAT(
    & 5X,'E.....................= ',E12.4/
    & 5X,'NU....................= ',E12.4//)
```

将以 1100 处定义的格式输出 E 和 NU 这两个数据。

3) UPARAM 是用于存储材料参数的双精度数组，用于 engine 子程序。例如存储读取的材料数据弹性模量、泊松比、最大应变值、屈服应力，以及内部计算得到的剪切模量等数据。数组的维数定义在 *NUPARAM* 中。数组维数的上限定义在 *MAXUPARAM* 中。

4) NUVAR 用于 engine 子程序的许多内部变量的存储。

5) IFUNC 是用于存储材料模型中所用到的曲线的数组。曲线的数目必须存储在这个数组中。这个数组的维数定义在 NFUNC 中，维数的上限定义在 MAXFUNC 中。

6) PARMAT 用于存储计算接触刚度的材料模量。如弹性模量、剪切模量。它们也用于在 starter 中计算时间步长。

7.2.2 SIGEPSnn 的 engine 子程序

SIGEPSnn 的 engine 子程序用于计算实体单元各个积分点的应力。比如用户材料是 LAW29，那么子程序的名称就是 SIGEPS29，即 nn = 29。子程序的格式如图 7-10 所示。如果是用于壳单元，那么 engine 子程序的名称就必须是 SIGEPS29C。其格式如图 7-11 所示。

```
C-------------------------------------------------------------------------
  SUBROUTINE SIGEPS29 (
1    NEL     ,NUPARAM,NUVAR   ,NFUNC   ,IFUNC   ,NPF    ,
2    TF      ,TIME    ,TIMESTEP,UPARAM ,RHO0    ,RHO    ,
3    VOLUME  ,EINT    ,
4    EPSPXX ,EPSPYY ,EPSPZZ   ,EPSPXY  ,EPSPYZ  ,EPSPZX ,
5    DEPSXX ,DEPSYY ,DEPSZZ   ,DEPSXY  ,DEPSYZ  ,DEPSZX ,
6    EPSXX  ,EPSYY  ,EPSZZ    ,EPSXY   ,EPSYZ   ,EPSZX  ,
7    SIGOXX ,SIGOYY ,SIGOZZ   ,SIGOXY  ,SIGOYZ  ,SIGOZX ,
8    SIGNXX ,SIGNYY ,SIGNZZ   ,SIGNXY  ,SIGNYZ  ,SIGNZX ,
9    SIGVXX ,SIGVYY ,SIGVZZ   ,SIGVXY  ,SIGVYZ  ,SIGVZX ,
A    SOUNDSP,VISCMAX,UVAR     ,OFF     )
C-------------------------------------------------------------------------
```

图 7-10 材料二次开发中的 engine 子程序格式（用于实体单元）

```
C-------------------------------------------------------------------------
  SUBROUTINE SIGEPS29C(
1    NEL     ,NUPARAM,NUVAR   ,NFUNC   ,IFUNC   ,
2    NPF     ,NPT     ,IPT     ,IFLAG   ,
2    TF      ,TIME    ,TIMESTEP,UPARAM ,RHO0    ,
3    AREA    ,EINT    ,THKLY   ,
4    EPSPXX ,EPSPYY ,EPSPXY   ,EPSPYZ  ,EPSPZX ,
5    DEPSXX ,DEPSYY ,DEPSXY   ,DEPSYZ  ,DEPSZX ,
6    EPSXX  ,EPSYY  ,EPSXY    ,EPSYZ   ,EPSZX  ,
7    SIGOXX ,SIGOYY ,SIGOXY   ,SIGOYZ  ,SIGOZX ,
8    SIGNXX ,SIGNYY ,SIGNXY   ,SIGNYZ  ,SIGNZX ,
9    SIGVXX ,SIGVYY ,SIGVXY   ,SIGVYZ  ,SIGVZX ,
A    SOUNDSP,VISCMAX,THK      ,PLA     ,UVAR   ,
B    OFF     ,NGL     ,SHF)
C-------------------------------------------------------------------------
```

图 7-11 材料二次开发中的 engine 子程序格式（用于壳单元）

下面是用于存储基本材料数据的参数，这些参数的名称不能随意改变。

1）NEL 用于定义模型中的单元个数。

2）UPARAM 是在 starter 中读取并存储材料参数的双精度数组，数组的维数定义在 NU-PARAM 中。

3）NUVAR 用于 engine 子程序的许多内部变量的存储。

4）IFUNC 是用于存储材料模型中所用到的曲线的数组。曲线的数目必须存储在这个数组中。同样这个数组的维数是定义在 NFUNC 中的。

5）NPF、TF 是用于 FINTER 的数组参数。FINTER 是 Radioss 读取曲线以后用内插法再次表述的结果。

6）NPT 是积分点的数目，IPT 是指当前的积分点。

7）TIME、TIMESTEP 是当前时间和时间步长。

8）RHO0、RHO 是初始和当前的密度。

9）VOLUME、AREA 分别是用于实体单元的单元体积和用于壳单元的单元面积。

10）EINT 是总内能。

11）THIKLY 是每个积分点的厚度（用于壳单元）。

图 7-12 所示的数值是在 engine 子程序中需要和 Radioss 主程序互通的变量（应力、应变）。除此以外还有一些用于内部计算、存储的参数。常见模量的计算公式如图 7-13 所示。

4	EPSPXX ,EPSPYY ,EPSPZZ ,EPSPXY ,EPSPYZ ,EPSPZX ,	➡ 应变率
5	DEPSXX ,DEPSYY ,DEPSZZ ,DEPSXY ,DEPSYZ ,DEPSZX ,	➡ 每步长的应变增量
6	EPSXX ,EPSYY ,EPSZZ ,EPSXY ,EPSYZ ,EPSZX ,	➡ 应变
7	SIGOXX ,SIGOYY ,SIGOZZ ,SIGOXY ,SIGOYZ ,SIGOZX ,	➡ 前一步长的应力
8	SIGNXX ,SIGNYY ,SIGNZZ ,SIGNXY ,SIGNYZ ,SIGNZX ,	➡ 弹性和塑性应力
9	SIGVXX ,SIGVYY ,SIGVZZ ,SIGVXY ,SIGVYZ ,SIGVZX ,	➡ 黏滞应力

图 7-12　用于计算和存储应力应变的数组

变量	描述	公式
K	刚度模量	$K = \dfrac{E}{3(1-\upsilon)}$
G	剪切模量	$G = \mu = \dfrac{E}{2(1+\upsilon)}$
λ 和 μ	Lame常数	$\lambda + 2\mu = \dfrac{E(1-\upsilon)}{(1+\upsilon)(1-2\upsilon)}$

图 7-13　常见模量的计算公式

12）SOUNDSP 是声速，一般可以在子程序中按下式计算。

实体单元：

$$c = \sqrt{\frac{K + 4G/3}{\rho_0}} = \sqrt{\frac{\lambda + 2\mu}{\rho_0}} \tag{7-1}$$

壳单元：

$$c = \sqrt{\frac{E}{(1-\nu^2)\rho_0}} \tag{7-2}$$

13）VISCMAX 是最大阻尼，比如对于考虑黏性的材料，可用于稳定计算步长。

14）OFF 是用于指示单元是否删除的参数，单元不删除为 1，删除就为 0。

15）THK 是单元的厚度（专用于壳单元）。

16）PLA 是用于存储塑性应变的数组（专用于壳单元）。

除了参数以外，还需要在 engine 子程序中调用函数 SET_U_SOLPLAS 来给 Radioss 提供塑性信息，用于 HEPH 的物理稳定（比如 hourglass）计算。关于 HEPH 的详细信息可查看 Radioss 帮助文档理论手册单元属性章节。

7.3　Radioss 材料失效模型二次开发

Radioss 提供了三个用户自定义的二次开发材料失效模型，可以用于壳单元和实体单元，但是不能用于梁单元或杆单元。开发一个失效模型至少需要两个以上的子程序，可使用 starter 子程序 LECR04、LECR05、LECR06，用于实体单元的 engine 子程序 F04LAW、F05LAW、F06LAW，或者用于壳单元的 engine 子程序 F04LAWC、F05LAWC、F06LAWC。这些子程序的名称不能改变。

LECRnn 的 starter 子程序用于读取用户输入的材料破坏数据。其格式如图 7-14 所示。子程序中相关参数可以参考前面的材料二次开发相关内容，此处不再重复。

FnnLAW 是用于实体单元的 engine 子程序，其格式如图 7-15 所示。

```
C--------------------------------------------------------------------------
     SUBROUTINE LECRnn (IIN ,IOUT ,UPARAM ,MAXUPARAM,NUPARAM,  NUVAR,IFUNC,MAXFUNC,NFUNC)
C--------------------------------------------------------------------------
```

图 7-14　失效模型二次开发 starter 子程序的格式

```
C--------------------------------------------------------------------------
SUBROUTINE FnnLAW (
1      NEL         ,NUPARAM   ,NUVAR        ,NFUNC       ,IFUNC   ,
2      NPF         ,TF        ,TIME         ,TIMESTEP    ,UPARAM  ,
3      NGL         ,NOT_USE_I1 ,NOT_USE_I2  ,NOT_USE_I3  ,NOT_USE_I4 ,
4      EPSPXX      ,EPSPYY    ,EPSPZZ       ,EPSPXY      ,EPSPYZ   ,EPSPZX ,
5      EPSXX       ,          ,EPSXY        ,EPSYZ       ,EPSZX    ,
6      SIGNXX      ,SIGNYY    ,SIGNXY       ,SIGNYZ      ,SIGNZX   ,
7      PLA         ,DPLA      ,EPSP         ,UVAR        ,OFF      ,
8      DELTAX      ,VOLN      ,UELR         ,NOT_USED4   ,NOT_USED5 )
C--------------------------------------------------------------------------
```

图 7-15　失效模型二次开发 engine 子程序的格式（实体单元）

简单介绍一下在失效模型子程序中出现的区别于前面材料模型二次开发 engine 中的其他参数。

1）NEL 是单元的个数，而 NGL 是与 NEL 一样大小的用于记录单元个数的附加参数。

2）NOT_USE_Ii 是一个整型参数，暂时没有用处，目前只是用于预留位置。

3）NOT_USED4、NOT_USED5 是浮点型参数，暂时没有用处，目前只是用于预留位置。

4）PLA 是浮点型数组参数。该数组的大小为单元个数 NEL，用于记录有效塑性应变。

5）DPLA 是浮点型数组参数。该数组的大小为单元个数 NEL，用于记录有效塑性应变的增量。

6）EPSP 是浮点型数组参数。该数组的大小为单元个数 NEL，用于记录应变率。

7）UVAR 用于记录每个单元每个积分点上的参数，该数组的大小为 NEL × NUVAR。参数 NUVAR 记录了单元上积分点的个数。

8）DELTAX 用于记录每个单元的名义长度，该数组的大小为单元个数 NEL。

9）VOLN 用于记录每个单元当前的体积，该数组的大小为单元个数 NEL。

10）UELR 用于记录每个单元中满足破坏条件的积分点的个数，该数组的大小为单元个数 NEL。

FnnLAWC 是用于壳单元的 engine 子程序，其格式如图 7-16 所示。用于壳单元的 FnnLAWC

```
C--------------------------------------------------------------------------
SUBROUTINE FnnLAWC (
1      NEL     ,NUPARAM   ,NUVAR        ,NFUNC       ,IFUNC    , NPF ,
2      TF      ,TIME      ,TIMESTEP     ,UPARAM      , NGL     , IPT ,
3      NPT0    ,NOT_USE_I1 ,NOT_USE_I2  ,  NOT_USE_I3 ,
4      SIGNXX  ,SIGNYY    ,SIGNXY       ,SIGNYZ      ,SIGNZX   ,
5      EPSPXX  ,EPSPYY    ,EPSPXY       ,EPSPYZ      ,EPSPZX   ,
5      EPSXX   ,EPSYY     ,EPSXY        ,EPSYZ       ,EPSZX    ,
7      PLA     ,DPLA      ,EPSP         ,UVAR        ,UEL      ,
8      OFF     ,LENGTH    , AREA,NOT_USED3 ,NOT_USED4 ,NOT_USED5)
C--------------------------------------------------------------------------
```

图 7-16　失效模型二次开发 engine 子程序的格式（壳体单元）

engine 子程序和用于实体单元的 FnnLAW engine 子程序参数基本类似，其区别有：壳单元中用参数 LENGTH 来记录每个单元的名义长度 l_c，而实体单元中用参数 DELTAX；壳单元中用参数 UEL 记录每个单元中满足破坏条件的层数，而实体单元中用 UELR 来记录每个单元中满足破坏条件的积分点数目等。二次开发失效模型实例见附录 F。

7.4 Radioss 用户单元属性二次开发

在 Radioss 帮助文档的单元属性（/PROP）库中可以看到，TYPE29、TYPE30 和 TYPE31 是专门留给用户编译和进行二次开发的单元属性序号，如图 7-17 所示。这三个模型可以用于描述一维单元（弹簧、杆、梁）或实体单元。不同于编写材料模型，编写材料属性模型必须编写三个子程序，包括两个 starter 子程序（一个名为 LECG29、LECG30 或 LECG31，另一个用于初始化一维单元参数，名为 RINI29 或 RINI30、RINI31 和一个 engine 子程序（名为 RUSER29、RUSER30 或 RUSER31）。

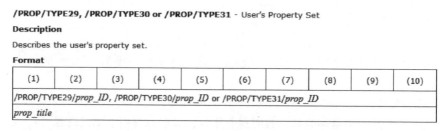

图 7-17　二次开发单元属性在 stater 中的卡片

7.4.1　单元属性的 starter 子程序 LECGnn 和 RININn

LECGnn 是 starter 子程序，用于读取用户单元属性数据、用户单元属性卡片中功能选项的数目及其数据格式。其格式如图 7-18 所示。

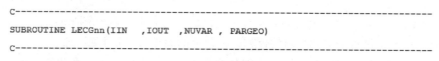

图 7-18　单元属性二次开发的 starter 子程序格式

同样，所有子程序中的参数名称都不能改变，因为这些名称是用于和 Radioss 其他内部程序进行交流的。下面具体介绍这些参数。

1）IIN：类似于二次开发用户材料模型时的 IIN，用于读取数据的单位。例如，READ(IIN,'(I10)',ERR = 999,END = 999)IUTYP 就是读取一个 10 位整数作为 IUTYP 的值，如果出现读取错误则执行 999 定义的语句。

2）IOUT：同样类似于二次开发用户材料模型时，用于输出数据的单位。例如：

```
WRITE(IOUT,2000)MID1,AREA
2000FORMAT(
    & 5X,'USER MATERIALID. . . . . . . . . . . = ',I10/,
    & 5X,'AREA . . . . . . . . . . . . . . . . = ',E12.4//)
```

上述语句是指以 2000 处定义的格式输出 MID1（10 位整型）和 AREA（12 位浮点型）。

```
WRITE(IOUT,*)'**ERROR IN USER PROPERTY INPUT'
```

这一句是指输出 " * * ERROR IN USER PROPERTY INPUT" 的信息。

3）PARGEO：一个大小为 3 的数组。其中，PARGEP［1］用于读取存储 skew 或 frame 的 ID，以便定义单元的局部坐标；PARGEP［2］用于读取存储以获得接触计算的刚度值；PARGEP［3］尚未定义，如果用户有需要，可以自己定义需要读取的量。整个 PARGEO 参数也用于 Radioss 的 starter 中时间步长的估计。

7.4.2　初始化 starter 子程序 RINInn

RINInn（nn = 29，30，31）的 starter 子程序用于初始化一维单元（弹簧、杆、梁）的参数。其格式如图 7-19 所示。SININn（nn = 29，30，31）用于初始化实体单元的信息，比如实体单元的质量、转动惯量等。其格式如图 7-20 所示。

```
C----------------------------------------------------------------------
      SUBROUTINE RINI30(NEL    ,IOUT   ,IPROP  ,
     3                IX    ,XL     ,MASS   ,XINER  ,STIFM  ,
     4                STIFR ,VISCM  ,VISCR  ,UVAR   ,NUVAR )
C----------------------------------------------------------------------
```

图 7-19　一维单元的初始化 starter 子程序格式

```
C----------------------------------------------------------------------
        SUBROUTINE SININn(
     1 NEL   ,NUVAR,IOUT ,IPROP ,IMAT,SOLID_ID,
     2 EINT ,VOL  ,UVAR ,OFF,RHO ,SIG ,
     3 XX1  ,XX2 ,XX3  ,XX4 ,XX5  ,XX6 ,XX7  ,XX8 ,
     4 YY1  ,YY2 ,YY3  ,YY4 ,YY5  ,YY6 ,YY7  ,YY8 ,
     5 ZZ1  ,ZZ2 ,ZZ3  ,ZZ4 ,ZZ5  ,ZZ6 ,ZZ7  ,ZZ8 ,
     6 VX1  ,VX2 ,VX3  ,VX4 ,VX5  ,VX6 ,VX7  ,VX8 ,
     7 VY1  ,VY2 ,VY3  ,VY4 ,VY5  ,VY6 ,VY7  ,VY8 ,
     8 VZ1  ,VZ2 ,VZ3  ,VZ4 ,VZ5  ,VZ6 ,VZ7  ,VZ8 ,
     9 VRX1 ,VRX2 ,VRX3 ,VRX4 ,VRX5 ,VRX6 ,VRX7 ,VRX8 ,
     A VRY1 ,VRY2 ,VRY3 ,VRY4 ,VRY5 ,VRY6 ,VRY7 ,VRY8 ,
     B VRZ1 ,VRZ2 ,VRZ3 ,VRZ4 ,VRZ5 ,VRZ6 ,VRZ7 ,VRZ8 ,
     C MAS1 ,MAS2 ,MAS3 ,MAS4 ,MAS5 ,MAS6 ,MAS7 ,MAS8 ,
     D INN1 ,INN2 ,INN3 ,INN4 ,INN5 ,INN6 ,INN7 ,INN8 ,
     C STIFM,STIFR,VISCM,VISCR)
C----------------------------------------------------------------------
```

图 7-20　实体单元的初始化 starter 子程序格式

这些初始化子程序中涉及的参数如下。

1）NEL 用于读取每个模型中的单元个数。

2）IPROP 用于定义单元属性的数量。

3）IX 是用于定义弹簧单元的数组，长度为 NEL。例如，对于单元 i，IX(1,i)、IX(2,i)、IX(3,i) 分别表示读取存储弹簧单元的第一个点、第二个点和第三个点的节点号。IX(4,i) 表示读取存储弹簧单元的 ID。

4）XL 用于读取存储当前单元的单元长度。

5）MASS 用于读取存储单元的质量。

6）XINER 用于读取存储单元的转动惯量。

7）STIFM 用于读取存储单元的平动刚度。

8）STIFR 用于读取存储单元的转动刚度。

9）VISCM 用于读取存储单元的平动黏度。

10）VISCR 用于读取存储单元的转动黏度。STIFM、STIFR、VISCM、VISCR 都用于时间步长的计算。

11）NUVAR 是一个整型变量，用于读取存储用户变量定义的个数。

12）UVAR 是一个 NEL × NUVAR 的数值，用于读取存储所有单元的所有用户变量。

下面是专用于实体单元的参数。

1）IMAT 用于存储单元使用的材料卡片 ID。

2）SOLID_ID 用于读取存储实体单元的单元 ID。

下面的参数用于读取存储初始值。

1）EINT，VOL，RHO，OFF 是一个大小为单元个数的数组，用于存储初始的单元内能、单元体积、单元密度、单元删除的指标（OFF = 0 时删除，OFF = 1 时不删除）。

2）SIG 是一个大小为 6 × NEL 的数值，用于存储单元的应力张量（SX，SY，SZ，SXY，SYZ，SZX）。

3）XX1，VX1，VRX1，MAS1，INN1 是一个大小为单元个数的数组，用于存储实体单元中节点 1 上全局坐标中的 X 坐标、X 方向平动速度、X 方向转动速度、质量、转动惯量。

7.4.3 单元属性的 engine 子程序

用于弹簧、杆、梁的一维单元 engine 子程序为 RUSERnn。其用于一维单元的内力、力矩计算，格式如图 7-21 所示。

```
C-------------------------------------------------------------
      SUBROUTINE RUSERnn(NEL    ,IOUT    ,IPROP ,UVAR    ,NUVAR ,
     2                   FX   ,FY      ,FZ    ,XMOM    ,YMOM  ,
     3                   ZMOM ,E       ,OFF   ,STIFM   ,STIFR ,
     4                   VISCM, VISCR  ,MASS  ,XINER   ,DT    ,
     5                   XL   ,VX      ,RY1   ,RZ1     ,RX    ,
     6                   RY2  ,RZ2     ,FR_WAVE)
C-------------------------------------------------------------
```

图 7-21 一维单元的初始化 engine 子程序格式

FX，FY，FZ，XMOM，YMOM，ZMOM 是用于传递 starter 中读取的初始内力和力矩的数值，如图 7-22 所示。XL，VX，RY1，RZ1，RX，RY2，RZ2 是用于传递 starter 中读取的单元长度、平动和转动速度的数值，如图 7-23 所示。DT 用于时间步长的计算。

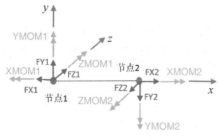

图 7-22 一维单元中的内力和力矩

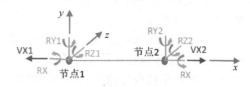

图 7-23 一维单元中的平动和转动速度

实体单元的单元属性 engine 子程序为 SUSERnn，用于计算实体单元的内力、力矩以及其他一些用户定义的参数。其格式如图 7-24 所示。这个子程序不仅有用于节点坐标、位移、平动速度、转动速度、内力及力矩的参数，还有 EINT、VOL、RHO、SIG 这些用于计算内能、单元体积、单元密度、单元应力张量的参数。单元属性二次开发实例见附录 G。

```
C------------------------------------------------------------------
    SUBROUTINE SUSER29(
   1 NEL    ,NUVAR  ,IOUT   ,IPROP  ,IMAT  ,SOLID_ID,TIME  ,TIMESTEP,
   2 EINT   ,VOL    ,UVAR   ,FR_WAVE,OFF   ,RHO    ,SIG    ,
   3 XX1    ,XX2    ,XX3    ,XX4    ,XX5   ,XX6    ,XX7    ,XX8     节点坐标
   4 YY1    ,YY2    ,YY3    ,YY4    ,YY5   ,YY6    ,YY7    ,YY8
   5 ZZ1    ,ZZ2    ,ZZ3    ,ZZ4    ,ZZ5   ,ZZ6    ,ZZ7    ,ZZ8
   6 UX1    ,UX2    ,UX3    ,UX4    ,UX5   ,UX6    ,UX7    ,UX8     节点位移
   7 UY1    ,UY2    ,UY3    ,UY4    ,UY5   ,UY6    ,UY7    ,UY8
   8 UZ1    ,UZ2    ,UZ3    ,UZ4    ,UZ5   ,UZ6    ,UZ7    ,UZ8
   9 VX1    ,VX2    ,VX3    ,VX4    ,VX5   ,VX6    ,VX7    ,VX8     节点平动速度
   A VY1    ,VY2    ,VY3    ,VY4    ,VY5   ,VY6    ,VY7    ,VY8
   B VZ1    ,VZ2    ,VZ3    ,VZ4    ,VZ5   ,VZ6    ,VZ7    ,VZ8
   C VRX1   ,VRX2   ,VRX3   ,VRX4   ,VRX5  ,VRX6   ,VRX7   ,VRX8    节点转动速度
   D VRY1   ,VRY2   ,VRY3   ,VRY4   ,VRY5  ,VRY6   ,VRY7   ,VRY8
   E VRZ1   ,VRZ2   ,VRZ3   ,VRZ4   ,VRZ5  ,VRZ6   ,VRZ7   ,VRZ8
   F FX1    ,FX2    ,FX3    ,FX4    ,FX5   ,FX6    ,FX7    ,FX8     节点内力
   G FY1    ,FY2    ,FY3    ,FY4    ,FY5   ,FY6    ,FY7    ,FY8
   H FZ1    ,FZ2    ,FZ3    ,FZ4    ,FZ5   ,FZ6    ,FZ7    ,FZ8
   I MX1    ,MX2    ,MX3    ,MX4    ,MX5   ,MX6    ,MX7    ,MX8     节点力矩
   J MY1    ,MY2    ,MY3    ,MY4    ,MY5   ,MY6    ,MY7    ,MY8
   K MZ1    ,MZ2    ,MZ3    ,MZ4    ,MZ5   ,MZ6    ,MZ7    ,MZ8
   L STIFM  ,STIFR  ,VISCM  ,VISCR )
C------------------------------------------------------------------
```

图 7-24　实体单元属性二次开发的 engine 子程序格式

7.5　可访问的函数

在单元属性和材料模型二次开发中会用到很多特定的 Radioss 函数。用户单元参数通过专门的函数存储在特殊的 Radioss 数组中，这种方法允许分层属性的引用，比如一个用户单元的属性可以在另一个用户单元属性或材料中（甚至是用户的窗口界面中）引用。

1. 存储参数的函数

有些函数用于存储参数，当用户单元属性可能与其他单元属性、材料或函数有关时使用。比如下面的 SET 语句存储当前用户编译的单元属性中的相关单元属性、材料和函数的 ID（pid、mid、fun_id），这些 ID 通过索引 func_index、mat_index 或 prop_index 在每一个类别中通过指定来独立索引，通过 KFUNC、KMAT、KPROP 以及 KTABLE 可以访问不同的存储单元属性缓冲区。

```
integer ierror = SET_U_PNU (integer func_index, integer fun_id, KFUNC)
integer ierror = SET_U_PNU (integer func_index, integer fun_id, KTABLE)
integer ierror = SET_U_PNU (integer mat_index, integer mid, KMAT)
integer ierror = SET_U_PNU (integer prop_index, integer pid, KPROP)
```

例如：

```
PARAMETER (KPROP = 33)
IERROR = SET_U_PNU (1, PID1, KPROP)
IERROR = SET_U_PNU (2, PID2, KPROP)
```

上面的语句定义了将 PID = PID1 的单元属性存储在 KPROP 缓存区中的第 1 条信息中，以用

于用户单元属性；将 PID = PID2 的单元属性存储在 KPROP 缓存区中的第 2 条信息中，以用于用户单元属性。

例如：

```
IERROR = SET_U_PNU (5, 3, KMAT)
```

这一句是指将 MID = 3 的材料属性存储在 KMAT 缓存区中的第 5 条信息中，以用于用户单元属性。

下面的 SET_U_GEO 语句用于将浮点型的 value 值存储在当前单元属性的缓存区 value_index 的位置。

```
integerierror = SET_U_GEO (integer value_index, float value)
```

例如：

```
AA = 3.0
IERROR = SET_U_GEO (4, AA)
```

这一句是指将 AA 的值 3.0 存储在当前单元属性缓存区中的 4 号位置。

以上函数语句在没有错误时将返回 IERROR = 0。如果上面提到的索引（prop_index、mat_index 等）超过了允许的最大索引值，那么函数将返回 IERROR = 允许的最大索引值。

2. 调用存储参数的函数

还有一些函数是用于调用存储参数的，比如下面的 GET 语句。

```
float value = GET_U_GEO (integervalue_index, integer iprop)
float value = GET_U_MAT (integervalue_index, integer imat)
```

它们分别用于读取在单元属性缓存区的分区 iprop 和材料缓存区的分区 imat 中存储 value_index 位置的参数。

```
AREA1 = GET_U_GEO (2, IPROP1)
```

它将 IPROP1 缓存区中的第 2 个数据赋值给 AREA1。

```
integer iprop = GET_U_P (integer prop_id)
integer ifunc = GET_U_NUMFUN (integer fun_id)
```

这两个是仅在 starter 中调用的函数，用于将单元属性 ID 转换为单元属性数目，将曲线编号转换为曲线数目。

```
integer pid = GET_U_PID (integer iprop)
integer mid = GET_U_MID (integer imat)
integer fun_id = GET_U_FID (integer ifunc)
```

用于得到在各个分类（名为 iprop、imat、ifunc）的缓存分区中的编号（单元属性编号 pid、材料编号 mid、曲线编号 fun_id）。

```
integer ifunc = GET_U_MNU (integer mat_index, integer imat, KFUNC)
```

在曲线缓存参数 KFUNC 的材料缓存区 imat 中读取 mat_index 曲线的内部编号。

```
integer ifunc = GET_U_PNU (integer prop_index, integer iprop, KFUNC)
```

在曲线缓存参数 KFUNC 的单元属性缓存区 iprop 中读取 prop_index 曲线的内部编号。

```
integer jprop = GET_U_PNU (integer prop_index, integer iprop, KPROP)
```

在单元属性缓存参数 KPROP 的缓存分区 iprop 中读取 prop_index 单元属性的内部编号。

```
PID1 = 3
PID2 = 5
IERROR = SET_U_PNU (1, PID1, KPROP)
IERROR = SET_U_PNU (1, PID2, KPROP)
```

在 starter 子程序中，在参数 KPROP 缓存区的 1 号位置存储整型参数 PID1 的值 3，在 2 号位置存储 5，3 和 5 是需要调用的其他单元属性的编号。这条语句用于将当前单元属性和其他单元属性相关联。

然后下面的两句初始化子程序中，将 IPROP1 和在 KPROP 缓存区 1 号位置存储的 IPROP 值相关联。根据上面的 SET 语句得到，1 号位置的信息是 3，即 IPROP1 = 3，同样可得到 IPROP2 = 5。

```
IPROP1 = GET_U_PNU (1, IPROP, KPROP)
IPROP2 = GET_U_PNU (2, IPROP, KPROP)
AREA1 = GET_U_GEO (2, IPROP1)
```

表示将单元属性缓存区中编号为 3（IPROP1 = 3）的分区中的 2 号位置信息赋值给 AREA1。

```
AREA2 = GET_U_GEO (2, IPROP2)
```

表示将单元属性缓存区中编号为 5（IPROP2 = 5）的分区中的 2 号位置信息赋值给 AREA2。

```
MID1 = 7
IERROR = SET_U_PNU (1, MID1, KMAT)
```

在 starter 子程序中，在 KMAT 缓存区的 1 号位置中存储整型参数 MID1 的值 7。

然后在下面的两句初始化子程序中，将 IMAT2 和在 KMAT 缓存区 1 号位置存储的 IPROP2 值相关联。根据上面的 SET_U_PUN 语句得到，KMAT 缓存区中 1 号位置的信息是 7，即 IMAT2 = 7。

```
IMAT1 = GET_U_PNU (1, IPROP1, KMAT)
IMAT2 = GET_U_PNU (1, IPROP2, KMAT)
G2 = GET_U_MAT (6, IMAT2)
```

将单元属性缓存区中编号为 7（IMAT2 = 7）的分区中的 6 号位置信息赋值给 G2。

```
integer y = GET_U_FUNC (integerifunc, float x, float dydx)
```

返回存储在缓存区 ifunc 中的曲线的 x 值和斜率的内插值。上面语句中，dydx 是曲线在 x 点的斜率。

```
integer ierror = SET_U_PNU (5, 2, KPROP)
integer jprop = GET_U_PNU (5, 2, KPROP)
```

用 SET_U_PNU 函数将编号为 2 的单元属性存储为 KPROP 缓存区中的第 5 条信息。接着用 GET_U_PNU 函数读取存储在 KPROP 缓存区 5 号位置编号为 2 的单元属性内部编号并赋值给 jprop。

7.6 Abaqus 与 Radioss 二次开发比较

Abaqus 的二次开发也使用 Fortran 语言，所以 Abaqus 的二次开发材料模型可以轻松转换到 Radioss，需要修改的仅仅是一些固定变量的名称，见表 7-3。Abaqus/Explicit 的 VUMAT 基本可以直接放入 Radioss 相应的 engine 子程序中，如图 7-25 所示。

表 7-3 常见的 **Radioss** 变量名和相应的 **Abaqus** 变量名

Radioss 变量名	Abaqus 变量名	描　　述
UPARAM	PROPS	读取输入参数存储在内部参数中
EPSPXX，EPSPYY，EPSPZZ，EPSPXY，EPSPYZ，EPSPZX	stateNew	塑性应变
DEPSXX，DEPSYY，DEPSZZ，DEPSXY，DEPSYZ，DEPSZX	strainInc	应变增量
SIGOXX，SIGOYY，SIGOZZ，SIGOXY，SIGOYZ，SIGOZX	stressOld	应力张量

（续）

Radioss 变量名	Abaqus 变量名	描　述
FPSXX, FPSYY, FPSZZ, FPSXY, FPSYX, FPSXZ, FPSZX, FPSYZ, FPSZY	defgradNew	变形梯度张量 $\boldsymbol{F}$
UPSXX, UPSYY, UPSZZ, UPSXY, UPSYZ, UPSXZ	stretchNew	拉伸张量 $\boldsymbol{U}$
SIGNXX, SIGNYY, SIGNZZ, SIGNXY, SIGNYZ, SIGNZX	stressNew	下一时间步长的应力张量
EINT	enerInternNew	
RHO0	density	密度
TEMP	tempNew	温度

```
END MODULE KONSTANT                          ABAQUS VUMAT

MODULE KMATRIX

    IMPLICIT NONE

    CONTAINS

    FUNCTION KDET(A) RESULT(DETA)
     USE KONSTANT,ONLY: DOUBLE

     REAL(KIND=DOUBLE),DIMENSION(3,3) :: A
     REAL(KIND=DOUBLE) :: DETA

     DETA=A(1,1)*A(2,2)*A(3,3)-A(1,1)*A(2,3)*A(3,2)-&
          A(3,3)*A(1,2)*A(2,1)+A(1,2)*A(2,3)*A(3,1)+&
          A(2,1)*A(3,2)*A(1,3)-A(2,2)*A(3,1)*A(1,3)

     RETURN

    END FUNCTION KDET
```

```
END MODULE KONSTANT                          Radioss 用户代码

MODULE KMATRIX

    IMPLICIT NONE

    CONTAINS

    FUNCTION KDET(A) RESULT(DETA)
     USE KONSTANT                    !,ONLY: DOUBLE

     DOUBLE PRECISION, DIMENSION(3,3) :: A
     DOUBLE PRECISION :: DETA

     DETA=A(1,1)*A(2,2)*A(3,3)-A(1,1)*A(2,3)*A(3,2)-
          A(3,3)*A(1,2)*A(2,1)+A(1,2)*A(2,3)*A(3,1)+
          A(2,1)*A(3,2)*A(1,3)-A(2,2)*A(3,1)*A(1,3)

     RETURN

    END FUNCTION KDET
```

图 7-25　Abaqus 和 Radioss 二次开发程序片段比较

　　以一个实例对标 Abaqus 材料模型二次开发中的参数声明，如图 7-26 所示。

　　Abaqus 中的存储参数 PROPS 对应 Radioss 子程序中的 UPARAM，如图 7-27 所示。

　　Abaqus 中的状态参数 stateOld 对应 Radioss 子程序中的内部参数存储 UVAR，如图 7-28 所示。

```
MODULE KONSTANT
                                                    ABAQUS VUMAT
  IMPLICIT NONE

  SAVE

  INTEGER,PARAMETER :: DOUBLE=SELECTED_REAL_KIND(15)
  !TODO:These three parameters are from vaba_param_dp.inc. Check with new
  integer,parameter :: j_sys_Dimension=2
  !integer,parameter :: n_vec_Length=544 !TODO:6.13-3
  integer,parameter :: n_vec_Length=136 !TODO:6.14-2
  integer,parameter :: maxblk=n_vec_Length
  REAL(KIND=DOUBLE),PARAMETER :: FUZZ=1.0E-08_DOUBLE
  REAL(KIND=DOUBLE),DIMENSION(3,3) :: EYE
```

```
 MODULE KONSTANT                                   Radioss 用户代码

  IMPLICIT NONE

  SAVE

  integer,parameter :: j_sys_Dimension=2
  integer,parameter :: n_vec_Length=136 !TODO:6.14-2
  integer,parameter :: maxblk=n_vec_Length
  DOUBLE PRECISION, PARAMETER :: FUZZ=1.0E-08,
.   pi=3.1415926535897932384626433832795028884,
.   sqrt3=1.7320508075688772935274463415058712
  DOUBLE PRECISION, DIMENSION(3,3) :: EYE
```

图 7-26　Abaqus 和 Radioss 二次开发程序片段（参数声明）比较

```
                                                  ABAQUS VUMAT
  C10=PROPS( 1)
  C01=PROPS( 2)
  C20=PROPS( 3)
  C11=PROPS( 4)
  C02=PROPS( 5)
  C30=PROPS( 6)
  C21=PROPS( 7)
  C12=PROPS( 8)
  C03=PROPS( 9)
  D1 =PROPS(10)
  D2 =PROPS(11)
  D3 =PROPS(12)
  SR =PROPS(13)
  C1 =PROPS(14)
  C2 =PROPS(15)
  CM =PROPS(16)
  CHI=PROPS(17)

  XMU=2.0D0*(C10+C01)
  XKAPPA=2.0D0/D1
  C1HAT=C1*SQRT(3.0D0)**CM/(SQRT(3.0D0/2.0D0))
```

```
                                                  Radioss 用户代码
  C10 = UPARAM(1)
  C01 = UPARAM(2)
  C20 = UPARAM(3)
  C11 = UPARAM(4)
  C02 = UPARAM(5)
  C30 = UPARAM(6)
  C21 = UPARAM(7)
  C12 = UPARAM(8)
  C03 = UPARAM(9)
  D1  = UPARAM(10)
  D2  = UPARAM(11)
  D3  = UPARAM(12)
  SR  = UPARAM(13)
  C1  = UPARAM(14)
  C2  = UPARAM(15)
  CM  = UPARAM(16)
  CHI = UPARAM(17)

  XMU=2.0D0*(C10+C01)
  XKAPPA=2.0D0/D1
  C1HAT=C1*SQRT(3.0D0)**CM/(SQRT(3.0D0/2.0D0))
```

图 7-27　Abaqus 和 Radioss 二次开发程序片段（存储参数）比较

```
FP_0(2,2)=stateOld(K,2)+1.0D0                    ABAQUS VUMAT
FP_0(3,3)=stateOld(K,3)+1.0D0
FP_0(1,2)=stateOld(K,4)
FP_0(2,3)=stateOld(K,5)
FP_0(3,1)=stateOld(K,6)
FP_0(2,1)=stateOld(K,7)
FP_0(3,2)=stateOld(K,8)
FP_0(1,3)=stateOld(K,9)
FP=FP_0

FE=MATMUL(F,KMATINV(FP))
F=FE
AJ=KDET(F)
```

```
FP_0(2,2) = UVAR(K,2)+1.0D0                      Radioss 用户代码
FP_0(3,3) = UVAR(K,3)+1.0D0
FP_0(1,2) = UVAR(K,4)
FP_0(2,3) = UVAR(K,5)
FP_0(3,1) = UVAR(K,6)
FP_0(2,1) = UVAR(K,7)
FP_0(3,2) = UVAR(K,8)
FP_0(1,3) = UVAR(K,9)
FP=FP_0

FE=MATMUL(F,KMATINV(FP))
F=FE
AJ=KDET(F)
```

图 7-28　Abaqus 和 Radioss 二次开发程序片段（状态参数）比较

变形梯度张量 $\boldsymbol{F}$ 为

$$
\boldsymbol{F} = \begin{bmatrix} \dfrac{\partial x_1}{\partial X_1} & \dfrac{\partial x_1}{\partial X_2} & \dfrac{\partial x_1}{\partial X_3} \\[2ex] \dfrac{\partial x_2}{\partial X_1} & \dfrac{\partial x_2}{\partial X_2} & \dfrac{\partial x_2}{\partial X_3} \\[2ex] \dfrac{\partial x_3}{\partial X_1} & \dfrac{\partial x_3}{\partial X_2} & \dfrac{\partial x_3}{\partial X_3} \end{bmatrix} \tag{7-3}
$$

在 Abaqus 中变形梯度张量由变量 defgradNew 描述，而在 Radioss 中由 FPSXX，FPSYY，FPSZZ，FPSXY，FPSYZ，FPSZX 描述。Abaqus 中的拉伸张量由变量 stretchNew 描述，而在 Radioss 中由 UPSXX，UPSYY，UPSZZ，UPSXY，UPSYZ，UPSZX 描述，如图 7-29 所示。

```
DO K=1,NBLOCK                                    ABAQUS VUMAT

F(1,1)=defgradNew(K,1)
F(2,2)=defgradNew(K,2)
F(3,3)=defgradNew(K,3)
F(1,2)=defgradNew(K,4)
F(2,3)=defgradNew(K,5)
F(3,1)=defgradNew(K,6)
F(2,1)=defgradNew(K,7)
F(3,2)=defgradNew(K,8)
F(1,3)=defgradNew(K,9)

U(1,1)=stretchNew(K,1)
U(2,2)=stretchNew(K,2)
U(3,3)=stretchNew(K,3)
U(1,2)=stretchNew(K,4)
U(2,3)=stretchNew(K,5)
U(3,1)=stretchNew(K,6)
U(2,1)=stretchNew(K,4)
U(3,2)=stretchNew(K,5)
U(1,3)=stretchNew(K,6)

AJ=KDET(F)
XJ=KDET(U)
R=MATMUL(F,KMATINV(U))
```

图 7-29　Abaqus 和 Radioss 二次开发程序片段（梯度张量）比较

```
C --- Trial stress
C
      DO K = 1,NEL

         F(1,1) = FPSXX(K)
         F(1,2) = FPSXY(K)
         F(1,3) = FPSXZ(K)
         F(2,1) = FPSYX(K)
         F(2,2) = FPSYY(K)
         F(2,3) = FPSYZ(K)
         F(3,1) = FPSZX(K)
         F(3,2) = FPSZY(K)
         F(3,3) = FPSZZ(K)

C     -> U = Stretch Tensor

         U(1,1) = UPSXX(K)
         U(1,2) = UPSXY(K)
         U(1,3) = UPSXZ(K)
         U(2,1) = UPSXY(K)
         U(2,2) = UPSYY(K)
         U(2,3) = UPSYZ(K)
         U(3,1) = UPSXZ(K)
         U(3,2) = UPSYZ(K)
         U(3,3) = UPSZZ(K)

         AJ=KDET(F)
         XJ=KDET(U)
         R=MATMUL(F,KMATINV(U))
```

Radioss 用户代码

图 7-29   Abaqus 和 Radioss 二次开发程序片段（梯度张量）比较（续）

除了不可改变的特殊参数名称需要按照 Radioss 的规定修改外，其余的运算编写按照 Fortran 的规则进行即可。

第8章

汽车领域工具应用

Radioss 是著名的通用数值分析软件，包括隐式、显式算法，具有线性和非线性求解及优化功能，凭借着高效、高精度、高鲁棒性的特点，已经被汽车领域所认可。结合 HyperMesh 软件提供的汽车结构建模工具、碰撞安全建模工具和约束系统建模工具等，工程师能够快速完成整车被动安全性能仿真建模、计算和结果分析。本章主要介绍 HyperMesh 软件为 Radioss 求解器提供的被动安全建模工具，包括约束系统建模工具、壁障模型放置工具、行人保护建模工具和安全气囊及其折叠工具。

8.1 约束系统建模工具

目前，在车辆安全法规和 NCAP 等测试评估中主要使用了整车正面刚性壁障碰撞、整车正面偏置碰撞、整车可移动壁障碰撞、整车侧面圆柱碰撞、鞭打碰撞、行人保护试验等。

采用数值模拟的方法对车辆碰撞试验进行仿真分析已经成为车辆安全开发必不可少的手段，可以极大地降低开发成本，缩短开发时间。车辆碰撞仿真分析通常比较复杂，能否快速、准确地搭建整车碰撞模型在一定程度上决定了仿真分析效率。在汽车碰撞安全分析中，HyperMesh 软件提供了一整套碰撞模型搭建工具，包括假人位置调姿与预模拟、安全带创建、座椅机构调整、座椅泡棉压缩等功能，如图 8-1 所示。

图 8-1 约束系统建模工具功能模块

8.1.1 假人位置调姿与预模拟

不同车型的座椅、仪表盘、方向盘和地板的相对位置并不一致，所以将假人放入车中时，需要对假人姿态进行调整，将不同类型的假人根据具体的法规或规范放入要求的位置。目前，不同的有限元假人开发商在其中植入了不同的姿态调节命令。

导入需要的假人类型后，单击 Dummy 图标，会弹出 Dummy Browser 对话框，假人的各个部分会以模型树的形式出现，如图 8-2 所示。假人模型树由三部分构成。

1) 假人整体姿态调整，快速将假人定位到目标位置。当单击模型树最顶部时，会激活假人整体调整命令，主要用于 H 点的位置定义，可以直接输入坐标值或选择目标点；整体旋转假人可以定义假人的旋转轴和选择旋转角度。

2) 假人身体各部分姿态调整，根据法规或规范调整假人局部姿态。当选择假人某一部位时，该部位在视图中会高亮显示，并会显示出相应的可调箭头，如图 8-3 所示。由于假人身体各部位之间已经建立好运动机构，当调整某一部位时，有运动关系的相关部位会做联动调整。

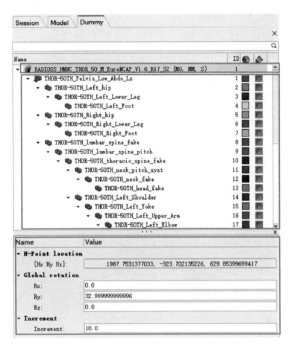

图 8-2　假人模型树

3）调节参数设置，修改或记录假人调整过程中的姿态参数。在通过拖动箭头方式进行假人姿态调整的过程中，参数会随着调整位置而改变，数值参考全局坐标系。也可以直接在相应的参数位置输入需要的参数值。

在假人模型树中，右击假人整体姿态调整区域，将有丰富的关于假人调姿的扩展项，如图 8-4所示。

图 8-3　假人姿态调整示意图　　　　　　　　图 8-4　假人调姿扩展项

- Define Position：定义假人位置。包括 New（创建新的假人位置）和 Overwrite Existing（覆盖现有的假人位置）。当假人姿态调整好以后，可以通过 New 选项将假人位置信息保存到模型里，方便以后重复使用。当对已保存的假人位置做好修改或用新的假人位置替代已存在的假人位置时，可以通过 Overwrite Existing 选项进行覆盖或替换。

- Retrieve Position：恢复假人位置。包括 Initial Position（最初假人位置），一般指假人原始状态时的位置或假人开发商供货时的假人位置；Other Position（其他假人位置），已经保存的假人位置。

- Move Limbs：移动肢体。通过移动节点（Node）或约束（Constraint）达到目标位置，并指定可联动的肢体（Bodies）来快速定义假人位置，如图 8-5 所示。

- Positioning File：包括导入（Import）和导出（Export）假人位置信息。假人位置信息除了可以保存在模型里面，还能以.daf文件的形式导入或导出。
- Delete Positions：删除已保存的位置信息。
- Contact to Structure：定义假人与结构件的接触。在假人肢体移动过程中，当侦测到定义的接触时，肢体会自动停止移动以免发生穿透现象。可以控制接触的激活或抑制状态，如图8-6所示。

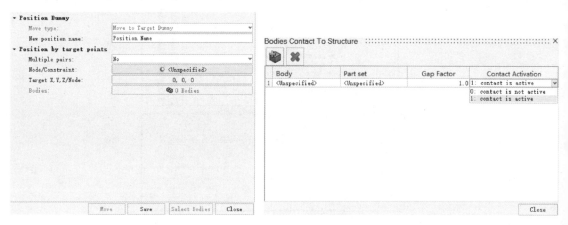

图8-5　定义假人位置　　　　　　　　　　图8-6　定义假人与结构件的接触

- Pre-Simulation：导出预模拟文件。假人位置调整完成后，通过PreSimulation Tool对话框进行预模拟计算，可用于消除假人调姿后网格产生的交叉问题，如图8-7所示。

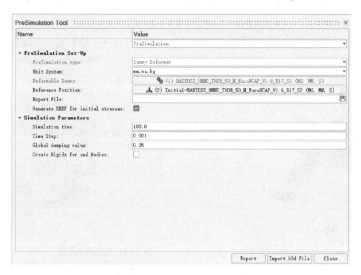

图8-7　预模拟参数设置（PreSimulation Tool）对话框

- Unit System：选择假人计算单位系统（可修改）。
- Reference Position：要输出何种位置下的假人。
- Expert File：预计算模型导出路径（可修改）。
- Generate XREF for initial stresses：导入.h3d结果时，是否生成用于初始应力计算的参考几何。
- Simulation time：预计算时间（可修改）。
- Time Step：计算时间步长（可修改）。

- Global damping value：默认阻尼参数。

提交假人姿态位置预模拟计算。在 Radioss 求解器提交界面，选择输出的假人姿态位置文件，如Dummy_preSimulation_0000. rad。计算完成后，生成记录假人节点姿态位置信息的结果文件，如 Dummy_preSimulation. h3d。

图 8-8　假人姿态位置更新前后状态

更新假人姿态位置节点信息。假人姿态调整完成后，在 PreSimulation Tool 对话框单击 Import h3d File 按钮，通过导入 . h3d 文件更新假人姿态位置信息，如图 8-8 所示。一般建议单独使用 HyperMesh 打开假人模型更新姿态，然后单独导出保存，这样保存的假人模型可以使用 include 的方式导入车辆碰撞模型，方便模型管理和重复调用。

操作视频见二维码。

8.1.2　座椅机构调整工具

座椅机构调整工具可以用于建立运动机械模型，比如主驾驶或副驾驶座椅运动机构，包括定义机构运动关系、调整机构到目标位置和输出最终数据等，如图 8-9 所示。具体如下。

1）定义机构部件：可以通过零件、零件集合或节点集合定义机构部件。在机构运动过程中，每个机构部件都视为一个刚体。

2）定义运动铰接关系：通常，一个铰接关系用于定义两个或三个机构部件之间的相对运动行为。这里定义的铰接关系不同于求解器中使用的铰接关系，并不参与有限元计算。

3）机构运动关系检查：验证定义的机构运动是否有效。

4）调整机构到目标位置：通过选择目标节点或目标节点的坐标，将机构调整到目标位置，如调整到座椅的 H 点。

5）保存位置信息：一个机构可以保存多个位置信息，方便反复调用。

6）导出求解器位置：每一个保存的位置都可以导出为求解器可以识别的文件。

导入座椅模型后，单击 Mechanism 图标，进入 Mechanism Browser。右击并选择 Create→Mechanism 后出现两种创建机构运动的方式：自动（Auto Generate）和手动（Manual），自动创建方式如图 8-10 所示。

图 8-9　座椅机构示意图

图 8-10　自动创建机构运动

1. 自动创建机构运动

用户需要提前定义铰接副单元（如 Revolute），系统通过识别这些铰接副单元来自动创建运动机构。

- Mechanism type：机构运动类型，包括座椅机构和通用结构，对话框根据选择类型的不同呈现不同的选项。
- Entities：对象选择。用于创建机构运动的部件（Body），如果是创建座椅机构可以选择座椅所有的部件。
- Node selection on lower track：选择座椅下滑轨节点，一般左右下滑轨各选择一个节点。
- Node selection on upper track：选择座椅上滑轨节点，一般左右上滑轨各选择一个节点。
- Sliding vector on upper track：在上滑轨上定义滑轨移动的方向，通过选择两个节点确定方向。
- Seat track with roller balls：是否选择上、下滑轨之间的滚珠。勾选后会有滚珠选择复选框弹出。
- Joint element：选择已定义的铰接副单元。座椅中一般是旋转铰接副。
- Excluded elements：剔除不必要的单元，为可选项。
- Excluded contacts：剔除不必要的接触，为可选项。

以上为自动创建机构运动常见设置。设置完成后，单击 Build mechanism 按钮完成机构运动创建。

2. 手动创建机构运动

相对于自动创建机构运动，手动创建机构运动对用户而言可操作性更强，如图 8-11 所示。手动创建机构运动时，需要用户自定义机构部件和部件之间的相对运动机构。机构部件的选择原则一般是不存在相对运动的部件可以视为一个 Body。

在 Support 栏中，有三种定义部件的方式，选择其中一种即可。

Engineering data 栏主要定义部件的自由度，默认定义的第一个部件与地面相连，自由度全部约束。可以根据选择部件的实际情况定义自由度。

所有部件定义完成以后，选择需要建立机构运动关系的部件，右击后选择 Connect，开始手动创建运动机构，如图 8-12 所示。

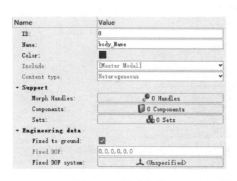

图 8-11　创建部件

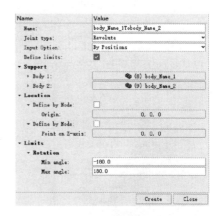

图 8-12　手动创建运动机构

- Joint type：机构类型，包括 Ball（球副）、Cylinder（圆柱副）、Revolute（旋转副）、Slider（滑移副）、DoubleSlider（双滑移副）、Cam（凸轮机构）。
- Input Option：机构位置和运动方向定义方式，包括通过方向和通过位置两种。
- Define limits：是否激活机构可变动范围。当激活该项后，会弹出 Limits 栏，可以定义旋转角度（单位为度）和移动距离，限制机构可运动的范围。

- Location 栏：包括运动机构位置和运动机构方向的定义。

以上参数设置完成后，单击 Create 按钮生成机构运动。

joint_coupler_
creation

link_dummy_
to_seat

manual_
creation

mechanism_auto_
extraction

move_mechanism_and_
manage_positions

move_to_
target

8.1.3 座椅泡沫压缩工具

在进行乘员保护分析时，座椅需要进行预压，因为现实情况下，座椅泡沫在人的臀部作用下有一定的压缩量，会产生一定的预应力，在进行仿真分析时也应该模拟该状态。

在假人按照法规或规范调姿定位完成后，假人臀部和座椅泡沫会有网格交叉现象，如图 8-13 所示。通过预模拟计算工具进行基于假人部分肢体和座椅的预压分析，消除网格交叉现象。

单击 Seat Deformer 图标，弹出预模拟参数设置（PreSimulation Tool）对话框，如图 8-14 所示。

原始模型   更新后的模型

图 8-13 座椅压缩前后示意图   图 8-14 预模拟参数设置（PreSimulation Tool）对话框

总体上，该对话框分成两部分。

1）预模拟计算设置部分，主要用于搭建模型。

- Unit System：选择假人计算单位系统（可修改）。
- Dummy：选择假人与座椅接触的部位，如图 8-15 所示。
- Seat：选择座椅，如图 8-16 所示。

图 8-15 选择假人与座椅接触的部位   图 8-16 选择座椅

- Fixed Nodes of Seat：选择座椅固定点，如图 8-17 所示。
- Dummy Displacement Direction：假人运动的方向，参考全局坐标系，如图 8-18 所示。

图 8-17　选择座椅固定点

图 8-18　假人运动方向

- Expert File：预计算模型导出路径（可修改）。
- Generate XREF for initial stresses：导入 .h3d 结果时，是否生成用于初始应力计算的参考几何。

2）模拟计算参数设置部分，主要用于计算参数设置。

- Dummy Velocity：假人下压的速度（可修改）。
- Time Step：计算时间步长设定（可修改）。
- Scale Materials Density：材料密度缩放因子。
- Dummy Displacement Step：假人每步的移动距离。假人沿定义的运动方向一步步移动，直到与座椅泡沫不再有网格交叉，此时就是假人预模拟计算的开始位置。
- Friction：摩擦系数。
- Stmin：最小接触刚度，根据单位制确定。
- Gap_Min：最小间隙值。
- IGAP：接触间隙计算方式。

完成上述设置后，在 Radioss 求解器提交界面选择输出的座椅压缩模型文件，如 Seat_Deformer_0000. rad。计算完成后，生成记录座椅压缩信息的结果文件，如 Seat_Deformer. h3d。

更新座椅压缩节点信息的方法如下。在 PreSimulation Tool 对话框，单击 Import h3d File 按钮，通过导入 .h3d 文件进行更新。一般建议单独使用 HyperMesh 打开座椅模型，更新座椅节点信息，然后单独导出保存，这样保存的座椅模型可以使用 include 的方式导入车辆碰撞模型，方便模型管理和重复调用。

操作视频见二维码。

8.1.4　安全带建模工具

安全带是约束系统中最重要的一个部件，功能和参数较多。安全带建模的准确性直接影响乘员保护性能的评估。

HyperMesh 可以快速创建安全带模型，包括 1D 安全带、1D/2D 混合安全带和 2D 安全带。可以自动创建滑环（Slipring）、卷收器（Retractor）、限力器（Load Limiter）和预紧器（Pretension）等。还能自动创建安全带与选择部件的接触，以及用于提取安全带拉力值的截面。可以根据假人和座椅位置的变化自动更新安全带模型，如图 8-19 所示。

一般在假人调姿定位和座椅泡沫压缩完成之后，假人相对于座椅和乘员舱的位置已经固定，可以进行安全带系统的创建。

单击 Seat Belt 图标，进入 Seatbelt Browser 对话框，右击并选择 Create→Seatbelt System→Manual，开始创建安全带，如图 8-20 所示。

图 8-19　安全带建模示意图

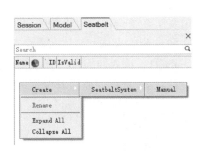

图 8-20　安全带创建

安全带系统默认分成三段，即常见的三段式安全带，依次对应伸缩段安全带、肩带和腹带，如图 8-21 所示。创建步骤如下。

1. 安全带总体设置

- Wrap Around：安全带包络部件，选择在安全带缠绕路径上可能接触到的假人和座椅部件，如图 8-22 所示。

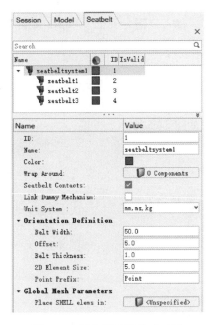

图 8-21　安全带系统分成三段

图 8-22　安全带包络部件

- Seatbelt Contacts：是否激活自动创建安全带接触选项，一般建议激活。
- Link Dummy Mechanism：是否将安全带与假人座椅运动机构相关联。关联后，安全带可以根据假人座椅的位置变动进行更新。

- Unit System：单位系统。
- Belt Width：安全带宽度。
- Offset：安全带与要接触部件的间隙值，一般为安全带一个单元的大小。
- Belt Thickness：安全带厚度。
- 2D Element Size：2D 壳单元网格尺寸。
- Point Prefix：定义安全带缠绕路径节点名称前缀。
- Place SHELL elems in：将生成的壳单元放置到已经定义好的层（Component）中；如果没有定义，系统会自动生成新的层。

2. 创建伸缩段安全带

单击 seatbelt1，进入伸缩段安全带创建界面，如图 8-23 所示。

- Pick Nodes：选择伸缩段安全带缠绕路径，如图 8-24 所示。

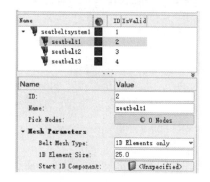

图 8-23　伸缩段安全带创建

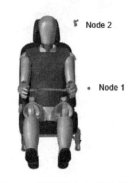

图 8-24　伸缩段安全带缠绕路径

- Belt Mesh Type：安全带单元类型，包括 1D 安全带、1D/2D 混合安全带和 2D 安全带。

当选择纯 1D 安全带类型时，Mesh Parameters 栏选项如下。

- 1D Element Size：1D 单元大小。
- Start 1D Component：将生成的 1D 单元放置到已经定义好的层中；如果没有定义，系统会自动生成新的层。

当选择 1D/2D 混合安全带类型时，Mesh Parameters 栏如图 8-25 所示。

- 1d Length at Start：起始端 1D 单元长度。
- 1d Length at End：终止端 1D 单元长度。
- 1D Element Size：1D 单元大小。
- Start 1D Component 和 End 1D Component：将生成的起始端和终止端 1D 单元放置到已经定义好的层中；如果没有定义，系统会自动生成新的层。

当选择纯 2D 安全带类型时，系统会自动生成新的层来放置 2D 壳单元，如图 8-26 所示。

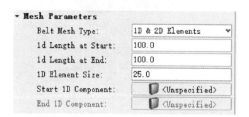

图 8-25　1D/2D 混合安全带参数设置

图 8-26　2D 安全带参数设置

3. 创建肩带

单击 seatbelt2，进入肩带创建界面，如图 8-27 所示。

肩带创建设置可以参考伸缩段安全带，注意，肩带起始点应选择伸缩段安全带终止点，也就是安全带要首尾相扣，如图 8-28 中的 Node1 和图 8-24 中的 Node2 是同一个节点。

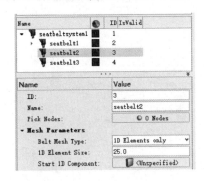

图 8-27　肩带创建

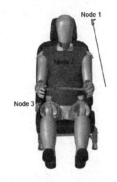

图 8-28　肩带起始点和终止点

4. 创建腹带

单击 seatbelt3，进入腹带创建界面，如图 8-29 所示。

腹带创建设置也可以参考伸缩段安全带，注意，腹带起始点应选择肩带终止点，也就是安全带要首尾相扣，如图 8-30 中的 Node1 和图 8-28 中的 Node3 是同一个节点。

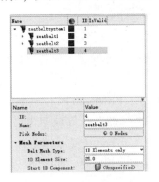

图 8-29　腹带创建

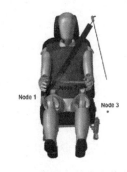

图 8-30　腹带起始点和终止点

5. 调整安全带缠绕路径

一般在三段式安全带创建完成以后，需要微调安全带的路径，以使安全带的走向更符合实际情况。选择要调整的安全带，右击并选择 Interactive modification，激活安全带调整功能，如图 8-31 所示。直接在图形界面拖动相应的安全带进行调整即可，如图 8-32 所示。

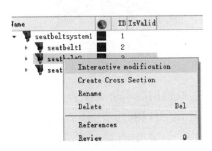

图 8-31　激活安全带调整功能

图 8-32　拖动安全带进行调整

6. 创建卷收器、限力器和预紧器

一般安全带的圈收器、限力器和预紧器位于伸缩段安全带的起始端，是安全带模拟中最重要的部分，能否准确模拟安全带的这些功能直接决定仿真结果的可信度。选择伸缩段安全带起始点，右击后选择 Create→Retractor + PreTensioner + LL，如图 8-33 所示，系统会自动在选择的起始点上创建卷收器、限力器和预紧器，如图 8-34 所示。

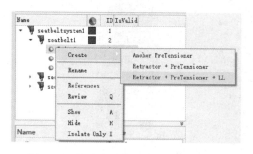

图 8-33　创建卷收器、限力器和预紧器

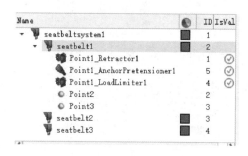

图 8-34　创建完成的卷收器、限力器和预紧器

在 Radioss 中，卷收器和预紧器都是用/PORP/TYPE32（SPR_PRE）模拟的。限力器使用/PROP/TYPE4（SPRING）单元模拟，这种类型的弹簧可以定义非线性刚度和阻尼，以及不同的卸载路径。

7. 创建滑环

在插锁（Buckle）处需要创建滑环单元以模拟安全带在此处的滑动效果。选择伸缩段安全带终止点或肩带起始点，创建肩部滑环单元，如图 8-35 所示；选择肩带终止点或腹带起始点，创建腹部滑环。

在 Radioss 中，对于创建的 1D/2D 混合安全带，滑环单元用/PROP/TYPE12（SPR_PUL）弹簧单元模拟，这是一种专门用于模拟滑轮的弹簧单元，可以考虑摩擦，一般根据织物试验设置刚度 K_1 和摩擦系数 Fric 即可。

对于创建的 2D 安全带，用 2D 壳单元和插锁创建接触的方式模拟滑环，如图 8-36 所示。

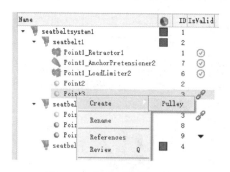

图 8-35　创建局部滑环单元

图 8-36　2D 安全带的滑环

8. 创建截面，输出安全带拉力

在安全带的分析项时，一般需要设置安全带截面用于提取输出的安全带拉力。在安全带系统模型树中选择肩带或腹带，右击并选择 Create Cross Section，在出现的选项中，Distance from Start 为截面离肩带或腹带第一个端点的距离，Distance from End 为截面离第二个端点的距离，如图 8-37 和图 8-38 所示。

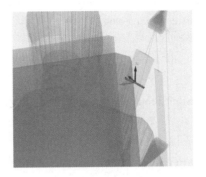

图 8-37　创建安全带拉力提取截面

图 8-38　安全带拉力提取截面示意图

操作视频见二维码。

seatbelt_system_creation

seatbelt_update_after_seat_dummy_motion

8.2　壁障模型放置工具

车辆耐撞建模（壁障定位）的主要工作是根据法规或规范要求，将相关壁障按照整车尺寸进行定位。在 HyperMesh 中单击 BarrierPositioner 图标激活该功能，如图 8-39 所示。

图 8-39　壁障模型
放置工具

壁障模型放置工具可以创建的分析项目如下。

- 正面碰撞：ODB、MPDB、SORB 和 OMDB。
- 侧面碰撞：IIHS MDB、FMVSS214、Euro NCAP MDB、UN-R95、J-NCAP MDB、C-NCAP MDB 和 Oblique Pole。
- 后面碰撞：FMVSS301。

下面以 MPDB 建模为例，讲解如何通过该工具创建模型（见图 8-40），并介绍相关设置的意义。在创建 MPDB 模型之前，建议以 include 的形式分别导入整车和壁障模型文件，以方便后续模型的选择。导入模型的初始状态如图 8-41 所示。

图 8-40　车辆耐撞建模

图 8-41　导入后的整车和壁障模型

单击 Barrier Positioner 图标，开始进行壁障定位设置，如图 8-42 所示。

- Load Case：工况选择，包括 Front、Side 和 Rear。
- Regulation：法规选择，系统根据选择的工况自动筛选相关项。
- Impact Side：撞击位置，包括 Right 和 Left。
- Barrier Front Foam Distance：壁障前部可变形结构宽度。
- Vehicle Front Axis：车辆前进方向，−X、+X、−Y、+Y。
- Barrier Front Axis：壁障前进方向，−X、+X、−Y、+Y。
- Overlap（in ％age）：重叠率。
- Barrier Height From Ground：壁障离地高度。
- Vehicle To Barrier Distance：车辆前段与壁障的距离。

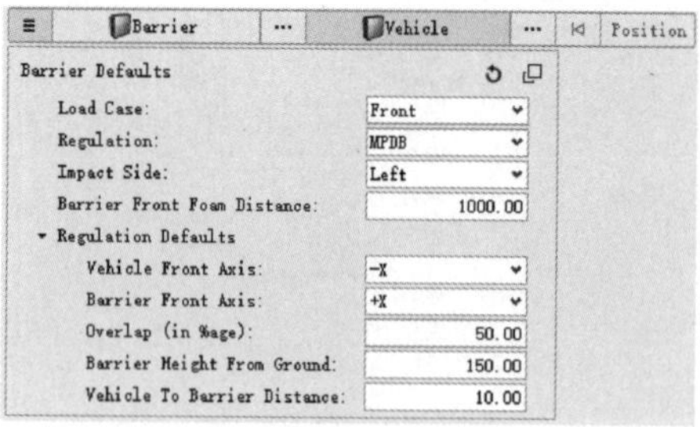

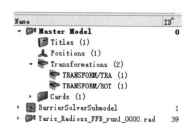

图 8-42　壁障定位设置

设置完定位参数后，建议在 Barrier 中通过 include 的方式选择壁障所在的 include 文件，在 Vehicle 中通过 include 的方式选择车辆所在的 include 文件。最后单击 Position，完成 MPDB 模型的搭建，如图 8-43 所示。

完成模型搭建以后，会在模型树中生成相关的移动命令，主要通过 Positions 和 Transformations（TRANSFORM/TRA 和 TRANSFORM/ROT 两种）来进行，如图 8-44 所示。

图 8-43　MPDB 模型

图 8-44　移动命令

8.3　行人保护建模工具

国内外在行人保护方面做了大量的研究工作，并将研究成果体现在行人保护法规的制订中。通过建立冲击器的碰撞模型，并应用有限元仿真技术，可以实现各模块冲击器与车辆的碰撞过程仿真，在新车开发阶段对车辆的碰撞安全性能进行预测和改进优化。在 HyperMesh 中单击 Pedestrian Impacts 图标可激活行人保护建模功能，如图 8-45 所示。

在 HyperMesh 中，针对不同法规或规范要求的试验项目开发了专门的行人保护建模工具。行人保护建模工具可以完成 EuroNCAP 8.4、EuroNCAP 2022/2023、GTR/UN-R217、CNCAP 2018 和 CNCAP 2022 中试验项目的快速建模，包括车辆划线、硬物云图、冲击器定位。

下面以成人头型冲击为例，讲解如何通过行人保护建模工具创建模型，并介绍相关设置的意义。单击 Pedestrian Impacts 图标，弹出行人保护建模（Pedestrian）对话框，如图 8-46 所示。

图 8-45　行人保护建模工具

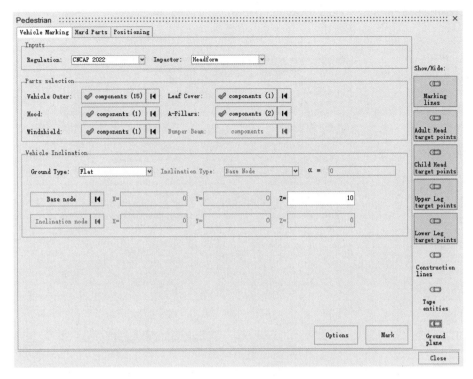

图 8-46　行人保护建模（Pedestrian）对话框

行人保护建模工具共分成三大部分，包括车辆划线（Vehicle Marking）、硬物云图（Hard Parts）、冲击器定位（Positioning）。

（1）车辆划线（Vehicle Marking）选项卡

1）输入（Inputs）部分。

- Regulation：选择行人保护法规，包括 EuroNCAP 8.4、EuroNCAP 2022/2023、GTR/UN-R217、CNCAP 2018 和 CNCAP 2022。
- Impactor：需要划线的冲击器类型，包括头型（Headform）、腿型（Legform）和全部（all，即同时对头型和腿型分析划线）。

2）部件选择（Parts selection）部分。包括车辆外部（Vehicle Outer）、雨槽（Leaf Cover）、机舱盖（Hood）、A 柱（A-Pillars）、风挡玻璃（Windshield）和防撞梁（Bumper Beam）的选择。

3）车辆倾斜面（Vehicle Inclination）部分。

- Ground Type：地面类型，包括平面（Flat）和倾斜面（Inclined）。选择平面时，只需输入目标基准点 Z 向坐标值即可；选择倾斜面时，通过定义基准点（Base node）的坐标和倾斜点（Inclination node）的坐标定义一个倾斜面，倾斜角 α 系统会自动计算。

4）单击 Options 按钮后可进行划线参数设置。不同的法规或规范对车辆划线的具体参数要求不同，系统会自动按照选择的法规或规范设置好划线参数，如果用户希望做出局部调整，可以通过车辆划线参数设置（Pedestrain-Preferences）对话框进行设置，如图 8-47 所示。

5）单击 Mark 按钮后开始划线。

6）车辆划线（Vehicle Marking）选项卡下，最右侧为控制模型显示/隐藏的图标，分别可以控制划线（Marking lines）、成人头型冲击点（Adult Head target points）、儿童头型冲击点（Child Head target points）、大腿冲击点（Upper Leg target points）、小腿冲击点（Lower Leg target points）、

结构线（Construction lines）和地面（Ground plane）等的显示和隐藏。

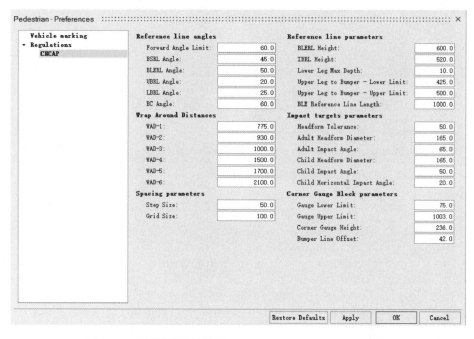

图 8-47　车辆划线参数设置（Pedestrian-Preferences）对话框

（2）硬物云图（Hard Parts）选项卡

在行人保护分析中，机舱内部的发动机、散热器、风扇和电池等硬物与车辆划线部件之间的距离大小直接影响对成人头型、儿童头型、大腿和小腿的伤害，可以通过该选项卡以运动的形式显示距离的大小。

完成车辆划线后，进入硬物云图（Hard Part）选项卡，如图 8-48 所示。一般只需要设置以下选项。

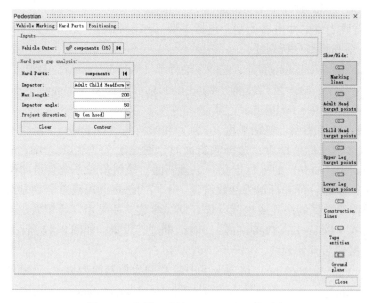

图 8-48　硬物云图（Hard Part）选项卡

- Hard Parts：选择硬物部件，如发动机、散热器、风扇等可能对行人伤害值有影响的部件（见图 8-49）。
- Impactor：冲击器类型，包括成人头型、儿童头型、大腿和小腿。
- Max length：要显示的划线部件到硬物的最大距离。
- Impactor angle：冲击角度，按照选择的法规和冲击器类型进行设置。
- Project direction：云图投影方向，包括上下方向投影到机舱盖（Up（on hood））和前后方向投影到保险杠（Front（on bumper））。

图 8-49　硬物云图

（3）冲击器定位（Positioning）选项卡

一般在完成车辆划线以后，可以直接进入冲击器定位（Positioning）选项卡，如图 8-50 所示。总体上分成三部分：输入（Inputs）、冲击点（Impact points）和输出设置（Export options）。

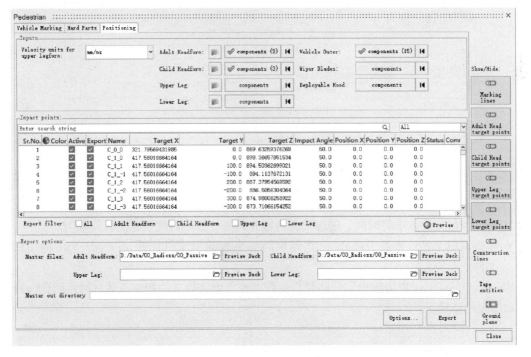

图 8-50　冲击点定位（Positioning）选项卡

1）输入（Inputs）部分。

- Velocity units for upper legform：单位制选择，包括 m/s、mm/s、mm/ms 三种。
- Adult Headform、Child Headform、Upper Leg 和 Lower Leg：根据冲击器类型选择相应的 include 文件。
- Vehicle Outer：默认继承划线部分已经选择的部件。
- Wiper Blades：选择雨刮器部件。
- Deployable Hood：选择主动式机舱盖。

2）冲击点（Impact points）包括对冲击点位置、冲击器角度和位置的管理、筛选和预览。

3）输出设置（Export options）。

在 Master files 中根据冲击器类型导入相应的主文件，如图 8-51 所示。主文件内容主要包括两部分。

```
# RADIOSS
#---1----|----2----|----3----|----4----|----5----|----6----|----7----|----8----|----9----|---10----|
#                                   SIMULATION   CONTROL BLOCK
#---1----|----2----|----3----|----4----|----5----|----6----|----7----|----8----|----9----|---10----|
/RUN/master/1
#            Tstop
             100.01
/DT/NODA/CST
#            DTsca              DTmin
             0.67               0.0004
/TFILE
#            DThis
             0.1
/ANIM/DT
#            Tstart             Tfreq
             0                  5.0
/ANIM/ELEM/ENER
/ANIM/ELEM/EPSP
/ANIM/ELEM/VONM
/ANIM/MASS
/ANIM/NODA/DMAS
/ANIM/NODA/DT
/ANIM/VERS/41
/TH/VERS/41
/PRINT/-100
/MON/ON
/END/ENGINE
#---1----|----2----|----3----|----4----|----5----|----6----|----7----|----8----|----9----|---10----|
/BEGIN
master
     2020           0
                    kg                 mm                 ms
                    kg                 mm                 ms
#---1----|----2----|----3----|----4----|----5----|----6----|----7----|----8----|----9----|---10----|
#                                   INCLUDES BLOCK
#---1----|----2----|----3----|----4----|----5----|----6----|----7----|----8----|----9----|---10----|
#include ../../../Velocity/Euro-NCAP_velocity_Adult_Headform_0000.rad
#include ../../../Contact/Contact_0000.rad
#---1----|----2----|----3----|----4----|----5----|----6----|----7----|----8----|----9----|---10----|
#                                   SUBMODEL (VEHICLE) BLOCK
#---1----|----2----|----3----|----4----|----5----|----6----|----7----|----8----|----9----|---10----|
//SUBMODEL/2
Vehicle
#
         0         0         0         0         0         0
#include ../../../Vehicle/Toyota_Yaris_0000.rad
//ENDSUB
#---1----|----2----|----3----|----4----|----5----|----6----|----7----|----8----|----9----|---10----|
#
/END
```

图 8-51　主文件格式

- 开始控制文件：求解时间、输出动画内容和间隔、输出时间历程曲线间隔等。
- 模型调用文件：通过 include 形式调用的头型和腿型文件，通过//Submodel 调用的车辆文件。

Master out directory 中为输出文件路径，最终将冲击点计算文件和冲击器目标点信息.csv 文件保存在指定的路径下。

8.4　安全气囊及其折叠工具

安全气囊作为一种汽车被动安全措施为乘员提供有效的防撞保护。安全气囊通过传感器控制气体发生器对织物气囊充气，在碰撞中通过吸收冲击能量对人体头部和胸部提供缓冲防护，减轻伤害程度。在仿真中根据安全气囊的组成和充气过程，需要对气囊的织物材料及充气、排气、接触有所了解。

8.4.1　有限体积法安全气囊

Radioss 中的有限体积法（FVM）是安全气囊模型的常见建模和验证方法。Radioss 的单精度版本不能用于安全气囊计算。

1. 有限体积法安全气囊建模

FVM 可模拟安全气囊内的气体流量，包括与气囊内部件（内壁、挡板等）的交互作用。卡片 /MONVOL/FVMBAG1 用于设置 FVM 安全气囊。均压（Uniform Pressure，UP）气囊可用调试阶段，比如可以检查气囊的展开、接触和全局气体动态参数的一致性。/MONVOL/AIRBAG1 卡片中也有可用于调试气囊的均压法。图 8-52 所示为一个典型的/MONVOL/FVMBAG1 卡片。

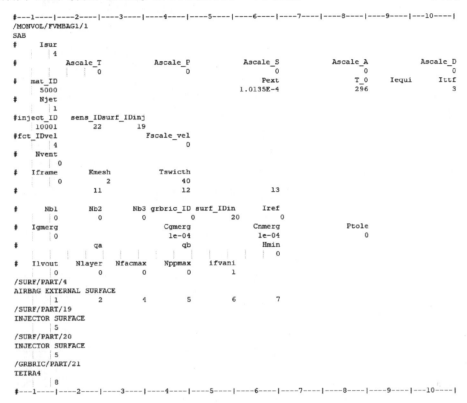

图 8-52　安全气囊使用 FVMBAG1 卡片的示例

安全气囊外表面应该是封闭的，这个封闭的面应使用/SURF/PART 定义，并且需要注意这些面的法向应是向外的。

缩放比例系数 Ascale_T、Ascale_P、Ascale_S、Ascale_A 和 Ascale_D 并不需要使用。环境空气可以用于定义气囊的初始空气材料、初始温度和初始压力。

参数 Ittf 应设置为 3，此时气体发生器会被传感器（在/MONVOL/FVMBAG1 中定义）在起火时间（Time to Fire）把排气孔激活，并且排气孔控制和孔隙率控制参数和曲线将由第一个排气孔感应激活时间进行推移。

排气孔的数量由参数 Njet 指定。用作喷射表面的单元应放置在单独的 PART 中，这个 PART 已不属于安全气囊外部，也不属于安全气囊内部。不同的排气孔不能使用相同的单元。

起火时间应定义在/SENSOR 中。全局参数建议定义在/PARAMETER 卡片中，可用于参数化起火时间和其他安全气囊参数的输入。

建议使用选项 Iequi = 1。该选项用于在起火时间之前提供简化的 FVM 循环。

喷射速度曲线可以设置为大于注入气体声速的恒定值，这样的设置对仿真结果没有显著影响。

内部表面（内部墙壁、挡板等，见图 8-53）应使用组件定义，并在/MONVOL/FVMBAG1 卡

片的 surf_IDin 选项中引用。还建议使用空的组件
（void component）封闭气囊内部腔体的导气入口，
空组件的所有点与织物相连，这些应该在气囊折叠
之前就定义好，以避免与气囊有接触上的穿透。这
些空组件中单元两侧的有限体积在气囊展开过程中
将不会相互融合，需要通过质量流量来控制不同气
囊腔体的气体交换，可以使用/TH/SURF 来监控和
显示。

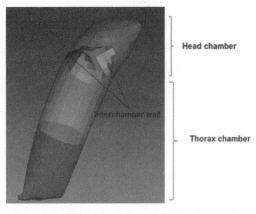

注意，在安全气囊部件的外部和内部，气囊腔
体间用于描述通风的空组件在几何上不应有相互的
穿透，否则无法自动创建有限体积网格。

图 8-53　带两个腔室的简单套筒的安全气囊

在 /MONVOL/FVMBAG1 中，Kmesh = 2 用于自
动生成内部的四面体有限体积网格，以模拟内部气
体。接下来需要检查安全气囊，以确保安全气囊外部和内部表面不存在穿透。如果没有穿透，则
创建有限体积网格；如果有穿透，则安全气囊部件中无法创建有限体积网格，此时可以使用 Hy-
perMesh 修正这些存在穿透的网格。校验网格是否穿透可以在 HyperMesh 中使用 Check- > 2Dmesh-
> tetramesh，使用默认设置查看安全气囊外部和内部组件之间是否可以用于四面体网格的生成。

HyperMesh 还可用于手动生成初始的四面体有限体积网格，如图 8-54 所示。在这种情况下，
应定义好安全气囊的所有外部和内部组件。应使用 Fixed trias/quads to tetra mesh 选项，以确保原
始曲面网格未更改；单击 check 2D mesh 按钮并使用默认设置，检查安全气囊组件外部和内部网
格是否可以生成四面体网格。

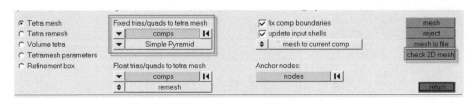

图 8-54　HyperMesh 检查是否可以生成四面体有限体积网格

初始有限体积网格 /TETRA4 单元应放置在单独的 /PART 中，并使用空的材料 /MAT/VOID
和空的单元属性 /PROP/VOID，如图 8-55 所示。网格必须完全填充安全气囊内部。

图 8-55　安全气囊内初始有限体积网格的四面体材料、单元属性示例

四面体网格的质量并不重要，因为基于四面体网格的有限体积将根据合并参数进行合并。合
并参数 Igmerg、Cgmerg 和 Cnmerg 可以在 /MONVOL/FVMBAG1 中设置。但是，建议使用 engine
中的高级合并算法，即在/FVMBAG/MODIF 中定义 Cgmerg = Cnmerg = 1e-04，或在/DT/FVMBAG/
1 中定义气囊时间步缩放系数 ΔT_{sca} 和气囊最小时间步 ΔT_{min}，以抑制 Radioss starter 模型初始化过
程中的网格合并。

如果 /MONVOL/FVMBAG1 中设置 Ifvani = 1，则动画文件 ＊A000 中将显示初始有限体积。/MONVOL/FVMBAG1 中关于自动网格划分的选项 Kmesh = 1 不建议使用，而是建议使用 Kmesh = 2 或在 HyperMesh 中手动创建四面体网格。

四面体实体单元的数量取决于安全气囊的复杂性和类型。例如，汽车上的侧气囊可以是 3 万 ~ 5 万个四面体单元，帘式气囊约为 25 万 ~ 50 万个四面体单元。

2. 从有限体积法切换到均压法

/MONVOL/FVMBAG1 中的 Tswitch 参数可用于从有限体积法切换到均压法。均压法计算成本更低，因此节省了仿真时间。当气囊内的压力在打开气囊的后期趋于稳定时使用均压法，这样能提升计算效率。比如当气囊内局部测量的压力与平均压力相同时即可使用这种切换方法。

3. 气囊均压法建模

使用均压法计算的数值需要测试，以确保气体动态数据、喷油器输入、织物材料和接触具有实际物理意义。

创建均压法测试的步骤如下。

1）将 /MONVOL/FVMBAG1 替换为 /MONVOL/AIRBAG1 卡片，如图 8-56 所示，方框中为修改的地方。

2）从气体发生器定义中去除排气孔表面。

3）去除或者注释气体发生器的速度曲线输入。

4）保留所有排气孔。

5）去除或者注释有限体积网格化输入的信息行。

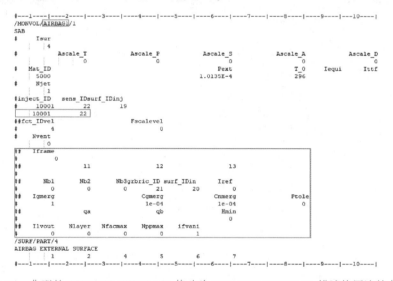

图 8-56　典型的/MONVOL/FVMBAG1 修改为/MONVOL/AIRBAG1 描述均压法的卡片

4. 后处理

在 HyperView 中能够检查安全气囊的展开过程、接触穿透、时间步长在计算中的变化、能量平衡和能量误差等。安全气囊的质量、体积、压力和温度等参数应在 HyperGraph 中绘制，并与注入气体的物理量（如安全气囊的体积和质量）进行比较，如图 8-57 所示。

对于每个排气孔，应查看排气区域和排气孔流出量，并将其与安全气囊中实际排气孔的物理大小进行比较，如图 8-58 所示。

以上这些数据应作为 /MONVOL/FVMBAG1 模拟的平均气体动态数据的基本对比内容。

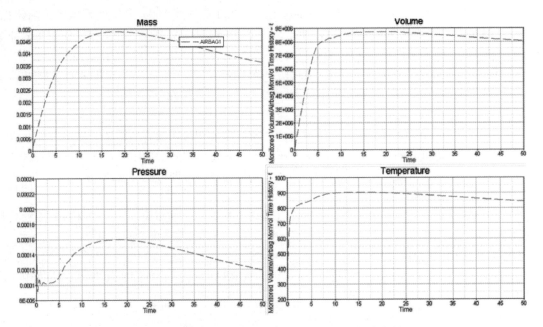

图 8-57　用于控制 /AIRBAG1 运行的安全气囊参数

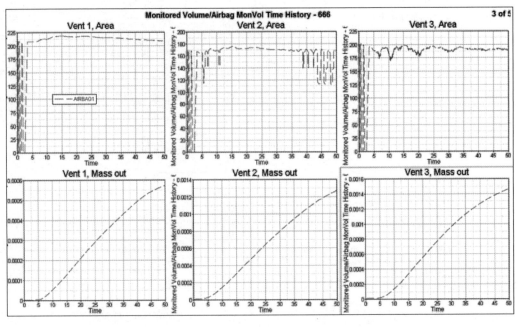

图 8-58　查看排气孔的数据

8.4.2　气囊的网格

1. 气囊的网格和折叠

安全气囊的织物应该在没有折叠的状态下画好网格，网格使用平均尺寸为 3～4mm 的三角形壳单元。较大的单元尺寸仅适用于排气孔和虚拟部件（如多腔体气囊每个腔体间隙处的部件），如图 8-59 所示，这些空单元的所有节点都应附加到周围的结构组件上。

安全气囊织物的弹性模量一般较低，因此单元尺寸不会影响时间步长。

安全气囊最外面的一圈织物在模型中应形成闭合体积，法向向外。不允许任何一个安全气囊部件（如外部、内部、气体发生器或外壳部件）之间有交叉，因为这是不符合实际的。

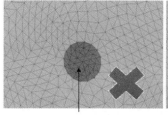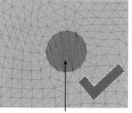

图 8-59　排气孔网格划分

安全气囊折叠应根据 CAD 模型中设置的折叠方式进行模拟。折叠好的模型应在织物材料定义和接触上经过验证，这样就可以保证折叠好的气囊模型能在其他模拟中正常工作。Radioss 是做这项预模拟的首选求解器。

2. 参考几何

参考几何应基于铺平展开的模型。它在模型中一般使用基于平面节点的 /XREF 或基于单元的 /EREF 来描述。如果使用基于单元的描述，那么安全气囊的参考几何可以是未连接的单独部件。在这种情况下，/EREF 卡片中描述的每个部件都不能相连。

参考几何应布置在全局坐标系的 XY 平面中，也就是 Z = 0。这不是有限体积法的特殊要求，而是为了简化安全气囊模型中的正交方向定义。

参考几何应该是闭合体积。

1）没有折叠的安全气囊的几何中心应位于全局坐标系的原点 (0, 0, 0)。

2）参考几何中部件的法向应与折叠完成后的安全气囊模型相同。

3）没有折叠的安全气囊的参考几何中，单元不允许相互交叉。

4）对于基于节点的参考几何，/REFSTA 必须是封闭的几何体。

5）对于基于单元的参考几何，/EREF 可以是不封闭的几何体。

在设计迭代期间，可以修改参考几何或对其做变形操作，以研究安全气囊形状的小变化对安全气囊模型的影响。

注意：使用参考几何时，模型的时间步长是依据参考几何中的单元大小来计算的。

8.4.3　安全气囊常见要求

安全气囊数值模型用于对乘员安全问题相关的碰撞事件进行数值模拟。安全气囊模型计算结果因气囊型号、细节以及计算精度方面的不同而不同，但主要还是取决于用户对于气囊的预期应用及要求。

安全气囊模型应具备安全气囊实际物体的所有典型特征，包括气体发生器、外壳、固定器、气囊腔体、排气孔、涂层织物、非涂层织物、系绳、接缝等。

安全气囊模型的几何形状、质量、惯性特性和材料应与实际气囊及 CAD 数据相一致。

不同的安全气囊部件（如外部表面、内部表面和通风口）应分别用组件/SUBSET 组织在模型中。

建议针对每个安全气囊模型创建一个可以独立运行的模型，以便在其他部件或整车车型中使用 include 直接调用整个气囊模型，使得部件组织清晰又易于修改气囊和调试模型。

安全气囊模型应用在实际气囊的设计位置，在模型中可使用/TRANSFORM 卡片进行相应定位。

1. 气体发生器

气体发生器应该完全根据真实的 CAD 数据来模拟。排气孔布置在气体发生器（inflator）表面的单元上，如图 8-60 所示。气体发生器组件使用壳单元和 LAW2 材料，并采用/RBODY 做刚体模拟。模型中气体发生器组件的质量和惯性特性应与实际气体发生器相一致。

图 8-60　气体发生器和排气孔布置

排气方向应与单元的法向相反。不同排气孔不应使用相同的单元，否则 Radioss 将使用最后一个定义的排气孔。排气孔或多孔表面也不应与排气孔使用相同的单元，否则 Radioss 自动将这些单元从排气孔或多孔表面定义中剔除。

排气孔也可以在安全气囊内部的表面上定义。在这种情况下，气流方向与内部表面部件的法向相反。

排气孔在 Radioss 中可以使用单元属性/PROP/INJECT1 和/PROP/INJECT2，以定义注入气体成分的参数。每种气体应使用单独的材料卡片指定，材料卡片可以使用/MAT/GAS/MASS、/MAT/GAS/MOLE 或/MAT/GAS/PREDEF。如果气体材料是通过 /MAT/GAS/PREDEF 卡片定义的，其使用的单位系统可以在/BEGIN 卡片中指定。如图 8-61 所示，单位使用 kg、mm、ms，卡片中预定义了气体的相对质量和相对摩尔数。材料卡片中也定义了每个注入气体成分的分子量和特定热系数。

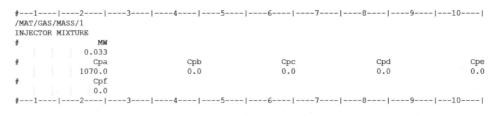

图 8-61　气体材料定义示例

气体热容量为

$$C_p(T) = \left(C_{pa} + C_{pb}T + C_{pc}T^2 + C_{pd}T^3 + \frac{C_{pe}}{T^2} + C_{pf}T^4 \right) \tag{8-1}$$

在气囊计算中，应从环境温度到排气孔最高温度单调递增。如果不是单调递增，比如当 $C_{pe} > 0$ 或 C_{pb}、C_{pc}、C_{pd}、C_{pf} 中的任何一个为负时，就会发生这种情况，此时 Radioss 会自动更正上面的 $C_p(T)$ 函数，使其保持单调性。

喷射气体的组成、喷射质量流量和每个气体成分的温度都可以在 /PROP/INJECT1（见图 8-62）或 /PROP/INJECT2 卡片中定义，已定义的排气孔单元属性在/MONVOL/FVMBAG1 安全气囊卡片中引用。

气体发生器的燃烧时间（TTF）应通过 /MONVOL/FVMBAG1 中的传感器确定，而不是通过质量和温度曲线的偏移来确定。

气体发生器应使用容器试验（tank test）来模拟验证。容器试验的报告应包括测得的压力和温度、每个气体成分的喷射质量流量以及温度曲线。测得的压力和温度可与模拟中的平均压力和温度进行比较。

```
#---1----|----2----|----3----|----4----|----5----|----6----|----7----|----8----|----9----|---10----|
/PROP/INJECT1/1
Inflator 1
#  Ngases   Iflow             Ascale_T
        5       1                    1
#  mat_ID  fct_IDM  fct_IDT                        Fscale_M          Fscale_T
        1       2       1                                 0                 0
#  mat_ID  fct_IDM  fct_IDT                        Fscale_M          Fscale_T
        2       3       1                                 0                 0
#  mat_ID  fct_IDM  fct_IDT                        Fscale_M          Fscale_T
        3       4       1                                 0                 0
#  mat_ID  fct_IDM  fct_IDT                        Fscale_M          Fscale_T
        4       5       1                                 0                 0
#  mat_ID  fct_IDM  fct_IDT                        Fscale_M          Fscale_T
        5       6       1                                 0                 0
#---1----|----2----|----3----|----4----|----5----|----6----|----7----|----8----|----9----|---10----|
```

图 8-62　喷气口单元属性定义示例

2. 排气孔

每个排气孔应在模型中使用单独的组件表示，与实际排气孔的几何模型也要一致。排气孔使用空的材料、空的单元属性进行建模，如图 8-63 所示，所以空组件上的节点都应连接到织物部件上。在空材料、空单元属性中定义的密度、弹性模量和厚度应与安全气囊织物材料中定义的值相同。这些值对于空组件之间的接触计算非常重要，有助于保持安全气囊体积。

```
#---1----|----2----|----3----|----4----|----5----|----6----|----7----|----8----|----9----|---10----|
/MAT/VOID/2
Material void
#          RHO                E
          8E-7             0.38
#---1----|----2----|----3----|----4----|----5----|----6----|----7----|----8----|----9----|---10----|
/PROP/VOID/2
Property void
#        Thick
          0.3
#---1----|----2----|----3----|----4----|----5----|----6----|----7----|----8----|----9----|---10----|
```

图 8-63　排气孔使用空的材料和空的单元属性进行建模

如果一个单元被两个不同的排气孔或多孔表面引用，那么该单元最终将使用最后一个定义，而忽略其他设置。排气孔区域的建模，如图 8-64 所示，一般分为安全气囊织物部分、排气孔部分，以及将排气孔和安全气囊分开的部分。

当气囊中的压力过大，即超过 dPdef 时，排气孔可以使用 FVMBAG1 卡片中的参数 Tstart 激活，可以仅使用 Tstart 定义较大的 dPdef 值，也可以通过 dPdef 来定义一个较大的 Tstart 值。如果使用 dPdef，推荐值为 1e-06GPa（也就是 1% 的大气压），如图 8-65 所示。

图 8-64　排气孔区域的建模

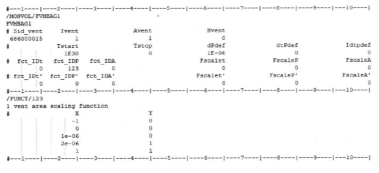

```
#---1----|----2----|----3----|----4----|----5----|----6----|----7----|----8----|----9----|---10----|
/MONVOL/FVMBAG1
FVMBAG1
# Sid_vent    Ivent              Avent           Bvent
  666000015       1                  0               0
#             Tstart              Tstop            dPdef            dtPdef          Idtpdef
               1E30                   0            1E-06                 0                0
#  fct_IDt   fct_IDP  fct_IDA                     Fscalet          FscaleP          FscaleA
         0       123        0                           0                0                0
# fct_IDt'  fct_IDP' fct_IDA'                    Fscalet'         FscaleP'         FscaleA'
         0         0        0                           0                0                0
#---1----|----2----|----3----|----4----|----5----|----6----|----7----|----8----|----9----|---10----|
/FUNCT/123
1 vent area scaling function
#            X                Y
            -1                0
             0                0
         1e-06                0
         2e-06                1
             1                1
#---1----|----2----|----3----|----4----|----5----|----6----|----7----|----8----|----9----|---10----|
```

图 8-65　等熵的排气孔和排气区域缩放功能（kg、mm、ms）

在设计过程中，通过创建多个圆形部件来填充排气区域，这样能轻松调整排气孔的直径，如图 8-66 所示。使用此方法时，不能用空的单元属性对排气孔进行建模，因为并非所有排气孔单元都连接到安全气囊织物上。简化的正交材料卡片 LAW19（织物材料）可以使用降低的刚度来模拟圆形排气孔。

狭缝排气孔的边缘可以使用较硬的弹簧单元/PROP/TYPE4 进行连接，以便在其附近区域正确折叠安全气囊，如图 8-67 所示。弹簧还可用于更改狭缝排气孔的长度。排气孔的闭合边缘应使用硬弹簧进行建模，以免被打开。

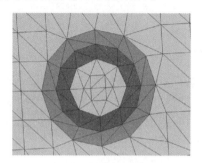

图 8-66　直径可变的排气孔

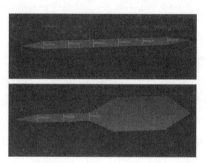

图 8-67　狭缝排气孔建模

3. 安全气囊内部的初始空气

类似于排气孔气体，安全气囊内的空气材料也可能由多种不同成分的空气组成，并通过/MAT/GAS/MASS、/MAT/GAS/MOLE 或/MAT/GAS/PREDEF（见图 8-68）卡片定义。

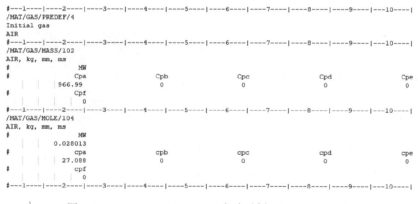

图 8-68　/MAT/GAS/PREDEF 卡片示例（kg，mm，ms）

为了保证一致性，容器试验中使用的空气材料模型与气囊模型中的空气材料模型应该一致。

4. 安全气囊外壳建模

安全气囊外壳也需要根据实际的 CAD 数据划分网格进行模拟，如图 8-69 所示。

在整车模拟中，安全气囊的网格尺寸和质量应与整车类似。材料模型 LAW2 和 LAW36 可用于对弹塑性材料进行建模，也推荐使用材料失效模型来真实重现安全气囊外壳的破损口。

安全气囊外壳建模中涉及的泡沫组件可以使用

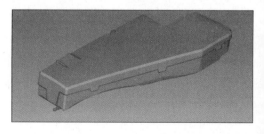

图 8-69　安全气囊外壳示例

LAW38 或 LAW70 材料模型进行建模，而超弹性部件可以使用 LAW42、LAW69 等超弹性材料模型进行建模。

外壳的壳单元可以使用/PROP/TYPE1 的单元属性，并推荐使用 Ishell = 24 来避免沙漏效果。泡沫或超弹性部件一般使用实体，单元属性 /PROP/TYPE14 推荐使用 Isolid = 24 和 Ismstr = 10。

5. 安全气囊织物材料

（1）织物材料建模

Radioss 中可以使用材料卡片 LAW19、LAW58 模拟安全气囊本身的织物材料，常用的是非线性各向异性材料卡片 LAW58。

安全气囊织物材料参数可使用以下试验进行测试和验证：相框试验（见图 8-70）、双轴拉伸试验以及纤维经纬两个方向的单轴拉伸试验。相框试验可以用于确定织物材料的剪切行为。

在相框试验的力和位移曲线（见图 8-71）中提取剪切应力和各向异性角度曲线，作为材料 LAW58 的输入曲线。

$$\tau = \frac{F}{2 \cdot t \cdot L \cdot \sin\left(\frac{\pi}{4} + \frac{\alpha}{2}\right)} \quad (8\text{-}2)$$

式中，$\alpha = \frac{\pi}{2} - 2 \cdot \arccos\left(\frac{1}{\sqrt{2}} - \frac{D}{L}\right)$，其中，$D$ 是试样上角的垂直位移；L 是试样的侧长；F 是测得的力；t 是织物的厚度。

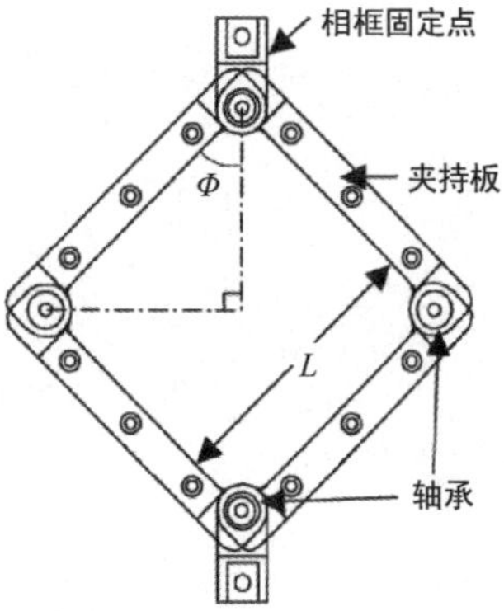

图 8-70　相框试验

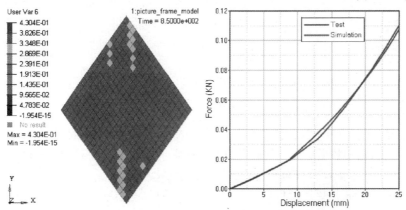

图 8-71　Radioss 中模拟相框试验校验材料卡片

通过循环加载和卸载的相框试验，可以得到加载和卸载中的剪切曲线，将其用于 LAW58 材料中，曲线中的各向异性角度可以是负值或正值，并且以度为单位。双轴试验可以确定气囊织物材料在纤维完全拉伸后的刚度，这也是 LAW58 材料卡片中需要输入的参数。

织物经纬方向的力和位移曲线通过织物试片大小和厚度计算得到相应的应力和应变曲线，如图 8-72 所示。由于边角的约束，可能需要对输入曲线进行轻微的缩放或调整。

在织物纤维的经向或者纬向拉直之前，单轴拉伸试验数据可用于验证 LAW58 的初始织物刚度。在此阶段，织物通常非常柔软。拉直应变参数 S1 和 S2 用于定义纤维拉直时的应变。FLEX1 和 FLEX2 是一种缩放系数，用于降低扭曲曲线和微缩曲线的刚度。在大多数情况下，这个织物纤维拉直的过程很短，所有也可以通过定义 S1 = S2 = 1e-03 来忽略它。FLEX1 和 FLEX2 参数也可以用于在压缩时减少变形和降低经纬方向的织物刚度。默认情况下，FLEX1 = FLEX2 = FLEX =

0.01。使用 LAW58 材料模型模拟安全气囊的卡片示例如图 8-73 所示。

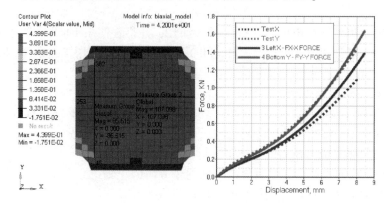

图 8-72 Radioss 双轴拉伸模拟以及经纬两个方向的力位移曲线与试验数据的比对

```
#---1----|----2----|----3----|----4----|----5----|----6----|----7----|----8----|----9----|---10----|
/MAT/LAW58/1
Altair test fabric LAW58
#         RHO_I
          8e-07
#         E1              B1              E2              B2              FLEX
          0.38            0               0.38            0               1
#         G0              GT              AlphaT          Gsh             sensor_ID
          0.0035          0.0055          7.175           0               1
#         Df              Ds              GFROT                           ZERO_STRESS
          0.00            0.00            0                               1
#    N1   N2              S1              S2              FLEX1           FLEX2
     1    1               0               0               0               0
#  fct_ID1                Fscale1
     500                  1
#  fct_ID2                Fscale2
     501                  1.07
#  fct_ID3                Fscale3
     502                  1
#---1----|----2----|----3----|----4----|----5----|----6----|----7----|----8----|----9----|---10----|
```

图 8-73 使用 LAW58 材料模型模拟安全气囊的卡片示例，使用 kg、mm、ms 单位制，
并且考虑加载和卸载的不同

　　0°、90°和 45°方向的单轴拉伸试验数据可用于校验相框试验和双轴拉伸试验中得到的安全气囊织物 LAW58 材料模型数据。安全气囊中的系绳通常承受单轴拉伸载荷，所以单轴拉伸也验证了这些材料。45°方向的试样验证对于这些材料也很重要。

　　Radioss 中的 LAW58 材料还可以考虑循环载荷中的迟滞效应。加载和卸载的应力应变曲线（见图 8-74）应从循环双轴拉伸试验中提取。

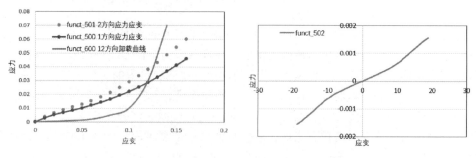

图 8-74 安全气囊示例中的加载、卸载曲线

　　LAW58 中输入的曲线应该单调递增。经纬方向的应力应变曲线有两个交点：一个是应变为 0时，还有一个是由于经纬方向的材料曲线不同，它们总会在某个正应变处相交。剪切应力与各向异

性角度的曲线应具有三个交点：各向异性角度为 0 处，以及某个正的和某个负的各向异性角度处。

LAW58 材料模型中还有一个参数 ZEROSTRESS，这个参数设置为 1 时，需要同时在材料卡片中定义使用的传感器，以激活安全气囊的参考几何。这个传感器应该也是在 /MONVOL/FVMBAG1 中启动第一次喷射的传感器。

（2）安全气囊织物的单元属性

安全气囊织物使用各向异性的材料卡片 LAW58，因此需要配合使用各向异性的单元属性 /PROP/TYPE16（SH_FABR）。图 8-75 所示为用于 LAW58 织物的三角形单元的单元属性示例，该示例使用了 kg，mm，ms 单位制。

```
#---1----|----2----|----3----|----4----|----5----|----6----|----7----|----8----|----9----|---10----|
/PROP/TYPE16/1
Shell
#  Ishell   Ismstr    Ish3n
        4         4        2
#        hm               hf               hr               dm               dn
         0                0                0                0                0
#    N  Istrain           Thick           Ashear           Ithick   Iplas
     1                     0.3                0                0        0
#        Vx               Vy               Vz      Isk    Ipos
         1                0                0        0        0
#       Phi            Alpha            Thick                Z      Mat
         0                0              0.3                0        1
#---1----|----2----|----3----|----4----|----5----|----6----|----7----|----8----|----9----|---10----|
```

图 8-75　织物单元属性卡片示例

对于织物材料一般不考虑弯曲刚度，因此，壳单元中常常设置 N = 1（膜计算方式）以描述安全气囊织物的属性。安全气囊应使用三角形网格，并且在单元属性中设置 Ishell = 4、Ismstr = 4 和 Ish3n = 2。

/PROP/TYPE16（SH_FABR）单元属性卡片需要定义每个层的织物材质。对于安全气囊的织物材料，在单元属性的层中定义的材料应和 /PART 卡片中定义的材料完全相同。

初始材料方向可以通过在这个各向异性的单元属性中定义一个全局的参考矢量（Vx，Vy，Vz）来确定。矢量投影在安全气囊参考几何的每个元素上，然后按 Phi 角度旋转，这就定义了材料方向 1。默认情况下，材料方向 2 垂直于材料方向 1，当然也可以使用每层中的参数 Alpha 来指定是否选用正交的单位系统。

注意：安全气囊折叠质量很好时，在单元属性中使用默认的沙漏参数和阻尼系数 hm、hf、hr、dm、dn 即可。

（3）安全气囊织物透气性模拟

安全气囊织物材料的孔隙度（透气性模拟）可以通过添加孔隙卡片 /LEAK/MAT 到 /MAT/LAW58 卡片中的建模方式来实现，如图 8-76 所示。

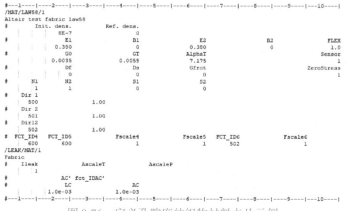

图 8-76　定义孔隙度的织物材料卡片示例

/LEAK/MAT 可以描述织物材料的有效多孔区域如何在气囊工作时随着时间或压力变化而变化。这由参数 Ileakage 决定。

组件如果使用了/LEAK/MAT，并且使用/MONVOL/FVMBAG1 中的 Sur_id_ps 选项对其引用，那么就认为组件是多孔的，如图 8-77 所示。

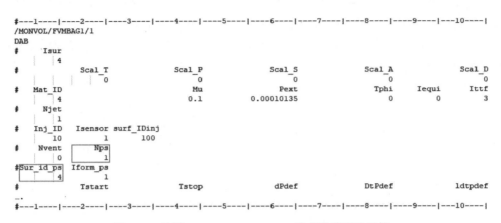

图 8-77　使用/MONVOL/FVMBAG1 定义孔隙度的示例

通过多孔材料的质量流使用/MONVOL/FVMBAG1 中的选项 Iform_ps 来定义。Iform_ps = 2 常用于表示织物孔隙度。气囊过压功能的流出气体速度来自试验数据。其中，多孔织物与渗透接缝由非排气组件分隔开来，如图 8-78 所示。

图 8-78　多孔织物与渗透接缝由非排气组件分隔开来

8.4.4　排气孔和织物透气性控制

若没有传感器激活气体喷射，当温度 > Tstart，或者压力 P > dPdef（ΔP_{def}）且持续时间长于 DtPdef（$\Delta t P_{def}$）时，排气孔和孔隙度将会激活。这些值均在/MONVOL/FVMBAG1 中输入。当至少有一个气体发生器被传感器激活时，排气孔和孔隙度选项由 Ittf 控制，Tinj 是传感器激活第一个气体发生器的时间。

1）Ittf = 0 时，当 P > dPdef 且持续时间长于 DtPdef，或者 T > Tstart 时激活；到达 Tstop 时不激活。激活时间不推移。

2）Ittf = 3 时，当 T > Tinj 且 P > dPdef 以及持续时间长于 DtPdef，或者 T > Tinj + Tstart 时激活；到达 Tinj + Tstart 时不激活。激活时间推移了 Tinj + Tstart。

当相应的排气孔、孔隙度选项处于激活状态时，其相关曲线都处于激活状态。

8.4.5　安全气囊接触

安全气囊和周围环境之间应建立独立的接触。

1）安全气囊和气体发生器。

2）安全气囊和气囊外壳，如图 8-79 所示。

3）安全气囊和假人。

4）安全气囊和座椅结构。

```
#---1----|----2----|----3----|----4----|----5----|----6----|----7----|----8----|----9----|---10----|
/INTER/TYPE7/666710001
Airbag vs. Housing
#  Slav_id   Mast_id      Istf      Ithe      Igap                          Ibag      Idel     Icurv      Iadm
  666100103 666200201        4         0         0                             1         2         0         0
#         Fscale_GAP              GAP_MAX              Fpenmax
                                                            0
#              STMIN                 STMAX           %MESH_SIZE              dtmin
                  1                  1E30                    0
#              STFAC                  FRIC              GAP_MIN              Tstart                 Tstop
                  1                    .1                    1
#     I_BC                          INACTI                VIS_S                VIS_F                BUMULT
      000                                6                    0                    0
#   Ifric    Ifiltr                 Xfreq     Iform
        0         0                     0         2
#---1----|----2----|----3----|----4----|----5----|----6----|----7----|----8----|----9----|---10----|
/INTER/TYPE7/666710002
Housing vs. Airbag
#  Slav_id   Mast_id      Istf      Ithe      Igap                          Ibag      Idel     Icurv      Iadm
  666100104 666200202        4         0         0                             1         2         0         0
#         Fscale_GAP              GAP_MAX              Fpenmax
                                                            0
#              STMIN                 STMAX           %MESH_SIZE              dtmin
                  1                  1E30                    0
#              STFAC                  FRIC              GAP_MIN              Tstart                 Tstop
                  1                    .1                    1
#     I_BC                          INACTI                VIS_S                VIS_F                BUMULT
      000                                6                    0                    0
#   Ifric    Ifiltr                 Xfreq     Iform
        0         0                     0         2
#---1----|----2----|----3----|----4----|----5----|----6----|----7----|----8----|----9----|---10----|
/INTER/TYPE11/666810001
Airbag vs. Housing
#  Slav_id   Mast_id     I_stf               I_gap  Multimp                   Idel
  666100102 666200203        4                   0         0                     2
#              STmin                 STmax            MESH_SIZE              dtmin     Iform   Sens_Id
                                                            0                           2
#              STFAC                  FRIC                  GAP              Tstart                 Tstop
                  1                                         0.9
#     I_BC                          INACTI                VIS_S                VIS_F                BUMULT
      000                                6                    0                    0
#---1----|----2----|----3----|----4----|----5----|----6----|----7----|----8----|----9----|---10----|
```

图 8-79　气囊和气囊外壳使用/TYPE7 和/TYPE11 设置的接触（kg，mm，ms）

通常需要建立两个对称的/INTER/TYPE7 接触和一个 /INTER/TYPE11 边边接触。推荐使用下面的设置。

1）使用 Istf = 4，提供适当的接触刚度。

2）使用 Ibag = 1，以更好地处理由于接触导致的排气孔堵塞效果。

3）使用 Idel = 2，从接触中删除已失效的单元。

4）使用 STMIN = 1kN/mm，以最小的接触刚度实现更好的气囊接触。

5）使用 Iform = 2。

8.4.6　安全气囊稳定计算

1. 时间步长和腔体合并控制

（1）时间步长控制

时间步长和有限体积数会影响安全气囊模型的计算效率。这里介绍影响时间步长和有限体积数的选项。

有限体积的时间步长是基于初始网格的，计算如下：

$$\Delta t_{fv} = \Delta T_{sca} \cdot \left(\frac{l_c}{v + C} \right) \tag{8-21}$$

式中，ΔT_{sca} 是在 /DT/FVMBAG/1 中定义的有限体积法气囊时间步长的缩放系数；l_c 是初始有限体积中四面体单元的特征长度；v 是最大气体速度；C 是最大声波速度。

特征长度在 Radioss 的 starter 中根据初始有限体积网格计算，在模拟期间这个特征长度不会更改。多面体不再推荐使用 Kmesh = 1 来生成网格。自动生成的网格、使用 Kmesh = 2 生成的网格或是在 HyperMesh 中手动创建的有限体积单元，它们的最小长度信息会在 starter 输出信息中的"NUMBER OF ADDITIONAL BRICKS"中打印出来。

由于没有气体运动，初始时间步长是由室温下的特征长度除以空气的声波速度计算而来的。当喷射开始时，气体速度和气体声波速度增加，时间步长通常在燃烧后非常短暂的时间里快速下降。在此阶段，时间步长可能会小于目标结构时间步长，因此需要控制运行的时间步长。然而，经过一段时间（通常为 5 ~ 10ms），气体速度逐渐下降，时间步长又恢复到高于结构时间步长。所以使得安全气囊时间步长是模拟中的最短时间步长是非常重要的，如图 8-80 所示。图 8-80 中，方形标注的是全局时间步长，三角形标注的是 FVM 时间步长。FVM 安全气囊时间步长控制在 3.75 ~ 7.5ms 之间。

在模拟中通常会由于基于折叠的安全气囊最小边缘长度而低估特征长度，因此，可以通过在/DT/FVMBAG/1 中设置 ΔT_{sca} 值大于 1 来控制。自 2017.2.4 版本以后，模型中如果使用/MONVOL/FVMBAG1，那么 FVM 时间步长会默认输出。

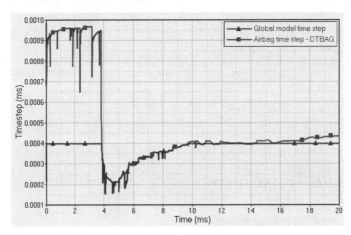

图 8-80 FVM 安全气囊模型的典型时间步长变化

（2）腔体合并控制

在仿真期间，使用以下方法可以合并有限体积。

- 稳定合并：这是默认的合并。当有限体积变为负数时，这个有限体积一定会被合并。
- 全局合并：如果一个有限体积小于 Cgmerg 乘以所有有限体积的平均体积（即安全气囊体积除以有限体积数量），那么这个有限体积就会被合并。参数 Cgmerg 通常在/FVMBAG/MODIF 中指定。
- 相邻合并：如果有限体积小于 Cnmerg 乘以其相邻有限体积的平均体积，那么这个有限体积也会被合并。参数 Cnmerg 通常在/FVMBAG/MODIF 中指定。这种类型的合并很难控制，因此不建议这样做。

- 时间步长合并：如果有限体积的时间步长小于/DT/FVMBAG/1 中定义的 dtmin，那么有限体积将被合并。

在仿真期间，有限体积的数量会迅速减少。但是，在仿真结束时，有限体积数量的平滑减少和有足够数量的有限体积（占初始数量的 1% ~ 10%）也是非常重要的。控制有限体积合并的最简单方法是调整 /FVMBAG/MODIF 中的 Cgmerg 选项。通常，该值应在 0.01 ~ 0.1 之间。Radioss 在仿真结束时会输出最终的有限体积数和合并的有限体积数。

2. FVM 安全气囊的计算控制

FVM 安全气囊模型本身应该可以独立运行，以验证正确的气囊展开行为和气体特性。可以修改有限体积的合并参数和时间步长控制方案，这样在减少仿真时间的同时仍能提供符合实际的结果。典型的有限体积法在 engine 文件中的输入设置为：

```
/DT/FVMBAG/1
1.5 1.0e-05
/FVMBAG/MODIF
666000001
1  0.010  0.001  1
```

可以按照需要适当改变时间步长缩放系数和全局合并参数，以便在仿真中具有合适的时间步长和有限体积数量，如图 8-81 所示。

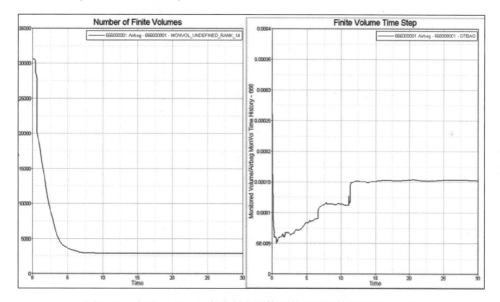

图 8-81　在 HyperGraph 中绘制有限体积数和有限体积的时间步长

有限体积的数量应平滑地减少到初始有限体积数量的 1% ~ 10%。合并之后也有一个高于碰撞计算最小时间步长的时间步长。有限体积数量要合理，合并不应导致大量有限体积立即合并成一个。

/DT/FVMBAG/1 中的有限体积时间步长应小于 starter 输出中的初始有限体积时间步长输出。/FVMBAG/MODIF 中的合并参数 Cgmerg 不应太高，以便提供平滑的有限体积合并记录。

安全气囊内的气体运动可以通过气体温度和速度的云图动画输出来检查。运动应清楚地显示从气体发生器充气到安全气囊内部，以及经过气囊内部结构（内壁、挡板、排气孔等）的情景。

安全气囊气体参数应与均压法气囊计算结果进行比较，对于一些重大差异应有合理的解释，如图 8-82 所示。应绘制每个排气孔的排气区域和排气口流出，并对照均压法的结果，如图 8-83 所示。

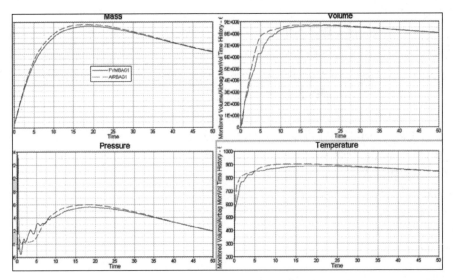

图 8-82　AIRBAG1 和 FVMBAG1 仿真的安全气囊输出比较

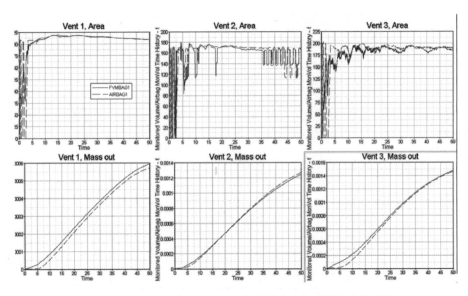

图 8-83　AIRBAG1 和 FVMBAG1 仿真的安全气囊排气参数比较

8.4.7　FVM 安全气囊的时间历程和动画输出

在气囊的时间历程输出中建议使用 /TH/MONV，并且使用默认（DEF）值，如图 8-84 所示，这样可以输出以下参数。

- 全局的气体动态参数：气体质量、安全气囊体积、安全气囊面积、压力（平均值）、温度（平均值）和比热容（平均值）。
- 每个排气孔：排气区域、流出速度和流出质量。

- 有限体积参数：有限体积的数量（NFV）和最小有限体积的时间步长（DTBAG）。

```
#---1----|----2----|----3----|----4----|----5----|----6----|----7----|----8----|----9----|---10----|
/TH/MONV/666000001
Airbag MonVol Time History - 666
#        var1      var2      var3      var4      var5      var6      var7      var8      var9      var10
DEF      NFV       DTBAG
#        Obj1      Obj2      Obj3      Obj4      Obj5      Obj6      Obj7      Obj8      Obj9      Obj10
 666000001
#---1----|----2----|----3----|----4----|----5----|----6----|----7----|----8----|----9----|---10----|
```

图 8-84　有限体积气囊的通用时间历程输出

模型中可进行局部压力的测量，比如在气体发生器附近测量压力时，在安全气囊织物的节点创建一个/GAUGE 输出即可，如图 8-85 所示。

```
#---1----|----2----|----3----|----4----|----5----|----6----|----7----|----8----|----9----|---10----|
/GAUGE/1
FWD
#  node_ID                                       shell_ID              DIST
   50050421
#---1----|----2----|----3----|----4----|----5----|----6----|----7----|----8----|----9----|---10----|
/TH/GAUGE/1
TH GAUGE
#        var1      var2      var3      var4      var5      var6      var7      var8      var9      var10
DEF
#        Obj1      Obj2      Obj3      Obj4      Obj5      Obj6      Obj7      Obj8      Obj9      Obj10
          1
#---1----|----2----|----3----|----4----|----5----|----6----|----7----|----8----|----9----|---10----|
```

图 8-85　输出压力

通过任何可渗透的安全气囊内部表面的质量流可以使用/TH/SURF 卡片输出，如图 8-86 所示。该卡片应使用/SURF 卡片定义曲面。

```
#---1----|----2----|----3----|----4----|----5----|----6----|----7----|----8----|----9----|---10----|
/TH/SURF/666000002
Airbag MonVol Time History - 666
#        var1      var2      var3      var4      var5      var6      var7      var8      var9      var10
AREA     MASSFLOW
#        Obj1      Obj2      Obj3      Obj4      Obj5      Obj6      Obj7      Obj8      Obj9      Obj10
 666000001
#---1----|----2----|----3----|----4----|----5----|----6----|----7----|----8----|----9----|---10----|
```

图 8-86　输出质量流

在 Radioss 的 engine 文件中建议定义以下卡片，用于输出气囊表面节点中气压、密度、温度和流体速度的动画。

1）/ANIM/NODA/P 或 /H3D/NODA/P。

2）/ANIM/NODA/DENS 或 /H3D/NODA/DENS。

3）/ANIM/NODA/TEMP 或 /H3D/NODA/TEMP。

4）/ANIM/VECT/FVEL 或 /H3D/NODA/FVEL。

8.4.8　安全气囊建模要求

安全气囊建模要求汇总如下。

1）所有安全气囊织物组件均使用三角形壳单元划分网格（平均尺寸 3~4mm）。

2）安全气囊没有网格穿透。

3）如果安全气囊将在其他较大的模拟中使用，则实体单元 ID 可以根据大模型的要求确定，以免 include 时发生 ID 重复的现象。

4）安全气囊模型可以使用 /SUBSET 整理，这样安全气囊的外部表面、排气孔、内部表面、外壳和充气器都清楚地整理在一个子集中。

5）模型的质量与惯性必须与实际物理部件匹配。

6）使用双轴拉伸试验、相框试验和单轴试验验证织物材料数据。

7）对排气孔进行建模。

8）对多孔织物进行建模。

9）对每个气体部件的气体进行建模。气体发生器通过容器试验模拟进行验证，并将质量流和温度曲线与容器试验结果进行比较。

10）气体喷射从 TTF（由/SENSOR 中的参数 Tdelay 定义）开始，而不是通过推移质量流和温度曲线来实现。

11）质量流曲线以非零值开始。

12）每个气体的 C_p（T）曲线单调递增。

13）参考几何要么基于节点 /XREF 要么基于元素 /EREF 建立。

14）相同的/SENSOR 用于在 LAW58 中定义参考几何的激活和排气孔的激活。

15）应指定大气环境和内部空气材料特性。

16）应建立/FVMBAG1 卡片。

17）定义内部安全气囊接触并用 HyperCrash 的 penetration check 功能进行检查，不能有几何穿透，最大穿透量不超过接触间隙的 10%。

18）在 TTF 之前需要运行气囊稳定性计算以检查气囊运动。

19）完成均压法的计算，不能出现接触节点相互勾连的情况。

20）完成单独的 FVM 计算，接触节点没有相互勾连且气囊能按照真实情况展开。

21）模型在用受到合理控制的时间步长运行。

22）有限体积数量不能瞬间减少到一个。

23）应在后处理可视化中检查结果（温度轮廓图、流体速度矢量）是否符合实际。

8.4.9　安全气囊折叠工具

从 HyperMesh 2021 版本开始，可以对气囊进行预模拟折叠。目前，对于常见的气囊折叠方式均可以实现，包括翻折、卷折、Tuck、ZigZag 和压平。还可以实现气囊缝合和放置到容器，如图 8-87 所示。气囊折叠模块单位制为 kg、mm、ms。

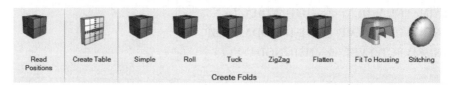

图 8-87　气囊折叠模块

- Read Positions：读入 .h3d 结果文件。当某一步预模拟折叠计算完成后，单击该图标，导入生成的 .h3d 结果文件，弹出 Animation Number 对话框，输入想要的动画序列号，对气囊形态进行更新，如图 8-88 所示。

- Create Table：创建折叠基准平面。在进行正式折

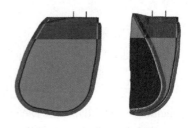

图 8-88　气囊更新前后的状态

叠之前，创建一个基准平面，为后续折叠做准备，如图 8-89 所示。类似于物理折叠，将气囊平铺到桌面上。

- Simple：简单翻折。提供两种形式的翻折：平板（Plane）和包络封皮（Envelop），如图 8-90 所示。可以设置翻折角度、方向和位置。

图 8-89　创建折叠基准平面

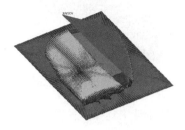

图 8-90　气囊包络封皮翻折模型

- Roll：卷折。提供两种形式的卷折工具：板条（Strip）和圆柱（Cylinder）。可以设置卷折工具尺寸和单元数量、卷折停止位置，如图 8-91 所示。
- Tuck：塞折。将气囊的一部分按一定方式塞进气囊内部，如图 8-92 所示。

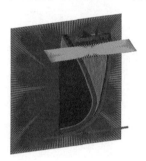

图 8-91　气囊卷折模型

图 8-92　气囊塞折模型

- ZigZag："Z"字形折叠。可以理解成高级类型的简单翻折，可一次性完成多次简单翻折，如图 8-93 所示。
- Flatten：压平。气囊在经过多次折叠后，往往会有褶皱不平现象，会对后续的折叠造成影响，导致气囊折叠质量下降。对气囊进行压平处理，可以提高气囊的表面质量，如图 8-94 所示。

图 8-93　ZigZag 折叠

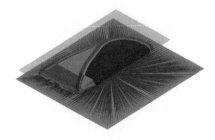

图 8-94　气囊压平模型

- Fit To Housing：气囊放置到容器。气囊完成折叠后，需要放置到相应的容器中，以使气囊外形完全依附容器内部结构，如图 8-95 所示。
- Stitching：缝合。一般气囊是由多片织物缝合而成的，然后进行相应的折叠。气囊缝合可以简单地理解成节点融合。在气囊折叠模块，通过创建弹簧单元引导相应节点融合，如图8-96所示。

图 8-95　气囊放置到容器中

图 8-96　气囊缝合前后的状态

安全气囊折叠工具操作视频见二维码。

| Create Table | Simple | Roll | Tuck | Zigzag | Flatten | Fit to Housing | Stitching |

第 9 章

汽车碰撞工况仿真分析

目前，中国现行的由主流汽车碰撞测试机构中汽研（C-NCAP）和中保研（CIRI）推行的汽车碰撞测试主要有 100% 正面刚性墙碰撞试验、正面 40% 重叠可变形壁障碰撞试验（或 MPDB）、可变形移动壁障侧面碰撞试验（或 AEMDB）、侧面柱碰试验（针对新能源车）及 25% 小重叠偏置碰撞试验等。

Radioss 求解器作为一款强大的显式动力学仿真分析软件，正在被越来越多的主机厂所使用。曾服务于东风技术中心、上汽通用五菱、吉利商用车、东南汽车等主机厂的整车碰撞项目，并积累了大量工程经验。Radioss 其求解器稳健性，在不同硬件平台得到的仿真结果一致性高，与物理试验对标成功率高。

9.1 汽车碰撞仿真模型

9.1.1 模型组成

仿真模型一般由白车身、动力总成、冷却系统、电子系统、底盘、转向系统、座椅、仪表板系统、闭合件、轮胎总成、排气系统、油箱系统、刚性壁障、地面等组成。整车仿真模型如图 9-1 所示。

图 9-1　正面刚性墙碰撞仿真模型

建模的具体流程如下。

1）几何模型检查。将几何模型导入 HyperMesh，并查看该工况所需的部件是否完整、是否存在几何干涉。如果几何模型有问题，需要及时和相关人员沟通，检查无误后在中面上划分壳网格；若中面无法抽取，可以先在表面上划分网格，再将其偏移到中面上。

2）单元划分。总成建模以不减小时间步长为基础，其他视具体情况而定，或以本公司自定义单元要求为准。

3）单元属性参数设置。壳单元采用 P1_SHELL 属性，ISHELL 设为 24，Ismstr 设为 2，积分点数 N 设为 5，Ashear 设为 0.833，厚度按几何赋予；实体单元一般采用 P14_SOLID 属性，ISOL-ID 为 24，Ismstr 设为 2。

4）材料牌号选用。可根据本公司的材料库文件（material. inc）进行选用，也可以通过 Altair Material Data Center（材料数据中心）查询合适的材料数据，其材料单位统一为 kg、mm、ms。

5）连接关系搭建。最常用的连接形式为螺栓、焊缝、焊点、黏胶、铆钉等，Radioss 针对不同的用户需求给出不同的模拟形式，比如用弹簧单元 Spring 或者实体单元 HEXA 模拟焊点/黏胶，用户根据实际需要选择即可。

6）整车模型检查。检查有限元模型是否存在自由边、重复单元、模型连接；清除模型中所有的交叉网格；调整穿透，以保证接触稳定，使结果更加精确。

9.1.2 仿真分析设置

仿真分析设置主要针对模型分析中的刚性墙、接触、碰撞初速度、重力加载、加速度传感器、截面力及相应的输出设定等。

1. 刚性地面（墙）定义

刚性地面用/RWALL/PLANE 卡片实现，可以通过建立 SET（集合）和搜索从节点的距离来定义。刚性地面的设置可以放在轮胎总成文件中。卡片示例如图 9-2 所示。

注意：/PLANE 和/Parallelogram 平面有所区别。前者为无限平面刚性墙，需要定义 N1、N2两个节点，刚性墙法向方向由 N1 指向 N2 确定，且由于刚性墙力单方向接触，故需要确认刚性墙法向方向指向车身；后者为四边形平面刚性墙，需要通过四边形对角线上的节点来定义。

```
/RWALL/PLANE/45000000
frt_ground
#   node_ID     Slide  grnod_ID1 grnod_ID2
                    0   45000450          0
#            D_search                         fric              Diameter                    ffac        ifq
                                               .2                     0                       0           0
#                  XM                           YM                    ZM
        874.99321495357         -801.1783097881     43.758744633627
#                 X_M1                         Y_M1                  Z_M1
        874.99321495357         -801.1783097881     44.758744633627
```

a)

```
/TH/RWALL/85000002
RG
#    var1      var2      var3      var4      var5      var6      var7      var8      var9     var10
DEF
#    Obj1      Obj2      Obj3      Obj4      Obj5      Obj6      Obj7      Obj8      Obj9     Obj10
        1
```

b)

图 9-2　刚性地面（墙）设置卡片

a）刚性地面（墙）定义　b）刚性地面（墙）输出

卡片说明如下。

- node_ID 为有限平面选中的基准点。
- Slide 为滑移类型，包括 slide（0）、tie（1）、slide with friction（2）；
- grnod_ID1 为接触点集合。
- D_search 为接触搜索距离。
- fric 为摩擦系数。
- Diameter 为圆柱形的直径。
- XM、YM、ZM 为点的坐标。
- DEF 为默认输出信息。
- ffac、ifq 分别是滤波因数、滤波标记。

2. 截面力定义

可用 HyperMesh 定义。对于 100% 正面刚性墙碰撞分析，左右纵梁到地板下的大梁一般都需要定义并输出截面力。除此以外，小纵梁和 A 柱也需要建立相应的截面力。定义卡片如图 9-3 所示。

```
#---1----|----2----|----3----|----4----|----5----|----6----|----7----|----8----|----9----|---10----|
/SECT/10000002
fr_left_longeron_2
#  node_ID1  node_ID2  node_ID3  grnod_ID   I_SAVE  Frame_ID                  Dt                alpha
   10205142  10217048  10205168  10010442        0         0              1E-4                 1650
# File name

#  grbricID            grshel_ID  grrus_ID grbeam_ID grsprinID grtrianID     Ninter                Iframe
          0            10010441         0         0         0         0          0                    12
```

图 9-3　截面力卡片设置

卡片说明如下。

- node_ID1 node_ID3 三点定义一个面。
- grnod_ID 为点集合。
- Frame_ID 为局部坐标系。
- Dt 为数据保存间隔。
- alpha 为滤波因子。
- grbricID 为实体单元集合。
- grshel_ID 为壳单元集合。
- grrus_ID 为杆单元集合。
- grbeam_ID 为梁单元集合。
- grsprin_ID 为弹簧单元集合。
- grtrianID 为三角形单元集合。
- Ninter 为接触面的数量，作为可选项。
- Iframe 为局部坐标系准则。

Radioss 求解器可直接输出滤波后的加速度曲线，这种方法比通过速度曲线求导得到数据更加精准。在 Radioss 加速度传感器定义中，建立传感器单元时需要建立可动的坐标系，关键字为 /SKEW/MOVE。加速度传感器设置及输出卡片如图 9-4 所示。

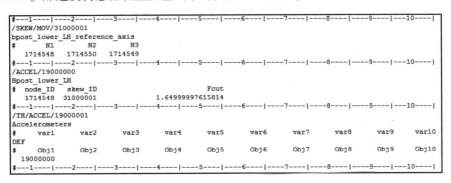

```
#---1----|----2----|----3----|----4----|----5----|----6----|----7----|----8----|----9----|---10----|
/SKEW/MOV/31000001
bpost_lower_LH_reference_axis
#        N1         N2         N3
   1714548    1714550    1714549
#---1----|----2----|----3----|----4----|----5----|----6----|----7----|----8----|----9----|---10----|
/ACCEL/19000000
Bpost_lower_LH
#  node_ID   skew_ID                    Fcut
   1714548  31000001        1.64999997615814
#---1----|----2----|----3----|----4----|----5----|----6----|----7----|----8----|----9----|---10----|
/TH/ACCEL/19000001
Accelerometers
#    var1      var2      var3      var4      var5      var6      var7      var8      var9     var10
DEF
#    Obj1      Obj2      Obj3      Obj4      Obj5      Obj6      Obj7      Obj8      Obj9     Obj10
   19000000
#---1----|----2----|----3----|----4----|----5----|----6----|----7----|----8----|----9----|---10----|
```

图 9-4　加速度传感器设置及输出卡片

卡片说明如下。

- N1 ~ N3 为坐标点。
- node_ID 为输出点。
- skew_ID 为动态局部坐标系。
- Fcut 为截止频率（推荐为 1.65）。
- DEF 为默认输出值。

事实上，Radioss 提供了两种建立局部坐标系的方法，分别是 SKEW 和 FRAME，前者是传感器常用的随动局部坐标系，后者是固定坐标系，其相对量基于全局坐标系。Fcut 定义了滤波的截止频率，1.65 对应的滤波标准为 CFC 1000。用户可根据需要自行修改。

3. 接触设置

可将接触卡片通过 include 文件进行管理。整车和刚性壁障（带网格壁障）需要单独建立接触（推荐使用对称接触；自接触不需要设置对称），如图 9-5 所示。

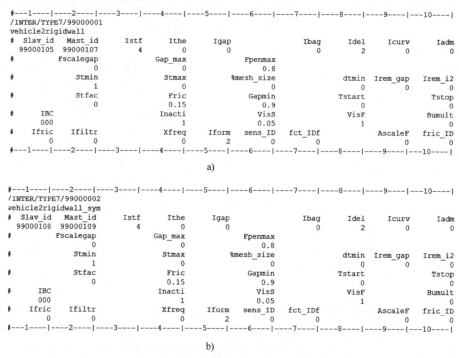

图 9-5　整车和刚性壁障接触设置卡片

a）车身与刚性墙接触　b）刚性墙与车身墙接触

对卡片中的常用字段说明如下，其他字段说明见 Radioss 理论手册（Radioss Theory Manual）。

- Slav_id 为从节点的集合。
- Mast_id 为主面的集合。
- Istf 为接触刚度定义准则。
- Ithe 为热接触设置。
- Igap 为接触间隙设置。
- Idel 为接触节点删除设置。
- Icurv 为带曲率的间隙包络。
- Iadm 为计算自适应网格的局部曲率。
- Fscalegap 为间隙比例因子。
- Gap_max 为最大间隙。
- Fpenmax 为最大初始穿透率。
- Stmin 、Stmax 为最小、最大刚度。
- dtmin 为最小接触时间步。
- Irem_gap 冲击接触中，单元大小 < 接触间隙时，禁用从节点。
- Stfac 为刚度接触因子。
- Fric 为库伦摩擦设置。

- Gapmin 为最小间隙。
- Tstart、Tstop 为接触激活时间、失活时间。
- Inacti 为具有初始穿透时的失活刚度。
- VisS 为临界阻尼系数（默认为 0.05）。
- VisF 为临界阻尼系数（默认为 1）。
- Bumult 为排序因子（用来提高算法的速度，与机器相关）。
- Ifric 为接触摩擦准则。
- Xfreq 为摩擦过滤原则。
- Iform 为摩擦惩罚因子准则。

此外，还要为整车设置自接触，以模拟实际碰撞中的情况，只需要设置主面和从节点组即可。其接触卡片如图 9-6 所示。

```
/INTER/TYPE7/10000001
BIW_SELF
#   Slav_id   Mast_id      Istf      Ithe      Igap                Ibag      Idel
   10000002  10007672         4         0         2                   0         2         0         0
#             GAP_SCALE              GAP_MAX             Fpenmax
                    0.8                  0.0
#                Stmin                Stmax           %mesh_size                dtmin  Irem_gap
                      1                  0.0                                       0.0         0
#                STFAC                 FRIC              GAP_MIN               Tstart              Tstop
                    1.0                  0.2                  0.6                  0.0                0.0
#     I_BC                           INACTI                VIS_S                VIS_F             BUMULT
      000                                 6                  0.0                  0.0                0.0
#    Ifric    Ifiltr                Xfreq     Iform   sens_ID
         0         0                  0.0         2         0
```

图 9-6　整车自接触设置卡片

4. 整车重力场设置

将模型中的所有节点设置为一个节点集施加重力，并赋予相应参数。一般将其放入主文件中。Radioss 重力场卡片通过节点范围定义，如图 9-7 所示，例如从 1000000 到 99000273 的所有点将被引用到重力加速度。

```
/GRAV/45000000
Gravity
#funct_IDT         DIR   skew_ID sensor_ID  grnod_ID                   Ascale_x              Fscale_Y
  45000000           Z         0         0  45000006                          1              -.00981
/GRNOD/GENE/45000006
gravity_node
   1000000  99000273
```

图 9-7　重力场定义卡片

卡片说明如下。
- funct_IDT 为重力加速度曲线。
- DIR 为重力加速度方向。
- skew_ID 为局部坐标系。
- sensor_ID 为加速度传感器。
- grnod_ID 为重力加速度节点集合。
- Ascale_x 为曲线横坐标的比例因子。
- Ascale_y 为曲线纵坐标的比例因子。

5. 整车初速度设置

将模型中的相关节点（壁障节点不动）设置为一个节点集来设定速度值，并赋予相应参数，集合设置同重力加速度。Radioss 初速度值如图 9-8 所示。

卡片说明如下。

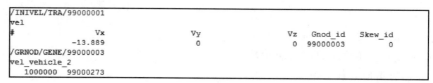

```
/INIVEL/TRA/99000001
vel
#              Vx                    Vy              Vz   Gnod_id    Skew_id
            -13.889                   0               0  99000003          0
/GRNOD/GENE/99000003
vel_vehicle_2
     1000000  99000273
```

图 9-8　整车初速度设置卡片

- Vx、Vy、Vz 分别为 x、y、z 方向的速度值。
- Gnod_id 为速度节点集合。
- Skew_id 为局部坐标系。

6. 输出设置

针对定义的加速度、截面力设置输出，输出卡片如图 9-9 所示。

```
/TH/ACCEL/31000003
Accelerometers
#     var1      var2      var3      var4      var5      var6      var7      var8      var9     var10
DEF
#     Obj1      Obj2      Obj3      Obj4      Obj5      Obj6      Obj7      Obj8      Obj9     Obj10
  31000000  31000001
#---1----|----2----|----3----|----4----|----5----|----6----|----7----|----8----|----9----|---10----|
/TH/SECTIO/32000004
section_out
#     var1      var2      var3      var4      var5      var6      var7      var8      var9     var10
DEF
#     Obj1      Obj2      Obj3      Obj4      Obj5      Obj6      Obj7      Obj8      Obj9     Obj10
  32000106  32000105  32000104  32000103  32000102  32000101  32000100  32000000
```

图 9-9　加速度、截面力输出卡片

9.1.3　Radioss 重启动分析

在进行正面刚性墙碰撞分析时，Pulse 分析是最基本也是最重要的内容。Pulse 中的每一个波峰、波谷都有着相应的物理意义，研究这些物理意义对深刻理解碰撞机理、洞察碰撞过程、避免仿真错误都起到重要作用。

然而碰撞是高度非线性的过程，每一个波峰、波谷都可能是很多复杂内容的叠加，没有丰富的经验很难厘清其中的关系。另外，仿真分析必须和试验进行对标，这就要求对波形的理解更加深刻，以实现对标试验，然后指导试验，最后代替试验、预测试验的过程。

高度复杂的变量太多，对于某一波峰或者波谷如何能够找到贡献量最大的因素呢？Radioss 提供了非常强大的工具来做类似的精细化分析，那就是重启动分析。用户可以在任意一个时刻更改模型变量，然后重启动，看到此变量对波形的影响。

下面具体举例说明实际中如何操作。重启动卡片如图 9-10 所示，重启动文件定义示例如图 9-11 所示。

/RFILE/n

Engine Keyword
Rewrites a Restart R-File.

Format

/RFILE/*n*

N_{cycle}

Definitions

Field	Content	SI Unit Example
n	Number of restart files to be written.	
N_{cycle}	Cycle frequency to write R-file (Integer, maximum 10 digits) Default = 5000	

图 9-10　重启动卡片

卡片说明如下。

- n 为重启动文件的写入数量。
- N_{cycle} 为重启动文件的间隔循环次数。

```
/RFILE/10
10000
```

图 9-11　重启动文件定义

例如，正面刚性墙碰撞计算到 80ms 就足够了，假设时间步长是 5e-4ms。这样设置后，Radioss 会每间隔 5ms 写一个重启动文件，重启动文件的名字从 * _I. rst 开始，后面依次为 * _J. rst、* _K. rst 等，不会覆盖，共写 10 个。假设最后计算到 80ms 结束，那么重启动写的时刻从 35ms 开始，每隔 5ms 就有一个重启动文件。这样的设置仅为举例，用户可根据实际情况进行调整。

读取重启动文件并运行，如图 9-12 所示。

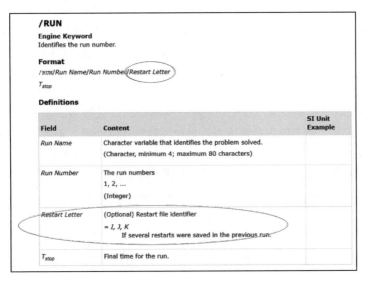

图 9-12　重启动文件运行方式

说明如下。

- *Run Name* 是重启动文件。
- *Run Number* 是运行号。
- *Restart Letter* 是重启动回执信息。
- T_{stop} 是运行结束时间。

有了重启动文件之后，便可以对某个时刻的变量贡献进行灵敏度分析。在 Engine 关键字中，Radioss 提供了非常强大的模型更改选项。

例如，用户想在某个时刻研究某波形的波峰，用户判断有五个变量可能会引起此波峰，那么就可以在重启动的时候删除某个变量的连接单元，从而得到一个新的波形，通过与原波形的对比，可快速了解此变量的灵敏度，正确认识波峰、波谷的实际意义。具体卡片如图 9-13 所示。

卡片说明如下。

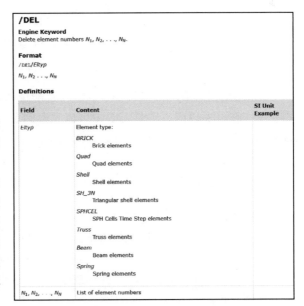

图 9-13　删除组件卡片

- *Eltyp* 是指实体单元、四边形、三角形、壳单元、颗粒单元、杆单元、梁单元、弹簧单元。
- N_1，N_2，…，N_n是指要删除的单元号。

在/DEL 卡片中，可以在重启动的时候删掉体单元、壳单元、弹簧、梁等，并进行失效的灵敏度分析，此方法也可用于高效地进行对标分析。

在 Radioss 的 Engine 关键字中，还提供了其他功能，如/BCS 可在重启动时对约束进行更改；/FUNCT 可在重启动时对曲线进行更改。

总之，Radioss 提供了强大的重启动功能，用户灵活使用此功能可以起到事半功倍的效果。

9.1.4 模型精度控制

对时间步长控制的合理设置可以保证计算模型的稳定性，还可以提高计算效率。对于整车碰撞 8mm 左右的网格尺寸，一般设置时间步长为 6e-04ms 左右，以保证计算稳定性。

对于接触精度的控制，计算中可以通过滑移能进行判断，如果接触设置不合理，这也是判断能量不守恒的重要依据。

对于计算过程文件，可通过 * _0001. out 查看模型全局质量增量，也非常有必要查看每个零件上的质量增量。同时，为了更为直观地查看每个零件的质量增量，可以在 0001. rad 文件中加入 /ANIM/NODA/DMAS 关键字，计算完成后通过 HyperView 读取云图结果。

一般来说正面刚性墙碰撞的质量增量小于 5% 较为理想，如图 9-14 所示。

CYCLE	TIME	TIME-STEP	ELEMENT		ERROR	I-ENERGY	K-ENERGY T	K-ENERGY R	EXT-WORK	MAS.ERR
0	0.000	0.8797E-05	NODE	30000774	0.0%	0.000	0.1514E+06	0.000	0.2518E-10	0.4216E-02
	ANIMATION FILE: FFB_vehicleA001 WRITTEN									
100	0.4458E-01	0.6965E-03	NODE	1120584	0.0%	0.5358	0.1514E+06	0.4554E-02	4.995	0.4216E-02
200	0.1142	0.6965E-03	NODE	1120584	0.0%	10.43	0.1514E+06	0.8561E-02	25.78	0.4216E-02
300	0.1839	0.6965E-03	NODE	1120584	0.0%	28.33	0.1514E+06	0.4366E-01	46.02	0.4216E-02
400	0.2535	0.6965E-03	NODE	1120584	0.0%	38.54	0.1514E+06	0.6337E-01	60.83	0.4216E-02
500	0.3232	0.6965E-03	NODE	45089848	0.0%	38.04	0.1515E+06	0.6631E-01	77.02	0.4216E-02
600	0.3928	0.6965E-03	NODE	45099336	0.0%	37.67	0.1515E+06	0.2083	99.03	0.4216E-02
700	0.4625	0.6965E-03	NODE	1120584	0.0%	51.00	0.1515E+06	0.2660	124.9	0.4216E-02
800	0.5321	0.6965E-03	NODE	45002326	0.0%	75.51	0.1515E+06	0.2318	144.2	0.4216E-02
900	0.6018	0.6965E-03	NODE	1196550	0.0%	108.7	0.1514E+06	1.284	155.4	0.4216E-02
1000	0.6713	0.6965E-03	NODE	1062663	0.0%	180.8	0.1514E+06	1.242	173.0	0.4216E-02
1100	0.7406	0.6965E-03	NODE	1062831	0.0%	240.8	0.1514E+06	1.204	203.7	0.4217E-02
......										
115000	79.53	0.6965E-03	NODE	2619220	-6.7%	0.1384E+06	2818.	118.5	-2.219	0.5012E-02
115100	79.60	0.6965E-03	NODE	2622261	-6.7%	0.1384E+06	2819.	119.6	-2.220	0.5012E-02
115200	79.67	0.6965E-03	NODE	2619233	-6.7%	0.1384E+06	2820.	120.0	-1.696	0.5013E-02
115300	79.74	0.6965E-03	NODE	2619218	-6.7%	0.1384E+06	2821.	120.7	-1.453	0.5013E-02
115400	79.81	0.6965E-03	NODE	2619215	-6.7%	0.1384E+06	2821.	121.9	-2.244	0.5014E-02
CYCLE	TIME	TIME-STEP	ELEMENT		ERROR	I-ENERGY	K-ENERGY T	K-ENERGY R	EXT-WORK	MAS.ERR
115500	79.87	0.6965E-03	NODE	2619218	-6.7%	0.1384E+06	2822.	122.6	-3.761	0.5014E-02
115600	79.94	0.6965E-03	NODE	2619230	-6.7%	0.1384E+06	2823.	123.3	-4.840	0.5014E-02

图 9-14 模型计算精度控制

能量曲线主要用于查看动能、内能、总能量和沙漏能。其中，总能量需保持平稳，沙漏能所占比例应在 10% 以内。从图 9-15 中可以观察到系统动能逐渐转化成内能的过程。曲线应是光滑过渡的，能量曲线是对整个碰撞过程的反映，如果出现震荡，表明出现了沙漏或质量增加。

9.1.5 结果后处理

汽车碰撞后处理主要包括以下几项。

1）用 HyperView 进行模型计算结果动画处理，可查看碰撞变形情况。

2）通过能量曲线可查看整车碰撞中的能量变化情况。

3）通过 HyperGraph 读取 B 柱加速度曲线及计算相应的 OLC（Occupant Load Criterion，乘员载荷准则）值。

4）查看云图，精确读取不同部件的侵入量信息。

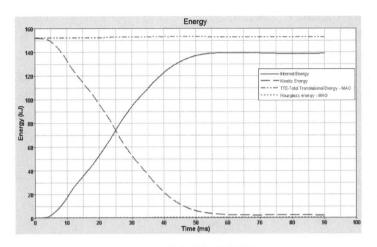

图 9-15　能量曲线精度判断

9.1.6　重要部件失效模拟及建议

1. 悬置失效的模拟及建议

悬置是汽车用来悬挂动力总成的部件，它除了承载动力总成的重量外，还在汽车运行过程中起缓冲和减震作用。

悬置必须满足强度耐久的需求，但同时悬置在高速碰撞中产生断裂可以有效地增大压溃空间，对碰撞产生积极影响。图 9-16 所示为某悬置失效后的图片。

能否准确模拟悬置的断裂是影响仿真精度的重要因素。特别是在正面刚性墙碰撞中，右侧的发动机和左侧的变速箱悬置以及下悬置均存在失效可能，失效之后的纵梁变形会对加速度和侵入量指标产生较大影响。

在整个悬置系统的模拟过程中，不仅需要考虑悬置支架的失效，还需要考虑衬套的刚度，这是因为衬套对悬置的受力影响较大，如图 9-17 所示。

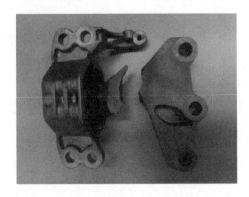

图 9-16　悬置失效

图 9-17　悬置试验实物

综上所述，需要从两个方面来模拟整个悬置系统的失效：一方面是衬套的模拟；另一方面是悬置支架本身的模拟。两者缺一不可。

下面介绍两种模拟方法：第一种是建立详细的衬套和悬置支架模型；第二种是利用简化模型进行模拟。

（1）建立详细的衬套和悬置支架模型

第一种方法比较成熟，也是许多 OEM（主机厂）经常采用的方法，但需要进行较多的零部件试验支撑，并且要进行仿真和试验的对标拟合，此方法高度依赖试验。

衬套的建模采用实体单元（四面体、六面体），由于悬置衬套橡胶部分结构简单，推荐使用六面体。

衬套的属性采用/PROP/SOLID。此属性是通用的实体类型，根据推荐参数对实体单元准则（I_{solid}）、最大/最小应变准则（I_{smstr}）、单元共旋准则（I_{frame}）等关键参数进行设置，如图9-18所示。

卡片说明如下。

- I_{solid} 为实体单元准则。
- I_{smstr} 为最小应变准则。
- I_{frame} 为单元共旋准则。
- I_{cpre} 为恒压公式准则。
- I_{tetra} 为四面体单元准则。
- I_{npts} 为积分点数设置。
- d_n 为稳定数值阻尼。
- q_a 为二次体积黏性。
- q_b 为线性体积黏性。
- h 为沙漏黏度系数。
- μ_v 为数值 Navier Stokes 黏度。
- Δt_{min} 为最小时间步长。
- I_{strain} 为后处理应变。
- I_{HKT} 为单元的沙漏切线模数。

对橡胶材料建议设置 $I_{smstr} = 10$，与常用的实体材料略有差别。

衬套的材料采用/MAT/LAW42（OGDEN），如图9-19所示。

卡片说明如下。

- ρ_i 为密度。
- v 为泊松比。
- σ_{cut} 为截止应力。
- fct_ID_{blk} 为体积系数（作为相对体积函数缩放的函数）。
- M 为普罗尼级数（麦克斯韦模型的阶数）中黏性项的数目。
- I_{form} 为壳单元不可压缩性，不适用于实体单元。
- $\mu_1 \sim \mu_5$ 为剪切超弹性模量。
- $\alpha_1 \sim \alpha_5$ 为材料参数。
- G_i 为 Prony 黏性项的乘数。
- τ_i 为 Prony 黏性项的时间松弛。

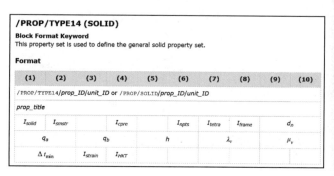

图 9-18　衬套属性卡片

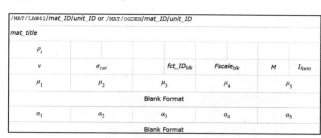

图 9-19　衬套材料卡片

具体的材料参数需要进行材料测试，并进行仿真和试验的对标拟合。

对于悬置支架的详细建模，可考虑使用多域求解技术来提升计算效率。悬置支架的属性采用

/PROP/SOLID，材料根据实际的材料测试数据输入。悬置材料的失效可通过 Inspire CAST 软件进行铸造仿真，将铸造产生的工艺缺陷通过 Result mapping 的方法映射到碰撞模型中，以提升仿真精度。

此方法相对较成熟，但必须依托于大量试验，建立企业的试验数据库，可在仿真开发前期准确预测悬置的失效，从而合理而有效地进行纵梁等吸能件的设计和优化。

这种方法可积累大量材料数据，逐步形成成熟的材料数据库，有利于提升仿真精度。其方法是利用 Radioss 的强大功能，采用简化的悬置失效建模，也可以准确地模拟悬置失效。

悬置衬套主要分成线性段和非线性段。线性段刚度由悬置解耦确定，取决于动力总成的刚体模态，一般由 NVH 提供其测试数据。非线性段刚度则简化为主要考虑限位。

（2）简化的悬置失效模型

在 Radioss 中用/PROP/SPR_BEAM 可模拟 6 个方向的刚度、阻尼、失效的弹簧，从而进行简化模拟。主要设置包含质量、转动惯量、6 个方向的刚度或者刚度曲线。弹簧设置卡片如图 9-20 所示。

```
/PROP/SPR_BEAM/46000021
Gearbox_mount
#              Mass              Inertia    skew_ID    sens_ID    Isflag    Ifail    Ileng    Ifail2
               .1
#              KTens             CTens                 ATens                BTens               DTens
               0                 0                     0                    0                   0
#   fct_ID1    HTens   fct_ID2   fct_ID3   fct_ID4                         delta_minTens       delta_maxTens
    46000000   0       0         0         0                               0                   0
#              F                 E                     Ascale               Hscalex
               0                 0                     0                    0
#              KTens             CTens                 ATens                BTens               DTens
               0                 0                     0                    0                   0
#   fct_ID1    HTens   fct_ID2   fct_ID3   fct_ID4                         delta_minTens       delta_maxTens
    46000001   0       0         0         0                               0                   0
#              F                 E                     Ascale               Hscalex
               0                 0                     0                    0
#              KTens             CTens                 ATens                BTens               DTens
               0                 0                     0                    0                   0
#   fct_ID1    HTens   fct_ID2   fct_ID3   fct_ID4                         delta_minTens       delta_maxTens
    46000002   0       0         0         0                               0                   0
#              F                 E                     Ascale               Hscalex
               0                 0                     0                    0
#              K                 C                     A                    B                   D
               0                 0                     0                    0                   0
#   N1         H       N2        N3        N4                              theta_min           theta_max
    46000003   0       0         0         0                               0                   0
#              F                 E                     Ascale               Hscalex
               0                 0                     0                    0
#              K                 C                     A                    B                   D
               0                 0                     0                    0                   0
#   N1         H       N2        N3        N4                              theta_min           theta_max
    46000003   0       0         0         0                               0                   0
#              F                 E                     Ascale               Hscalex
               0                 0                     0                    0
#              K                 C                     A                    B                   D
               0                 0                     0                    0                   0
#   N1         H       N2        N3        N4                              theta_min           theta_max
    46000003   0       0         0         0                               0                   0
#              F                 E                     Ascale               Hscalex
               0                 0                     0                    0
#              V0                Omega0
               0                 0
#              C                 n                     alpha                beta
               0                 0                     0                    0
               0                 0                     0                    0
               0                 0                     0                    0
               0                 0                     0                    0
               0                 0                     0                    0
```

图 9-20　弹簧设置卡片

卡片说明如下。

- Mass 为弹簧质量。
- Inertia 为弹簧转动惯量。

- skew_ID 为局部动态坐标系。
- sens_ID 为传感器。
- Isflag 为传感器激活、失活状态控制。
- Ifail 为弹簧失效准则（方向）。
- Ileng 为弹簧长度准则。
- Ifail2 为整个模型的失效准则（位移、旋转、力等）。
- KTens 为弹簧刚度设定。
- CTens 为弹簧阻尼设定。
- ATens 为非线性刚度函数因子。
- BTens 为对数速率效应的比例因子（默认为 0）。
- DTens 为对数速率效应的比例因子（默认为 1）。
- fct_ID1 为非线性刚度曲线定义。
- HTens 为弹簧硬化指标。
- fct_ID2 为弹簧力或力矩曲线定义。
- fct_ID3 为曲线定义（残余位移/旋转、最大位移/旋转等）
- fct_ID4 为非线性阻尼。
- delta_min Tens 为弹簧的负方向位移极限。
- delta_max Tens 为弹簧的正方向位移极限。
- F 为阻尼曲线的横坐标比例因子。
- E 为阻尼曲线的纵坐标比例因子。
- Ascale 为刚度曲线的横坐标比例因子。
- Hscalex 为曲线的纵坐标阻尼因子。

注意：设置刚度曲线之后，加载时将以曲线计算弹簧刚度。

如上所述，每个方向的刚度曲线需要考虑线性段和非线性段，例如，某发动机悬置的线性段刚度为100N/mm，限位为10mm，可设置图 9-21 所示的刚度曲线，近似模拟复杂的非线性衬套在碰撞过程中的变形。

```
#---1----|----2----|----3----|----4----|-
/FUNCT/46000000
mount_X
#              X                       Y
            -100                   -1000
             -11                   -1000
             -10                      -1
              -3                    -0.3
               0                       0
               3                     0.3
              10                       1
              11                    1000
             100                    1000
```

图 9-21　衬套刚度曲线

用非线性弹簧模拟衬套之后，就需要设置悬置支架的失效。同理，有两种方法来设置悬置支架本身的失效：一种是直接把悬置支架建成体网格，设置材料的失效；另一种是建立弹簧单元，比如在 Type13 的弹簧中设置 delta_minTens、delta_maxTens 及其相关的刚度值，即可得到想要的失效力，如图 9-22 所示。悬置支架的失效力需要从试验中得到，一般在 20 ~ 40kN 之间。

```
#---1----|----2----|----3----|----4----|----5----|----6----|----7----|----8----|----9----|---10----|
/PROP/SPR_BEAM/1000018
mount
#             Mass           Inertia      skew_ID     sens_ID      Isflag        Ifail       Ileng      Ifail2
               0.1                 1            0           0           0            0           0           0
#            KTens              CTens                                 ATens                    BTens                    DTens
              00                    0                                     0                        0                        0
#  fct_ID1    HTens   fct_ID2   fct_ID3   fct_ID4                                  delta_minTens            delta_maxTens
    40000         0         0         0         0                                              0                        0
#                 F                 E                             Ascale                   Hscalex
                   0                 0                                 0                        0
```

图 9-22　最大、小伸缩量及刚度值定义

通过上述的简化方法可以得到非常接近实际物理试验的变形结果。

2. 轮胎模型的模拟和影响

在偏置碰撞中，轮胎作为一个非常重要的传力路径，直接挤压门槛，此处截面力可达 100kN 左右，对整个碰撞结果有巨大影响，所以是否正确模拟轮胎在偏置碰撞中非常重要。

轮胎本身比较复杂，如图 9-23 所示。

实际的碰撞模型中需要对轮胎进行简化，这里介绍一种比较简单的合理的建模方式。轮胎模型如图 9-24 所示。

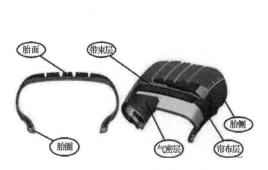

图 9-23　轮胎组成

图 9-24　轮胎模型

在轮胎模型中，需要对胎压进行设置，具体设置卡片参考图 9-25。

```
Solver Keyword:     /MONVOL/GAS/
ID:                 12000002
Name:               Tyre_FR
Include:            (12) 11_DX5_G2_A2_Frt_Susp.rad
User Comments:      Do Not Export
ControlVolume ...   airbag
Card Image:         PerfectGas
⊟ Isur:             (12001092) Tyre_FR
```

a)

```
#---1----|----2----|----3----|----4----|----5----|----6----|----7----|----8----|----9----|---10----|
#- 11. MONITORED VOLUMES:
/MONVOL/GAS/1000000
Air_Presure
#    Isur
   1000003
#           Scal_T          Scal_P          Scal_S          Scal_A          Scal_D
                 0               0               0               0               0
#           gamma           Mu
             1.4               0
#            Pext            Pini            Pmax            Vinc            Mini
              .1            .255              .4               0               0
#   Nvent
       1
#   Svent           Avent           Idel
  1000003               1               1
#           Tvent           dPdef           dtPdef
                 0               0               0
#   Iport   IporP   IporA           FscalePorT      FscalePorP      FscalePorA
       0       0       0                   0               0               0
/SURF/PART/1000003
Air
  3000000 4000000 4100000 4200000 7000000
#---1----|----2----|----3----|----4----|----5----|----6----|----7----|----8----|----9----|---10----|
```

b)

图 9-25　轮胎模型胎压设置卡片

a) 轮胎设置　b) 卡片设置

卡片说明如下。

- Isur 为封闭腔体表面集合。
- Scal_T 是时间为单位的坐标因子。
- Scal_P 是压力为单位的坐标因子。

- Scal_S 是面积为单位的坐标因子。
- Scal_A 是以角度为单位的坐标因子。
- Scal_D 是以距离为单位的坐标因子。
- gamma 为比热容。
- Mu 为体积黏度。
- Pext 为外部压力。
- Pini 为内部压力。
- Pmax 为最大压力。
- Vinc 为不可压缩体积。
- Mini 为初始气体质量。
- Nvent 为泄气孔数量。
- Svent 为泄气孔表面。
- Avent 为泄气孔面积。
- Idel 指定是否考虑泄气（默认为 0 或 1）。
- Tvent 为开始泄气的时间。
- dPdef 为压力差。
- dePdef 为打开泄气孔的最小持续时间。
- Iport 为泄气孔与时间的曲线。
- IporP 为泄气孔与压力的曲线。
- IporA 为泄气孔与面积的曲线。
- FscalePorT 为曲线 Iport 的缩放因子。
- FscalePorP 为曲线 IporP 的缩放因子。
- FscalePorA 为曲线 IporA 的缩放因子。

轮胎仿真模型中最重要的是属性和材料设置。图 9-26 所示材料本构可供参考，其中带有轮胎气压失效设置。

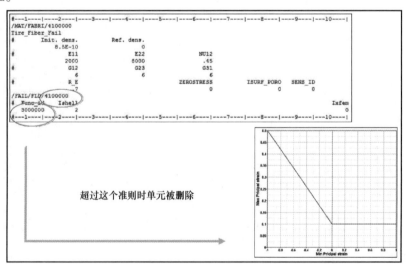

图 9-26　轮胎材料定义

卡片说明如下。
- Init. dens. 为部件的密度。

- E11 为第一方向的杨氏模量。
- E22 为第二方向的杨氏模量。
- NU12 为泊松比。
- G12 为剪切模量。
- G23 为剪切模量。
- G31 为剪切模量。
- R_E 为换算系数。
- ZERO STRESS 为零应力设置（0 或 1）。
- ISURF_PORO 为表面孔隙度的内部尺度因子。
- SENS_ID 为传感器。

总之，碰撞模型中轮胎建模方式有很多种，这需要根据实际的数据输入来确定，但是仿真中要遵循一个重要原则，即轮胎的胎面必须用各向异性材料。

轮胎建模完成之后，必须对其进行工程化的校验。可单独在轮胎中心加载一个向下的强制位移，提取它与地面的接触反力。在去掉胎压的情况下，反力必须很小才符合物理意义。

3. 加工硬化的模拟和影响

钣金成型过程所产生的残余应变、残余应力以及厚度变化等特性会对汽车碰撞模拟产生一定的影响，特别是对纵梁等压溃吸能件的变形产生一定影响，所以通过成型仿真得到前纵梁的应力、应变和厚度分布等数据，然后将其映射到碰撞仿真模型中，考虑冲压效应的整车前碰模拟将与试验结果更吻合。

在 HyperMesh 或者 HyperCrash 中，可自动生成一步成型的冲压信息，对于成型工艺相对比较简单的零件适用度较高，可用于实际工程分析。该方法适用于一次冲压成型的零件，对于多次冲压成型，建议直接通过 Results mapping 导入通过 Inspire form 多次冲压仿真得到的冲压信息。

在 HyperCrash 中，选择某个需要用一步法加载冲压信息的零件（可一次性多选），右击后找到 Result Initialization，如图 9-27 所示。单击 Computer，软件将自动计算加载冲压信息。

成功生成冲压信息的 Part 图标将显示为彩色，如图 9-28 所示。

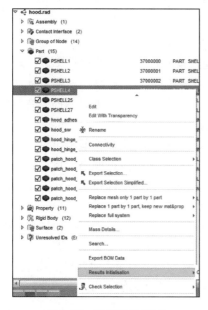

图 9-27　冲压操作界面

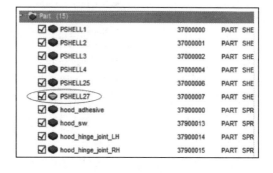

图 9-28　冲压相关部件显示

通过 HyperCrash 快速生成一步法的冲压信息并映射到模型中，能够有效提高仿真精度。生成的冲压信息在 . include 文件中的卡片如图9-29 所示。

```
/INISHE/EPSP_F
  37030774        5         4 0.1857636134116E+01
0.3745235582842E-01 0.3853984087950E-01 0.3827121775377E-01 0.3936648825635E-01 0.3167666644762E-01
0.3257674486566E-01 0.3252771145013E-01 0.3343605124302E-01 0.2590441800268E-01 0.2661587301975E-01
0.2678825757409E-01 0.2750842095260E-01 0.2013844394327E-01 0.2065902083247E-01 0.2105595157784E-01
0.2158567476203E-01 0.1438611140461E-01 0.1471088630764E-01 0.1533850485601E-01 0.1567302223967E-01
  37030775        5         4 0.1861330829307E+01
0.3019339314843E-01 0.3083682581096E-01 0.3040566321246E-01 0.3104860729815E-01 0.2658748967365E-01
0.2722998097151E-01 0.2683291219368E-01 0.2747490222887E-01 0.2298303120644E-01 0.2362566166638E-01
0.2326349847588E-01 0.2390555842441E-01 0.1938081195214E-01 0.2002521994657E-01 0.1969922485445E-01
0.2034286051947E-01 0.1578235027231E-01 0.1643119057128E-01 0.1614348220646E-01 0.1679102570558E-01
  37030776        5         4 0.1860936889669E+01
0.3053956184882E-01 0.3116744715790E-01 0.3051810047074E-01 0.3114327304082E-01 0.2698814178073E-01
0.2761468780761E-01 0.2700165703998E-01 0.2762505671862E-01 0.2344131609312E-01 0.2406725833346E-01
0.2349288676307E-01 0.2411505476133E-01 0.1990153031703E-01 0.2052791139558E-01 0.1999581880159E-01
0.2061745260647E-01 0.1637333743153E-01 0.1700168245145E-01 0.1651787448758E-01 0.1713983036933E-01
```

图9-29　冲压信息

9.2　100％正面刚性墙碰撞工况

9.2.1　100％正面刚性墙碰撞分析规范

按照 C-NCAP 试验程序，试验车辆100％重叠正面冲击刚性壁障，壁障上附以 20mm 厚胶合板。碰撞速度为50～51km/h（试验速度不得低于50km/h）。试验车辆到达壁障的路线在横向任一方向偏离理论轨迹均不得超过150mm。试验状态如图9-30所示。

图9-30　C-NCAP 正面刚性墙碰撞试验

9.2.2　汽车碰撞车身分区

汽身碰撞可分为三个分区。

1）第一区段：低速行人保护区。这一区段车辆的变形及变形力都应该比较小，以利于保护行人和车辆。此区域前部是保险杠的表面，有光滑柔软的塑料蒙皮，能够减小被撞行人的受伤程度；中间是可变形的塑料骨架；内部是刚性金属骨架，也就是防撞梁，可为车辆提供有效的低速保护。

2）第二区段：相容吸能区，是车辆中速碰撞吸能区。在不同质量的两车相撞时，必须在它们的相容吸能区产生最佳的能量分布，变形力应该均匀，即在中速碰撞过程中能量比较均匀地被吸收，尽量降低撞击加速度峰值。从整个车身结构上考虑，应将头部设计得软一些，正面碰撞的能量靠车头的变形来吸收，并通过纵梁将撞击力导入地板结构中。

3）第三区段：自身保护区。该区段主要体现在高速碰撞时使汽车乘员室具有自身保护能力。车身结构在这个区段应有较大的刚度，从悬架到车身前围板之间的变形力急剧上升，阻止变形扩展到乘员室。而且必须通过相应的结构使汽车动力总成向下移动而不致挤入乘员室。在结构上应将乘员室强度设计得相对大些，保证在碰撞过程中为乘员提供足够的生存空间。碰撞分区如图9-31所示[1]。

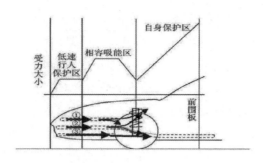

图 9-31　汽车碰撞吸能区域划分

9.2.3　100％整车刚性壁障碰撞分析模型

按照以上试验规范进行相应的有限元模型搭建，详情见 9.1 节。完整有限元模型如图 9-32 所示。

图 9-32　整车仿真模型

9.2.4　100％ 整车刚性壁障碰撞分析评价指标

1. 回弹时刻

左右侧 B 柱下回弹时刻应大于 60ms。

2. 侵入量（动态最大值）

前围板 X 向侵入量应控制在 110mm 以内。油门踏板侵入量 X 向应控制在 60mm 以内，Z 向控制在 30mm 以内。转向管柱侵入量 X 向应小于 50mm，Z 向应小于 40mm。离合器踏板安装点 X 向侵入量应小于 30mm。

3. 加速度峰值

左右侧加速度峰值要控制在 45g（重力加速度）以内。示例如图 9-33 所示。

4. 查看动画

通过观看不同视角的动画，根据工程经验判断纵梁变形模式、整车姿态，以及发动机的运动方式是否合理，如图 9-34 所示。

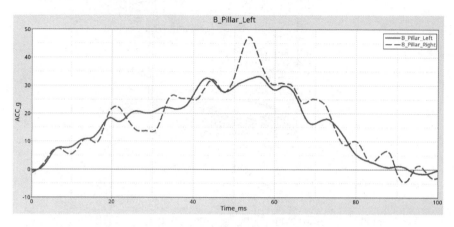

图 9-33　加速度峰值读取

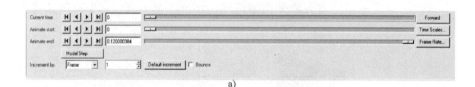

a)

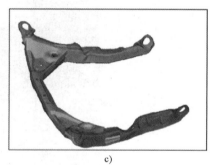

b)　　　　　　　　　　　　　　　　c)

图 9-34　整车碰撞分析结果动画查看

a）动画播放控制柄　b）整车变形图　c）副车架变形图

5. 截面力

查看左右侧截面力曲线。通过截面力的输出可知能量的传递过程，进而根据工程经验判断整个力的传递路径是否合理。

9.3　正面可变形壁障工况

9.3.1　40%正面可变形壁障的分析规范

由于最新的 Euro-NCAP 和中国的 C-NCAP 均取消了 64km/h 的偏置碰撞，所以这里的分析项为法规项，即 56km/h 偏置碰撞。

分析规范为，壁障固定，车辆以 56km/h 的速度与其碰撞，重叠率为 40%，如图 9-35 所示。

偏置碰撞车辆与可变形壁障碰撞的重叠宽度在 40% 的车宽 ±20mm 范围内，因而通过测量整车宽度来定义壁障位置。可利用/TRANSFORM/ROT 旋转卡片和/TRANSFORM/TRA 平移卡片对壁障进行定位，如图9-36 所示。

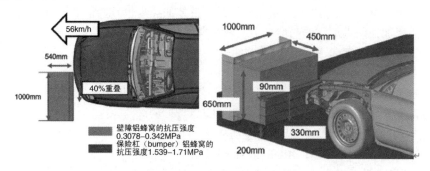

图 9-35　正面可变形壁障的分析规范

```
/TRANSFORM/ROT/1
ForSkewMov
#grnod_ID            X_point_1            Y_point_1            Z_point_1    node_ID1   node_ID2
        8                    0                    0                    0           0          0
#                    X_point_2            Y_point_2            Z_point_2                  Angle
                             0                    0                    1                    180
#---1----|----2----|----3----|----4----|----5----|----6----|----7----|----8----|----9----|---10----|
/TRANSFORM/TRA/2
positioned_for_mustang
# grnod_ID        X_translation        Y_translation        Z_translation    node_ID1   node_ID2
        8                816.9              -67.658                247.2           0          0
```

图 9-36　壁障定位卡片

模型搭建和模型精度要求见 9.1 节。

9.3.2　MPDB 碰撞分析规范

MPDB 工况为 Euro-NCAP 和中国的 C-NCAP 同步发布的最新碰撞工况，具体为两车对撞，壁障车与设计车均以 50km/h 的速度进行碰撞，重叠率为 50%，壁障车重 1400kg，前端铝蜂窝区域离地 150mm，如图 9-37 所示。

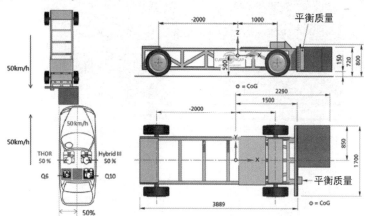

图 9-37　MPDB 碰撞分析规范

1. MPDB 碰撞分析策略

（1）设计车质量 ＜ 壁障车质量

当设计车的质量小于 1400kg，即小于壁障车时，从能量角度来看，壁障车的速度变化小，其乘员载荷准则（OLC）也会较低，较低的铝蜂窝击穿（bottom-out）概率，整体对于罚分项的考察较为容易。

但对于设计车来说，由于所要吸收的能量增加，整体加速度也较为严苛，对于减少假人损伤更为不利，所以需要加强前端部件的吸能能力，甚至考虑加长吸能空间，以达到较好的整体结果。

（2）设计车质量＞壁障车质量

当设计车质量大于 1400 kg，即大于壁障车时，设计车本身的变形较小，从能量角度来看，设计车可能没有回弹，速度变化小，加速度结果较佳，假人损伤值也会比较低。

但对于壁障车来说，速度变化大，意味着 OLC 增大，会造成较大的罚分项，所以纵梁前端需要进行减弱，而纵梁减弱又意味着 50km 正面碰撞（50FFB）中纵梁前端截面力变小，吸能较少，如果吸能空间不足，当吸能空间利用完之后，加速度与侵入量都会急剧上升，从而可能对人体造成较大伤害。

换句话说，MPDB 吸能空间校核需要同时考虑 MPDB 与 FFB 两种工况，在此基础上进行吸能空间控制与目标设定。

设计车质量与波形的关系，以及优化波形的方向，如图 9-38 所示。

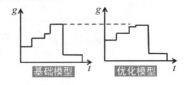
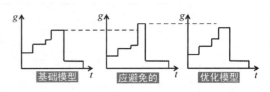

图 9-38 整车优化方向

2. MPDB 碰撞评价指标及后处理

MPDB 碰撞与传统的偏置碰撞最大的不同在于碰撞兼容性指标（SD、OLC，以及 bottom-out 的判断），可理解为对壁障车造成的伤害。

- SD：壁障的铝蜂窝变形标准偏差。主要考察壁障变形均匀性，实际根据法规取壁障特定区域的变形情况，计算评估区域内各点侵入量与平均值的方差，该值为 SD 值。SD 值越大，表示壁障变形越不均匀，罚分越高，如图 9-39 所示。

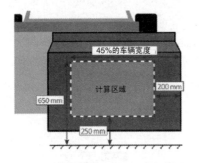

图 9-39 碰撞兼容性指标

SD 计算公式为

$$s = \sqrt{(x_1 - \bar{x})^2 + \cdots + (x_n - \bar{x})^2} \tag{9-1}$$

- OLC：考察壁障车的 OLC 值，相当于壁障车的速度变化情况。当壁障车 OLC 较高时，罚分较多。具体计算方式为画一条水平线与一条斜直线，水平线与设计车整体速度围成的面积为 65mm 时，决定水平线的终点和斜直线的起点，斜直线与设计车整体速度围成的面积为 235mm 时，决定斜直线的终点，此时，斜直线的斜率为 OLC 值，如图 9-40 所示。

HyperWorks 2019 以上的版本均自带了自动计算 SD 和 OLC 的工具。具体界面如图 9-41 所示。

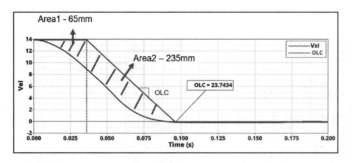

图 9-40　OLC 值计算

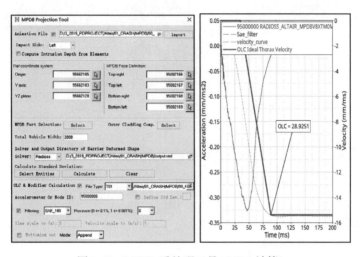

图 9-41　MPDB 后处理工具（OLC 计算）

MPDB 工况引入了新的罚分项，HyperView 自带 MPDB 后处理工具，能直接计算出壁障 SD 值，根据提示填写模型信息即可，包括壁障车局部坐标位置、壁障投影面四个角落的节点 ID 和车宽，如图 9-42 所示。

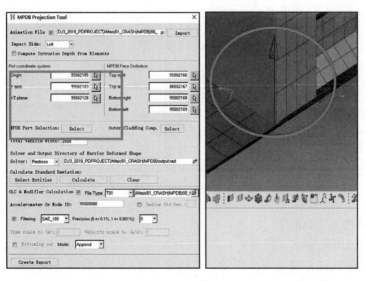

图 9-42　MPDB 后处理工具定义方法

软件将自动算出 SD 值，如图 9-43 所示。

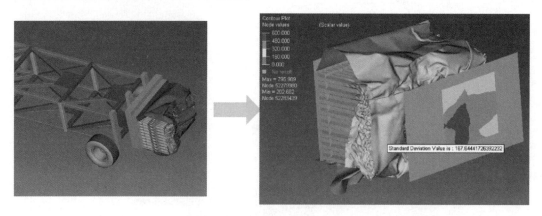

图 9-43　SD 值提取

9.4　25％小偏置碰撞工况

9.4.1　25％小偏置碰撞试验规范

25％小偏置碰撞试验是美国安全保险协会（IIHS）引入试验的安全法规，被测试车辆与刚性屏障发生碰撞，壁障的右边缘重叠于车辆左边距中心线 25％ ±1% 的车辆宽度，其碰撞速度是 64.4 ±1km/h（40 ±0.6 英里/小时）。

刚性壁障由一个垂直并且边缘具有弧度（大于 115°）的钢板构成。前板厚度为 38.1mm，宽为 1000mm，直径为 150mm。壁障的一侧被从半径处向后拉开防止与车辆的二次接触。

护栏位于地板上，高度 1524mm。基部高 1840mm，宽 3660mm，深 5420mm。它由叠层钢和钢筋混凝土组成，总质量为 145150kg。壁障如图 9-44 所示。

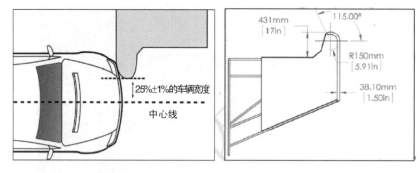

图 9-44　25％小偏置碰撞试验

基于试验要求建立仿真模型，如图 9-45 所示。

模型搭建和模型精度要求，详见 9.1 节。

小偏置碰撞中，由于壁障避开了纵梁，直接撞击悬架，所以悬架的模拟是非常关键的，如图 9-46 所示。

图9-45　25%小偏置碰撞仿真模型

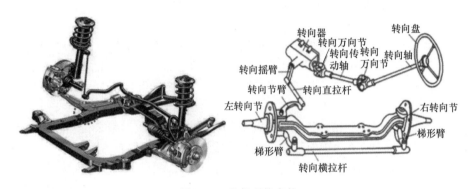

图9-46　悬架系统实物

悬架模型、轮胎模型、转向系统模型，以及车身的焊点均要设置失效模式。所有的失效参数均需要零部件试验的支持。

9.4.2　25%小偏置碰撞策略

1. 碰撞策略分析

令E_{int}为测试车辆（主要指乘员舱）的内能吸收，在碰撞结束时，有

$$\frac{1}{2}mv_0^2 = \frac{1}{2}mv_x^2 + \frac{1}{2}mv_y^2 + E_{int} \tag{9-2}$$

通过动量守恒方程和车身结构特征将碰撞区域分为 Zone1、Zone2、Zone3，则对应的三个纵向碰撞载荷为F_1、F_{12}、F_3，在 x 方向（初始速度方向）有

$$F_1\Delta t_1 + F_2\Delta t_2 + F_3\Delta t_3 = mv_0 - mv_x \tag{9-3}$$

式中，m 为整车质量；Δt_i，（$i = 1$，2，3）为碰撞时作用在不同区域的时刻。

F_i 为 x 方向不同碰撞区域测试车辆与刚性壁障的纵向碰撞载荷，即

$$F_i = p_i d_i h (i = 1, 2, 3) \tag{9-4}$$

式中，p_i 为不同碰撞区域单位面积上作用的碰撞载荷，是由结构特性决定的常数；d_i 为不同碰撞区域车体的侧向残余位移；h 为测试车辆与刚性壁障的接触高度。

由式（9-2）~式（9-4）可得残余位移 d 与侧向速度v_y、内能吸收E_{int}的关系式：

$$d = \frac{m}{ph\Delta t}\left(v_0 - \sqrt{v_0^2 - v_y^2 - \frac{2E_{int}}{m}}\right) \tag{9-5}$$

通过以上公式分析可得，残余位移、侧向速度和能量之间呈正相关性，碰撞测试车辆的 p、h 值一定时，d 越小，则 v_y 越小，车辆保持直行状态的可能越大，碰撞成绩越好，由此将小偏置碰撞的类型分为吸能策略、掠过策略、掠过 + 吸能策略三种。

由小偏置碰撞的特点可知，小偏置碰撞过程中力的传递不经过横纵梁，但吸能部分主要由前三区域承担，从式（9-1）中可知，增加前三区域的吸能，可以有效减少碰撞后的速度残余量。同时由于小偏置碰撞点不经过汽车中心线而会产生转动趋势，并且这种转动趋势会产生侧向速度，实际设计中要控制侧向速度的大小。

25% 小偏置碰撞法规被称为史上最为严格的汽车碰撞法规。大量的小偏置测试研究表明，64.4km/h 速度下碰撞产生的冲击力由后两个区域承担，这是由于 A 柱区域如果吸能太多，强度将变得相对较弱，从而造成全局坐标方向的残余速度增加，驾驶舱变形增大，造成乘员的生存空间减小。由以上公式可知，前期设计考虑小偏置碰撞时，要将吸能和残余速度综合考虑，尽量保持车身直行，减少残余位移量。

2. 碰撞策略解读

IIHS 公布的车型中，车辆在碰撞后侧向速度较小，并使车辆保持直线行驶状态，即碰撞转角较小，残余位移较小，保证了乘员舱的完整性，结构上采用导向式的 Shotgun 结构，称为掠过策略，此种策略一般评价得分较高，往往是 Good 等级，但实际碰撞中会出现二次撞击危害。

车辆碰撞后会出现掉头现象，甚至会出现 90° 掉头，碰撞较大，残余位移较大，传统的车辆设计会出现此种设计方案，称为吸能策略，得分较低。

为满足 IIHS，对导向结构进行改进，发挥出结构优势，同样可得到较好的结果，这称为掠过 + 吸能策略。

各种策略的示意图如图 9-47 所示。

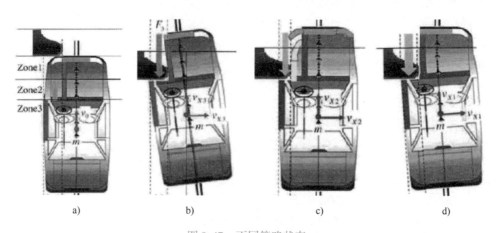

图 9-47　不同策略状态

a）原始状态　b）吸能策略　c）掠过策略　d）掠过 + 吸能策略

9.4.3　车体评价体系

C-IASI 规定车体共 18 个侵入量测量点，并根据侵入量的大小进行等级划分，分为优秀（Good）、良好（Acceptable）、及格（Marginal）、差（Poor）四个等级，如图 9-48 所示。

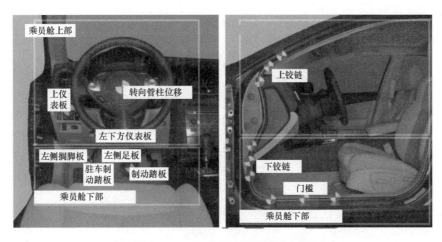

图 9-48　25% 小偏置碰撞评价体系

9.4.4　后处理

对于车体来说，主要看动画变形结果、加速度曲线、侵入量等。HyperView 中嵌入了小偏置碰撞结果读取工具，使用方法如图 9-49 所示。

25% 小偏置后处理工具打开方式如图 9-49 所示。

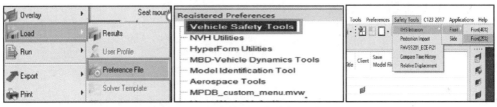

图 9-49　25% 小偏置碰撞分析后处理工具

25% 小偏置后处理工具定义界面如图 9-50 所示。

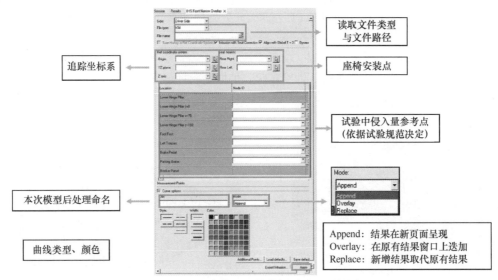

图 9-50　25% 小偏置碰撞分析后处理工具界面

25%小偏置变形模式如图 9-51 和图 9-52 所示。

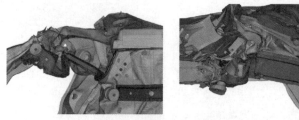

图 9-51　25%小偏置碰撞左纵梁前部变形模式

图 9-52　25%小偏置碰撞门环仿真变形模式

9.5　AE-MDB 碰撞工况

9.5.1　AE-MDB 碰撞试验规范

试验按照 C-NCAP 试验程序进行，在移动台车前端加装可变形铝蜂窝冲击试验车辆一侧，左右侧随机撞击。移动壁障行驶方向与试验车辆垂直，移动壁障中心线对准试验车辆 R 点向后 250mm 的位置，碰撞速度为 50~51km/h（试验速度不得低于 50km/h）。移动壁障的纵向中垂面与试验车辆上通过碰撞侧前排座椅 R 点向后 250mm 处的横断垂面之间的距离应在 ±25mm 内。试验状态如图 9-53 所示（http：//www. c-ncap. org/cncap/pjgz）。

仿真模型一般由白车身、动力总成、冷却系统、电子系统、底盘、转向系统、座椅、仪表板系统、闭合件、轮胎总成、排气系统、油箱系统、地面、内饰、WorldSID 假人、可变形壁障等组成。仿真模型如图 9-54 所示。

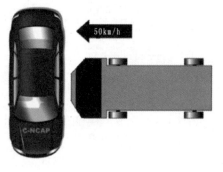

图 9-53　CNCAP AE-MDB 碰撞试验

图 9-54　AE-MDB 碰撞仿真模型

模型搭建和模型精度要求见 9.1 节。

壁障通过/TRANSFORM/ROT 旋转卡片和/TRANSFORM/TRA 平移卡片调整，如图 9-55 所示。

```
/TRANSFORM/ROT/1
ForSkewMov
#grnod_ID            X_point_1            Y_point_1            Z_point_1   node_ID1  node_ID2
        8                    0                    0                    0          0         0
#                        X_point_2            Y_point_2            Z_point_2             Angle
                             0                    0                    1                   180
#---1----|----2----|----3----|----4----|----5----|----6----|----7----|----8----|----9----|---10----|
/TRANSFORM/TRA/2
positioned_for_mustang
# grnod_ID      X_translation        Y_translation        Z_translation   node_ID1  node_ID2
        8              816.9              -67.658                247.2          0         0
```

图 9-55　壁障调整卡片

9.5.2　AE-MDB 评价体系及后处理

侧面碰撞主要对 B 柱相对侵入量、变形模式、速度进行评价。

1. 侵入量读取

模型中需要建立测量侵入量的弹簧单元，如图 9-56 所示。

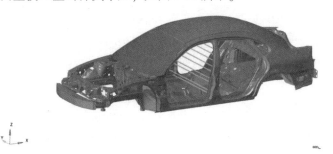

图 9-56　侧面碰撞测量弹簧

弹簧单元的属性如图 9-57 所示。

```
/PROP/SPRING/1000500
measure_spring
#                M                        sensor_ID   Isflag    Ileng
1.00000000000000E-10                              0        0        0
1.00000000000000E-08            0.0               0.0               0.0               0.0
        0         0         0         0                                      0.0               0.0
                  0.0               0.0               0.0
```

图 9-57　弹簧单元属性定义

弹簧单元输出如图 9-58 所示。

```
/TH/SPRING/1000000
bpost_intrusion
DEF
    1693643          R
    1693644          R-100
    1693645          R-130
    1693646          R+100
    1693647          R+200
    1693648          R+300
    1693649          R+400
    1693650          R+500
    1693651          R+600
    1693652          R+700
    1693653          R+800
```

图 9-58　弹簧单元输出

对于侵入量读取，在 HyperGraph 中导入 T01 文件，提取相应的输出弹簧单元，根据自己设置的坐标方向查看对应方向位移即可，如图 9-59 所示。

图 9-59　查看位移

2. 变形模式查看

运用 HyperView 从后视图查看 B 柱变形模式。在假人胸部高度 B 柱不能折弯和明显变形，如图 9-60 所示。

在 HyperView 中，在车身局部坐标系下查看左前门内板侵入量。靠近 B 柱附近侵入量动态值不得超过 140mm。

左前门内板以及 B 柱内板塑性应变不应超过其材料的延伸率，即左前门内板不能发生材料失效。

3. 侵入速度处理方法

在 HyperGraph 中导入 T01 文件，提取左右 B 柱中部 Y 向加速度值，然后对加速度积分，即得侵入速度，如图 9-61 所示。

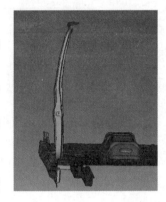

图 9-60　B 柱变形模式示意图

图 9-61　B 柱侵入速度提取方法

9.6　侧面柱碰工况

9.6.1　侧面柱碰分析规范

滑动或驱动车辆横向至刚性柱，使得车辆驾驶员侧与刚性柱发生碰撞。平行于车辆碰撞速度矢量的垂直面与车辆纵向中心线之间应形成 75°±3°的碰撞角。刚性柱表面中心线应对准车辆碰撞侧外表面与通过假人头部重心垂直平面的相交线（碰撞基准线），在与车辆运动方向垂直的平面上，距离碰撞基准线在 ±25mm 内。车辆的碰撞速度为 32 ± 0.5km/h，并且该速度至少在碰撞前 0.5m 距离内保持稳定。试验状态如图 9-62 所示（参见 http：// www.c-ncap.org/cncap/pjgz）。

基于试验要求，搭建仿真模型。模型搭建和模型精度要求见 9.1 节。仿真状态如图 9-63 所示。

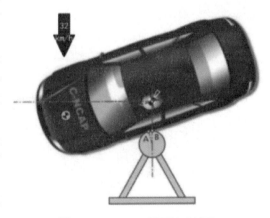

图 9-62　CNCAP 侧面柱碰试验

图 9-63　柱碰仿真模型

车辆的状态可通过/TRANSFORM/ROT 旋转卡片和/TRANSFORM/TRA 平移卡片调整，如图 9-64所示。

```
/TRANSFORM/ROT/1
ForSkewMov
#grnod_ID           X_point_1           Y_point_1           Z_point_1   node_ID1  node_ID2
        8                   0                   0                   0          0         0
#                   X_point_2           Y_point_2           Z_point_2             Angle
                            0                   0                   1               180
#---1----|----2----|----3----|----4----|----5----|----6----|----7----|----8----|----9----|---10----|
/TRANSFORM/TRA/2
positioned_for_mustang
# grnod_ID     X_translation       Y_translation       Z_translation   node_ID1  node_ID2
        8             816.9             -67.658               247.2          0         0
```

图 9-64　车辆状态调整卡片

9.6.2　侧面柱碰分析结果评价

侧面柱碰的评价体系与 AE-MDB 侵入量和加速度评价类似，不再赘述。

值得注意的是，侧面柱碰分析主要针对新能源车的评价。新能源车的重点保护对象之一是电池包，所以柱碰不仅要按照 Euro-Ncap 中规定的位置对着 95th 的假人头部 CG 进行碰撞，而且要对覆盖电池包长度的整个门槛位置进行碰撞，以评估损坏电池包的风险。

9.6.3　侧面柱碰优化策略

对电池模组的保护分为两大策略。

第一种策略：电池包框架结构足够强，可以承受较大的侧向载荷，有效保护电池模组。

第二种策略：门槛足够强，能够使得门槛侵入量小，从而减小电池模组上的风险。此策略不需要很强的电池包框架。

针对第一种策略，电池包框架结构可参考图 9-65。

针对第二种策略，电池包的框架结构可弱化，门槛则需要加强，比较常见的策略是在门槛中增加一根足够长的铝型材，增强门槛，起到吸能的作用，可参考图 9-66。

此型材在柱碰过程中的变形如图 9-67 所示。

承载式结构，能够承受侧向和纵向的碰撞冲击载荷，保护电池模组

侧边6mm

图 9-65　电池包框架结构

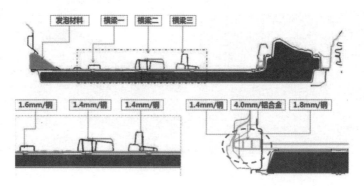

图 9-66　电池包框架优化方案：门槛型材加强

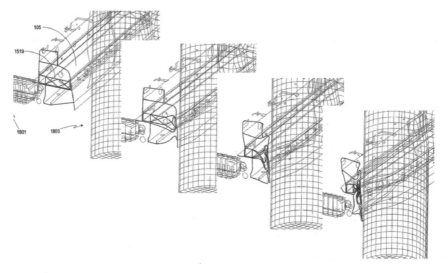

图 9-67　柱碰分析门槛中型材的变形过程

所以，最终的柱碰策略应该是综合匹配车身和电池包框架，找到质量最轻、成本最低的最优方案。

参考文献：

［1］白海，黄镇财，孟利清.基于正面碰撞的承载式车身前纵梁修复研究［J］.汽车实用技术，2015（4）：122-125.

［2］肖锋，陈晓锋.HHS 小偏置碰撞位移导向策略与结构评估方法［J］.汽车安全与节能学报，2013，4（4）：322-333.

第10章

电子与家电行业应用

10.1 概述

电子与家电行业的跌落仿真与汽车领域的碰撞安全有很多相似之处，很多建模标准和仿真规范都可以借鉴。而电子与家电行业的仿真分析又存在领域自身的特点，比如：网格单元类型的选取与划分方法的不同；种类繁多的材料本构的使用不尽相同；电子与家电行业的国家标准决定了一些仿真工况存在领域内的特点等。

本章会根据电子与家电行业的一些特点，讲解相关知识以及实践经验。

注：本章所提到的 Altair 软件中，HyperWorks 为前后处理工具新界面，HyperMesh 为前处理经典界面。

10.2 电子与家电行业仿真模型的搭建

10.2.1 电子与家电行业建模的单元网格标准

在电子与家电行业，很多的仿真方法可以借鉴汽车领域规范，而由于电子与家电行业的产品不同、所使用材料不同、仿真工况不尽相同，需要针对其建模标准进行一些改变。如何确定电子与家电行业的单元网格标准，保证仿真精度与计算效率，应该是在仿真建模之前首要考虑的内容。

先回顾一下前面章节提到的时间步长计算公式。

$$\Delta t = \sqrt{2M/K} = \sqrt{l} / \sqrt{\rho/E} \tag{10-1}$$

从式（10-1）可以看出，时间步长与密度成反比，刚度和单元特征尺寸成正比。例如，在汽车领域仿真分析中，通常钢材的网格平均尺寸为5mm左右，相应的节点时间步长约为1e-6s。

而电子与家电行业的模型包含多种材料类型，如金属、塑料、橡胶、低密度泡沫、瓦楞纸、胶水等。比如PP（聚丙烯）塑料，其材料密度和刚度远小于钢材。通过式（10-1）可以得出，如果采用5mm网格进行划分，时间步长约为3e-6s，为钢材的3倍左右。所以，理论上PP塑料的网格尺寸可以更小，并不会拖累最小时间步长。其他的材料类型也可以通过该方法来对时间步长进行评估。

反过来看，在模型建立前期，可以通过估算最小时间步长来制订单元网格划分尺寸标准。比如，如果确定金属材料的单元尺寸在 3～5mm，即可以确定 PP 等塑料件的最小尺寸在 1～2mm。其他材料的网格最小尺寸也可以按照该方法来初步确定。

另一方面，过小的单元尺寸会造成相同组件划分后的网格数量和节点数量过多，同样会增加计算量。此时可结合 Radioss 求解器并行技术，使用更多核数来进行求解分析。

消费品电子行业以实体单元，特别是一阶/二阶四面体为主。为了保证计算精度，二阶四面体的比例通常很高，会占到总体单元数量的 50% 以上。

消费品电子、电动工具等行业网格划分的尺寸受到塑料等注塑件 CAD 模型的限制，实体单元的最小尺寸无法控制得比较好。这种情况下，需要严格控制四面体的崩塌率（tet collapse）来控制四面体的最小时间步长。平均单元尺寸根据实际零件尺寸判断，最小单元尺寸一般控制在 0.1mm 左右。通常，可以把塑料件的时间步长控制在 5e-8s 量级。目前，在 HyperWorks 和 SimLab 中，都可以非常方便地划分单元网格，并控制好网格单元质量，如图 10-1 和图 10-2 所示。Sim-Lab 对于四面体网格划分效率会更高。

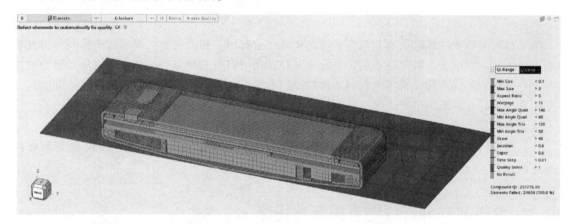

图 10-1　HyperWorks 中的单元质量检查

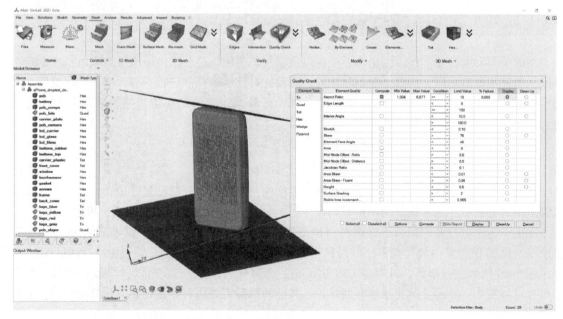

图 10-2　SimLab 中的单元质量检查

对于服务器、家电等行业，由于产品尺寸相对汽车行业较小，多为钣金件，模型通常可以通过壳单元进行简化，如图 10-3 所示。对于金属件的网格尺寸，没有统一标准，可直接沿用汽车领域的建模标准或者进行一定修改获得。例如，服务器机柜的结构相对简单，基本可以沿用汽车领域的仿真建模标准，如图 10-4 所示。

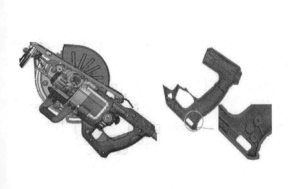

图 10-3　Radioss 在电动工具跌落分析中的应用　　　图 10-4　高级质量缩放技术在通信
设备抗震时程分析中的应用

在 Radioss 求解器中，单元（实体、壳、弹簧等）时间步长、节点时间步长、刚体时间步长、接触时间步长等会同时存在。对基于节点和单元的时间步长表述形式，单元时间步长和节点时间步长控制基本是等价的，所以通常情况下只控制节点时间步长。engine 示例内容如下。

```
# 节点时间步长控制（适用于 Radioss 2017.2.4 后续版本）
/DT/NODA/CST2/0
0.9 5e-08
# 全局节点时间步长控制
/DT/GLOB
0.9 0
```

另外，强制节点时间步长控制方法不允许与全局时间步长控制方法同时使用。

10.2.2　材料本构的选取

1. 各类材料概述

（1）弹塑性材料

对于弹塑性材料，如果不需要考虑应变效应，可以采用 LAW2（Johnson-Cook）材料本构模型。当选择 Iflag = 1 时，用户可直接输入供应商提供的材料数据，包括屈服强度、极限应力和应变。Radioss 求解器自动拟合材料本构所需的 a、b、n 三个参数，并且可在 0000. out 文件中查看，以便后续使用。需要注意的是，如果输入的数据不合理，会导致拟合出的 a、b、n 参数不合理，同样影响仿真精度。换而言之，在输入数据之后还是需要通过经验来判断合理性。不过，这种输入方法已经为电子与家电行业仿真工程师提供了巨大便利。

LAW2 与 LAW36 材料本构虽然不尽相同，但在一些情况下，可以相互转换和替代。用于准静态仿真工况时，可以使用 LAW2，也可以根据 Johnson-Cook 材料本构模型计算出真实应力应变曲线，并输入 LAW36 材料本构中。也就是说，LAW36 允许输入一条真实应力应变曲线。但这时只能模拟单应变率下材料的性能。在电子与家电行业对仿真水平要求日趋严格的情况下，建议使用多应变率曲线，在 LAW36 中至少输入三条真实应力应变曲线，以满足求解器在不同应变率之间进行插值的精度要求。真实应力应变曲线所表示的应变率应该覆盖仿真工况所需要的应变率。通常电子与家电行业跌落仿真的跌落高度在 1 ~ 1.5m，国标要求 0.5m 跌落，所对应的应变率在 600 ~800/s。材料所对应的应变率可通过有限元仿真分析输出相应的动画，以确定所需的最大应变率，从而可确定相应的物理试验条件。

（2）超弹性材料

对于超弹性材料，Radioss 求解器提供了多种材料本构模型。LAW42 和 LAW69 都是基于最常用的两种超弹模型（Ogden 和 Mooley-Revlin）的材料本构。LAW42 需要输入 Ogden 和 Mooley-Revlin 所需参数；LAW69 可直接输入工程应力应变曲线，对工程师使用非常友好。

LAW42、LAW69、LAW82 为单应变率超弹材料本构。如需考虑多应变率影响，可选择 LAW88。Radioss 求解器同样提供了更灵活的材料本构 LAW100。该材料本构由官方与 MIT 共同研发，用户可根据需求进行拓展。

（3）黏弹性材料

黏弹性材料可用于 EPE、EPS 等吸能泡沫材料，常用 LAW36 和 LAW70 材料本构。当无须考虑剪切的情况下，两者之间并无明显差异。LAW36 可考虑剪切，而 LAW70 在形变剧烈的情况下，对于时间步长控制以及计算稳定性稍好。

（4）瓦楞纸材料

瓦楞纸材料通常被简化为各向异性蜂窝材料。瓦楞纸材料从物理试验数据获取的仿真数据较为复杂，可遵循复合材料参数标定方法。

2. 材料本构类型

与电子与家电行业常用材料相对应的材料本构类型见表 10-1。

表 10-1　材料本构类型推荐

材　　料	材料类型	对应材料本构	描　　述
	空材料	LAW0	
金属、玻璃等材料	线弹性材料	LAW1	适用于变形小于 2% 的情况。超过 2% 时推荐使用 LAW2、LAW36 等弹塑性材料。跌落仿真推荐小变形公式 Ismstr = 11，计算更加稳定
钢、塑料、铝合金、密封胶等	弹塑性材料	LAW2、LAW27、LAW36	
泡沫、减震胶等	黏弹性材料	LAW38、LAW70	
橡胶等	超弹性材料	LAW42、LAW69、LAW82、LAW88	推荐使用 LAW69 和 LAW82，可直接输入工程应力应变曲线，Radioss 求解器自动拟合参数
焊点、密封胶等	链接材料	LAW59、LAW83	考虑焊点、密封胶失效
瓦楞纸等	蜂窝材料	LAW28、LAW58	各向异性材料

3. 材料数据获取与单位系统转换

在电子与家电行业中，因各种限制，很难获取十分精准的材料仿真数据，而且由于材料数据来源不同，单位系统转换也需要花费大量精力。Radioss 求解器中提供相应的材料本构，可以比较方便地输入工程数据，求解器会自动将其拟合为仿真所需数据。

Radioss 求解器提供单位自动转换功能/UNIT（局部单位制卡片），只需要在材料本构和失效模型卡片编号后面声明当前使用的单位系统即可。Radioss 求解器将自动转换，方便用户快速输入不同单位系统下的材料本构。但更推荐用户统一单位系统，避免单位系统混乱而造成仿真误差。/UNIT 卡片示例如下。

```
#RADIOSS STARTER
#---1----|----2----|----3----|----4----|----5----|----6----|----7----|----8----|----9----|---10----|
/UNIT/1
unit for mat
#          MUNIT          LUNIT          TUNIT
             kg             mm             ms
#---1----|----2----|----3----|----4----|----5----|----6----|----7----|----8----|----9----|---10----|
#-  1. MATERIALS:
#---1----|----2----|----3----|----4----|----5----|----6----|----7----|----8----|----9----|---10----|
/MAT/PLAS_JOHNS/2/1
Aluminium
#          RHO_I
        2.64E-6              0
#              E             Nu          Iflag
             70             .3              0
#              a              b              n        EPS_max       SIG_max0
            .35            .45             .6              0           1000
#              c      EPS_DOT_0            ICC        Fsmooth          F_cut
              0              1              1              0              0
#              m         T_melt         rhoC_p            T_r
              0              0              0            298
#---1----|----2----|----3----|----4----|----5----|----6----|----7----|----8----|----9----|---10----|
/FAIL/BIQUAD/2/1
#             c1             c2             c3             c4             c5
              0              0              0              0              0
#    P_thickfail    M-Flag    S-Flag    Inst_start      FCT_ID_EL         EI_REF
            1.0         4         3           0.1              0              0
# Fail_ID
       1
#---1----|----2----|----3----|----4----|----5----|----6----|----7----|----8----|----9----|---10----|
/PERTURB/FAIL/BIQUAD/2
test1
#     Mean_value      Deviation        Min_cut        Max_cut     Seed  Idistri
            1.0           0.03           0.95           1.05        0        1
# Fail_ID          parameter
       1                c3
#---1----|----2----|----3----|----4----|----5----|----6----|----7----|----8----|----9----|---10----|
#enddata
#---1----|----2----|----3----|----4----|----5----|----6----|----7----|----8----|----9----|---10----|
```

10.2.3 仿真接触类型

电子与家电行业通常会用到的接触算法以及相关功能见表 10-2。

表 10-2　Radioss 接触算法

接 触 算 法	关键字描述	适 用 范 围
TYPE7、TYPE11、TYPE19	非线性刚度罚函数接触算法	适用于通用自接触、组件与组件之间的接触。TYPE7 为点面接触，如需面面接触，可做对称设置。TYPE11 为线线接触，可与 TYPE7 同时存在。TYPE19 = TYPE7 对称接触 + TYPE11
TYPE24、TYPE25	线性刚度罚函数接触算法	适用于通用自接触、组件与组件之间的接触。TYPE24 同时提供点面、面面和线线接触，可根据用户需要自行选择。TYPE25 同样提供点面、面面和线线（后续更新）接触
TYPE2	绑定接触	适用于模拟粘接，以及粗/细网格之间的过渡等。可以考虑失效模拟
/FRICTION	接触摩擦设定	适用于定义不同组件之间的接触，由于材料类型不同引起的摩擦系数也不同。可定义不同材料之间的摩擦系数
/INTER/SUB	子接触输出设定	适用于输出自接触中任意两个组件之间的接触力

1. 线性与非线性刚度罚函数之间的选取

线性和非线性罚函数接触算法的理论，已经在 5.1 节接触设置中进行了详细介绍。在电子与家电行业中可以按照表 10-3 中的策略进行选取。

表 10-3　Radioss 接触算法选取策略

应 用 场 景	适用接触类型
网格存在大量交叉	TYPE24、TYPE25
电子类产品，网格以实体单元为主	TYPE24、TYPE25
家电类产品，主要以钣金件为主	TYPE7、TYPE11、TYPE19、TYPE24、TYPE25

2. 点面、面面和线线接触方式选取

1）当存在组件与组件之间的平行运动，造成边边锁死的情况时，推荐在 TYPE7 点面接触的基础上增加 TYPE11 边边接触。

2）当存在一维单元与二维/三维单元接触的情况时，使用 TYPE19 替代 TYPE7 接触，效果与 TYPE7 和 TYPE11 相似，其优点在于当前接触为自接触的情况下，可以结合/INTER/SUB 输出自接触对中任意两个组件之间的接触力。

3）当需要保证更高的接触精度时，使用 TYPE24 或者 TYPE25，开启 Iedge = 1（TYPE25 边边接触选项存在于 Radioss 2021 及之后的版本）

增加边边接触后，一定程度上会增加计算时间。对于计算资源不足的用户，需要适当选取。

10.2.4　连接关系建模方法

电子与家电行业常用到的连接关系见表 10-4。

表 10-4　连接关系类型以及对应的建模方式

连接类型	使用场景	推荐建模方式
焊点	金属钣金件焊点连接	刚体建模方式：/RBODY 节点对节点；一维建模方式：TYPE13 弹簧单元
胶	实体与实体，实体与壳，壳与壳	TYPE2 绑定接触

（续）

连接类型	使 用 场 景	推荐建模方式
螺栓		刚体/RBDOY；一维建模：通过 TYPE13 弹簧单元简化螺栓；全实体单元建模（考虑螺栓预紧）
铰链	滑动、转动等连接关系	K-JOINT（TYPE45）
弹簧		TYPE4 弹簧单元

　　针对螺栓建模，提供从刚性连接到实体单元建模，再到使用截面力预紧的不同建模方式。基于各种不同连接关系的建模方法如图 10-5 所示。用户可通过截面力/PLOAD 实现考虑螺栓实体单元建模预紧的连续工况。

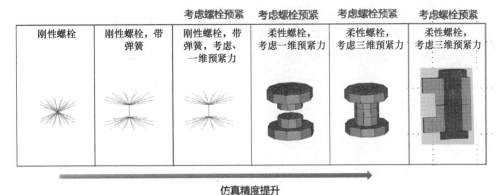

图 10-5　不同连接关系的建模方法

10.2.5　跌落分析常见问题

　　在电子与家电行业的跌落仿真，以及准静态分析的整个分析过程中，常常会遇到以下几方面的瓶颈。

　　1）高效的网格生成。

　　2）相对合理的材料数据和工艺成型信息。

　　3）求解计算负体积现象。

　　4）提升仿真计算效率，以实现产品优化。

1. 高效的网格生成

　　Radioss 求解器允许使用一阶/二阶四面体网格进行求解分析，并尽可能保证四面体单元与六面体单元计算精度的一致性，可以有效降低仿真前期网格准备的工作量。

2. 材料数据获取

　　在电子与家电行业，用户很难获得比较合理的仿真材料数据，但可通过 Altair Material Data Center（AMDC）得到基础数据信息，并直接导出为 Radioss 求解器材料卡片。

3. 负体积现象解决

　　跌落仿真过程中出现负体积现象主要有以下几种情况。

　　1）塑料材料、橡胶材料等没有考虑应变率（只输入了准静态材料数据），并且碰撞速度过高的情况。

2）泡沫材料只输入了准静态工程应力应变曲线，碰撞过程中泡沫材料组件变形过大的情况。

3）运动过程中组件与组件之间节点穿透、网格畸变的情况。

4）网格质量较差、实体单元雅可比过小、四面体单元崩塌率过小的情况。

总的来说，负体积的产生主要由网格质量、材料属性、接触引起。当局部网格质量过差时，只能按照最小单元所允许的时间步长来计算，才能保证计算稳定性。这就是为什么计算失败的模型可以通过降低时间步长来提高计算通过率。

负体积现象的解决方案如下。

1）材料属性引起的负体积：对于塑料、橡胶、泡沫等过软的材料，推荐通过增加多应变率参数来改善负体积现象。如果无法获得比较合理的材料数据，塑料、橡胶材料组件可通过单元控制方法避免负体积现象出现。对于泡沫材料，则需要将工程应力应变曲线插值到应变80%以上，并且推荐输入至少三条不同的应变率曲线。

2）网格质量引起的负体积：通过设置单元控制算法来控制。

```
# 节点时间步长控制(Radioss 2017.2.4 后续版本)
/DT/NODA/CST
0.9 5e-08
# 一阶四面体时间步长控制
/DT1/BRICK/CST/1
# 缩放系数,一阶四面体时间步长
0.9 5E-8
# 崩塌系数(collapse)小于0.2的单元自动转换为使用单元小变形公式进行计算,以保证计算稳定性
0.2 0.05
# 二阶四面体控制
/DT1TET10
```

3）接触导致的负体积：如果使用非线性罚函数接触算法（如 TYPE7、TYPE11、TYPE19），就会因为零件被剧烈挤压，同时网格单元之间穿透过大而产生负体积现象。这种情况下可以将接触算法换成线性罚函数接触算法（TYPE24、TYPE25）。

当缺少边边接触搜索时，会导致网格被拉扯变形，也可导致网格负体积的出现。此时，可在局部网格增加 TYPE11 边边接触。在 TYPE24、TYPE25 接触类型卡片中开启边边接触开关（TYPE25 边边接触需要升级到 Radioss 2021 版本）。

4. 计算效率提升

这里针对电子与家电行业可以用到的加速方法做一个总结。

1）合理控制单元网格最小尺寸，以增加最小时间步长。同时合理简化模型，控制模型单元总体数量。

2）在模型网格数量大的情况下，可以通过 MPP、HMPP 提交方法使用多个计算节点并行计算。

3）当进行准静态、跌落等工况仿真时，可通过 AMS（Advanced Mass Scaling，高级质量缩放）进行加速。在消费品电子跌落仿真过程中，由于产品设计快速迭代的需要，并不纠结于仿真精度，只关心运动模式，这种情况下，可大量使用 AMS 技术。例如，两百万网格数量的手机跌落模型运行在单节点服务器上，半个小时左右完成单次计算；图 10-6 所示为电路板应力分析结果。

4）存在大量二阶四面体网格的情况下，可开启 Itetra10＝2，使用二阶四面体单元算法进行加速。

5）进行准静态工况仿真时，在加载速度缓慢或者需要考虑回弹的情况下，可使用动力释放关键字/DYREL、/ADYREL 进行加速收敛。

6）当需要对局部模型进行优化时，采用子模型技术（SUBMODEL）提升计算效率。

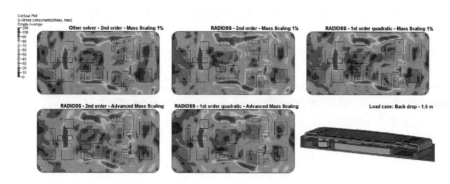

图 10-6　使用 AMS 技术、一/二阶四面体计算得到的电路板应力结果基本一致

10.3　跌落仿真的推荐参数

10.3.1　材料单位系统

电子与家电行业通常使用 S2：ton，mm，s 和 S3：kg，mm，ms 两种单位系统，可通过 HyperWorks 中的 BEGIN CARD 进行设置，如图 10-7 所示。HyperWorks 2021 版本还未支持/UNIT 局部单位制卡片，建议将所有材料数据通过 include 方式进行单独存储，当出现材料数据读取错误时，恢复原有正确材料卡。

图 10-7　在 HyperWorks 中设置 Radioss 单位系统

10.3.2　全局默认参数

在 Radioss 求解器中，允许用户设置全局默认参数，不需要单独。当单元属性中的参数设置为默认（即参数 0）时，求解器会自动搜索/DEF_XXXX 中的设置参数。如果在/DEF_XXXX 中没有相关信息，Radioss 求解器会按照默认推荐参数设置。

壳单元和实体单元默认参数如下所示。对于超弹性材料、复合材料等，单元属性与默认值不同时，用户可单独设置。

```
#---1----|----2----|----3----|----4----|----5----|----6----|----7----|----8----|----9----|---10----|
/DEF_SOLID
#   ISolid    Ismstr              Istrain   Itetra4   Itetra10      Imas    Iframe
      24         0                   0         0          2           0        0

#---1----|----2----|----3----|----4----|----5----|----6----|----7----|----8----|----9----|---10----|
/DEF_SHELL
#   Ishell    Ismstr    Ithick    Iplas    Istrain                       Ish3n    Idrill
      24         0         1         1         1                           2        1

#---1----|----2----|----3----|----4----|----5----|----6----|----7----|----8----|----9----|---10----|
```

在 HyperWorks 中，可在 Model 界面下双击 Cards 进入设置单元属性（壳单元和实体单元）和接触默认参数的界面中，如图 10-8 所示。

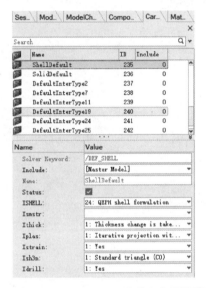

图 10-8　在 HyperWorks Cards 选项卡中设置默认参数

10.3.3　单元属性推荐参数

针对电子与家电行业，基于之前的理论与工程经验，推荐表 10-5 中不同材料本构所对应的单元属性参数。

表 10-5　材料本构所对应的单元属性参数

/PROP/SHELL	/PROP/SOLID	/PROP/SOLID	/PROP/SOLID	/PROP/TYPE20
三、四节点壳单元	六面体，一/二阶四面体	六面体，一阶四面体	六面体，一阶四面体	厚壳单元
Ishell = 24	Isolid = 24	Isolid = 24	Isolid = 1	Isolid = 15（如果存在 PENTA 单元）
Ish3n = 2	Itetra10 = 2	Ismstr = 10	Ismstr = 11	Ismstr = 4
N = 5	Itetra4 = 0	IHKT = 2	Iframe = 1	Inpts = 5
Ithick = 1				

（续）

/PROP/SHELL	/PROP/SOLID	/PROP/SOLID	/PROP/SOLID	/PROP/TYPE20
Iplas = 1				
弹塑性材料：金属合金材料、塑料等，LAW2/27/36	弹塑性材料：LAW2/27/36	橡胶、EPS 等发泡泡沫，LAW38/42/69/82	泡沫（EPS、EPE 等），LAW70	

特别要注意的是，在单元属性参数中，很多参数不需要特殊设置，在前处理器 HyperMesh/HyperCrash 中，相应的参数会设置为默认值 0。在 Radioss starter 过程中，所有默认参数会被替换。以弹塑性材料对应的/PROP/SHELL 壳单元参数为例（见图 10-9），除推荐参数外，都无须设置。hm、hf、hr、dm、dn 会根据材料本构类型、Ishell 类型自动选择合适的参数，手动设置反而可能会导致计算误差。而在 Radioss 2021 及以上版本，用户不再需要输入任何参数，Radioss 求解器会自动选择。

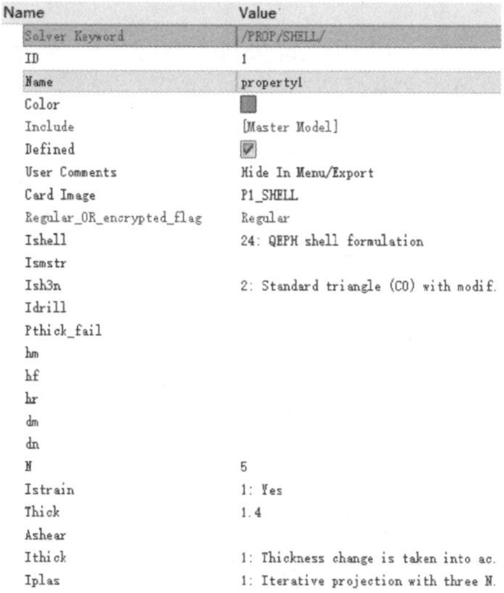

图 10-9 HyperMesh 前处理壳单元属性设置界面

10.3.4 接触算法推荐参数

针对不同的接触算法推荐的参数设置见表 10-6。通常情况下，电子与家电行业仿真可以使用线性罚函数算法接触类型 TYPE24 和 TYPE25 来替代非线性罚函数算法接触类型 TYPE7、TYPE11、TYPE19，根据仿真场景不同，个别参数可能需要微调。

表 10-6 接触算法推荐参数设置

/INTER/TYPE 7	/INTER/TYPE 11	/INTER/TYPE 24	/INTER/TYPE 25	/INTER/TYPE2
Istf = 2，4	Istf = 2，4	Istf = 2，4	Istf = 2，4	Ignore = 1，2，3
Stmin = 1kN/mm	Stmin = 1kN/mm	Iedge = 1	IGap = 3	Spotflag = 27，28
IGap = 2	IGap = 2	Inacti = 5	Inacti = 5	
Idel = 1	Idel = 1	Stmin = 1kN/mm	Stmin = 1kN/mm	

（续）

/INTER/TYPE 7	/INTER/TYPE 11	/INTER/TYPE 24	/INTER/TYPE 25	/INTER/TYPE2
Fpenmax = 0.8	Iform = 2		Iedge = 11，22	
Iform = 2	Gapmin = 0.5 mm			
Gapmin = 0.5 mm	Inacti = 6			
Inacti = 6				
通用型点面接触，可用于绝大部分分析类型，如碰撞、跌落分析	通用型线线接触，可用于绝大部分分析类型，如碰撞、跌落分析	线性罚函数点面/线线接触，多用于电子领域的跌落、低速碰撞工况		

10.3.5　输出设置

随着 Radioss 求解器的版本迭代，输出设置更加简便易用，磁盘空间占用也更小。
Radioss 2019 版本之前适用以下设置。

```
# ----动画输出频率-----#
/ANIM/DT
0.000000 0.000200
# -----------动画文件压缩格式,压缩比约为 66% 。-----------#
/ANIM/GZIP

# ------以下输出用于模型检查,模型计算稳定后可以删除----------#
# 质量增量云图
/ANIM/NODA/DMAS
# 沙漏能云图
/ANIM/ELEM/HOURG
# ------以下输出用于速度、加速度、能量、位移等,可按照需要选取---#
/ANIM/ELEM/EPSP
/ANIM/ELEM/ENER
/ANIM/ELEM/P
/ANIM/VECT/ACC
/ANIM/VECT/DISP
/ANIM/VECT/FINT
/ANIM/VECT/CONT
/ANIM/VECT/PCONT
/ANIM/VECT/VEL
# ------使用 AMS 技术--------------------#
/ANIM/NODA/NDMAS
/ANIM/ELEM/AMS
# -----------以下输出用于主应力等,可按照需要选取----------#
/ANIM/SHELL/TENS/STRESS/MEMB
/ANIM/SHELL/TENS/STRAIN/MEMB
/ANIM/BRICK/TENS/STRAIN/000
/ANIM/BRICK/TENS/STRESS/000
/ANIM/GPS1/TENS
```

```
# -----------当存在材料失效时,建议输出以下内容----------#
/ANIM/BRICK/DAMA
/ANIM/SHELL/DAMA
```

Radioss 2019 版本之后适用以下设置,可以直接输出 .h3d 文件。

```
# ----动画输出频率-----#
/H3D/DT
0.000000 0.000200
# ----H3D 动画输出压缩率,通常默认为 1% -----#
/H3D/COMPRESS
0.01
# ------以下输出用于模型检查,模型计算稳定后可以删除----------#
# 质量增量云图
/H3D/NODA/DMASS
# 沙漏能云图
/H3D/ELEM/HOURGLASS
# ------以下输出用于速度、加速度、能量、位移等,可按照需要选取---#
/H3D/ELEM/EPSP
/H3D/ELEM/ENER
/H3D/ELEM/P
/H3D/NODA/ACC
/H3D/NODA/DIS
/H3D/NODA/FINT
/H3D/NODA/CONT
/H3D/NODA/PCONT
/H3D/NODA/VEL
# ------使用 AMS 技术时--------------------#
/H3D/NODA/NDMAS
/H3D/ELEM/AMS
# -----------以下输出用于主应力等,可按照需要选取----------#
/H3D/SHELL/TENS/STRESS/MEMB
/H3D/SHELL/TENS/STRAIN/MEMB
/H3D/BRICK/TENS/STRAIN/NPT = ALL
/H3D/BRICK/TENS/STRESS/NPT = ALL
/H3D/NODA/GPS1
# -----------当存在材料失效时,建议输出以下内容----------#
/H3D/BRICK/DAMA
/H3D/SHELL/DAMA
```

10.4 电子与家电行业案例

本节将针对电子与家电行业的典型应用进行分析。

10.4.1 跌落仿真

在电子与家电行业,由于产品外形、材料、使用场景等因素的差异。跌落仿真通常分为裸机跌落和带包装跌落仿真两类。考虑外包装的跌落仿真中需要考虑泡沫、瓦楞纸等包装材料的吸能效果。

本节以手机模型（不考虑外包装）和家电产品（考虑外包装）两个案例分别讲解消费电子商品和带包装家电产品的跌落仿真流程以及所用的 Radioss 求解关键字。

1. 消费电子商品跌落仿真

手机跌落模型如图 10-10 所示，单元总量约为 17 万，其中二阶四面体占比约为 64%。最小实体单元尺寸为 0.09 毫米，最小四面体崩塌率为 0.12。该模型比较接近工程实际仿真模型的单元质量状况（见表 10-7）。

表 10-7　手机跌落模型概况

单元类型	数　量
SHELL 壳单元（包含三角形、四边形）	2.46 万
HEXA 实体单元	3.69 万
TETRA10 二阶四面体	11 万

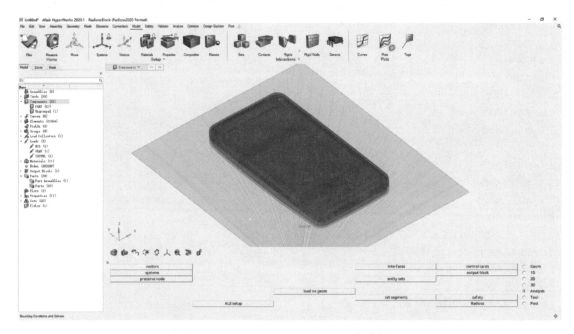

图 10-10　HyperWorks 2021 Radioss 仿真界面

推荐使用 HyperWorks 2020 以上版本针对跌落仿真流程进行设置。

模型提交计算之后，会生成 0000.out 文本文件，该文件提供了大量信息，对于改进模型计算精度和计算效率非常有帮助。

0000.out 文件开头记录了当前 Radioss 求解器的版本，以及具体的创建标签（build tag）。当希望获得 Altair 技术服务的时候，可以提供相应版本号，以快速获得正确的反馈。这里使用的是 Radioss 2020 以上版本的求解器，以及 Intel MPI。Intel MPI 在 HyperWorks 安装过程中默认安装。

也可以看到提交计算的节点相关硬件信息，如图 10-11 所示。这些信息对于排查并行计算过程中出现的问题非常有帮助。使用并行的情况下，HOSTNAME 会有多个。

在前处理中，用户在填写材料本构、单元属性等关键字卡片的时候，没有填写的参数为 0，在 Radioss starter 过程中会被默认参数替代。比如，弹塑性材料本构模型对应的实体单元属性设置中，只填写了 Isolid = 24（QEPH），其他设置为默认的 0，如图 10-12 所示。

```
phone_rad_back_0000.out
*********************************************************************
**                                                               **
**                                                               **
**                 Altair Radioss(TM) Starter 2020               **
**                                                               **
**            Non-linear Finite Element Analysis Software         **
**                  from Altair Engineering, Inc.                **
**                                                               **
**                                                               **
**                  Windows 64 bits, Intel compiler             **
**                                                               **
**                                                               **
** Build tag: 1016858_128532020_1020_0070352_10                 **
*********************************************************************
**   COPYRIGHT (C) 1986-2020              Altair Engineering, Inc. **
** All Rights Reserved.  Copyright notice does not imply publication. **
** Contains trade secrets of Altair Engineering Inc.            **
** Decompilation or disassembly of this software strictly prohibited. **
*********************************************************************


COMPUTATION HARDWARE DESCRIPTION

HOSTNAME      CPU TYPE, FREQUENCY AND MEMORY
CN-LAP079     Intel(R) Core(TM) i7-8850H CPU @ 2.60GHz (x86_64), 2600 MHz,  17248 MB RAM,  37407 MB swap

*********************************************************************
```

图 10-11   节点相关硬件信息

```
Prop_Solid_Hexa_HEPH
      STANDARD SOLID PROPERTY SET
      PROPERTY SET NUMBER . . . . . . . . . .=            4
      SOLID FORMULATION FLAG. . . . . . . .=           24
      SMALL STRAIN FLAG . . . . . . . . . .=            2
      SOLID STRESS PLASTICITY FLAG. . . . .=            2
      COROTATIONAL SYSTEM FLAG. . . . . . .=            2
      TETRA4 FORMULATION FLAG. . . . . . .=            0
      TETRA10 FORMULATION FLAG . . . . . .=            0
      CONSTANT PRESSURE FLAG. . . . . . . .=            0
      CONSTANT STRESS FLAG. . . . . . . . .=            0
      HOURGLASS NUMERICAL DAMPING . . . . .= 0.1000000000000
      DEFAULT VALUE FOR QUADRATIC BULK. . . .
          VISCOSITY (QA) WILL BE USED. . . .= 1.100000000000
      EXCEPT IN CASE LAW 70 WHERE QA = 0.
      DEFAULT VALUE FOR LINEAR BULK. . . .
          VISCOSITY (QB) WILL BE USED . . . = 5.0000000000000E-02
      EXCEPT IN CASE LAW 70 WHERE QB = 0.
      HOURGLASS VISCOSITY . . . . . . . . .= 0.000000000000
      NUMERICAL NAVIER STOKES VISCO. LAMBDA .= 0.000000000000
      NUMERICAL NAVIER STOKES VISCOSITY MU. .= 0.000000000000
      BRICK MINIMUM TIME STEP................= 0.000000000000
      POST PROCESSING STRAIN FLAG . . . . . .=            1

      HOURGLASS MODULUS FLAG. . . . . . . .=            1

      NUMBER OF INTEGRATION POINTS. . . . .=            1
```

图 10-12   0000. out 文件信息-单元属性参数

从 0000. out 文件中还可以了解到模型质量、惯性矩等其他参数，为确认模型建模的合理性提供了很多对照依据。

更重要的是 0000. out 文件提供了模型错误/警告信息汇总（见图 10-13），以及详细的修改建议。通过搜索相应错误/警告信息 ID 可以找到相关解释。

如图 10-14 所示，警告 1053 提示，相同的节点同时被包含在两个不同绑定接触的从节点集合中，Radioss 求解器自动将部分节点从其中一个接触对中删除。这种情况需要在建模过程中避免，还要确认被修改的接触对是否正确。

```
-----------------------------------------------------------------------------------------------------------
|           ERROR(S) SUMMARY                          |              WARNING(S) SUMMARY                   |
-----------------------------------------------------------------------------------------------------------
|                                                     |                                                   |
|                                                     |  --- INTERFACES                     14 WARNING(S) |
|                                                     |       |                                           |
|                                                     |       |                                           |
|                                                     |       |---     1 WARNING ID :          1053       |
|                                                     |       | ** WARNING CONTACT SLAVE NODES ARE ALSO SLAVE NOD|
|                                                     |       |                                           |
|                                                     |       |---    12 WARNING ID :          1157       |
|                                                     |       | ** WARNING : TIED INTERFACE               |
|                                                     |       |                                           |
|                                                     |       |---     1 WARNING ID :          1184       |
|                                                     |       | ** INITIAL PENETRATIONS IN INTERFACE TYPE 24 |
|                                                     |       |                                           |
|                                                     |                                                   |
|                                                     |  --- RIGID BODY                      2 WARNING(S) |
|                                                     |       |                                           |
|                                                     |       |                                           |
|                                                     |       |---     2 WARNING ID :           448       |
|                                                     |       | ** WARNING IN RIGID BODY DEFINITION       |
|                                                     |       |                                           |
|                                                     |                                                   |
|                                                     |                                                   |
-----------------------------------------------------------------------------------------------------------
```

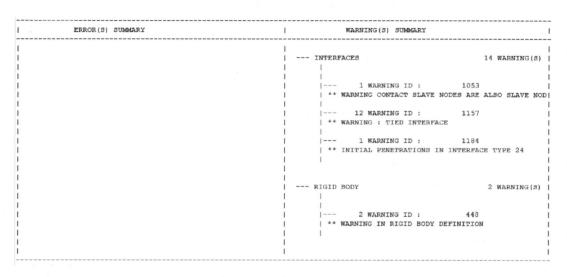

图 10-13　0000. out 文件信息-错误/警告信息汇总

```
WARNING ID :  1053
** WARNING CONTACT SLAVE NODES ARE ALSO SLAVE NODES IN A TYPE2 TIED INTERFACE
DESCRIPTION :
   -- INTERFACE ID : 25
   -- INTERFACE TITLE : general_contact
   SLAVE NODES WILL BE REMOVED FROM 182532 CONTACT PAIR
   SINCE THEY ARE ALREADY DEFINED IN INTERFACE ID : 24
```

图 10-14　0000. out 文件信息-警告信息及其解决方法

模型存在错误信息时是无法正常计算的，只存在警告信息时是可以的，但也应该查看所有警告信息，确认它们都是可以忽略的。

Radioss 求解器推荐使用模拟黏胶的接触类型 TYPE2，Spotflag = 27（实体单元）或者 28（壳单元），可有效降低质量增量，并允许用户使用更大的强制时间步长。这样一来，计算效率可以得到有效提升。

可通过 HyperWorks 前处理设置/DEFAULT/INTER/TYPE2 卡片，同时将 TYPE2 接触卡片参数保持为默认值，即无须输入任何参数，如图 10-15 所示。

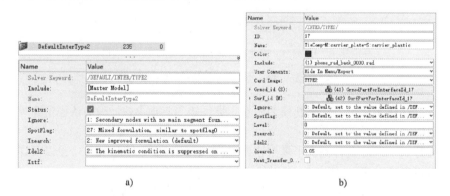

a)　　b)

图 10-15　接触参数设置卡片-TYPE2 绑定接触

a）绑定接触默认参数卡片　b）绑定接触卡片

2. 家电产品带包装跌落仿真

家电产品带包装跌落模型如图 10-16 所示，单元总量约为 17.3 万，其中六面体网格占绝大多数，约为 98%。家电产品模型包含两级包装：泡沫和瓦楞纸。由于家电产品质量大，在运输过程中，外层瓦楞纸变形吸能不可完全忽略，因此，泡沫和瓦楞纸以六面体单元划分。

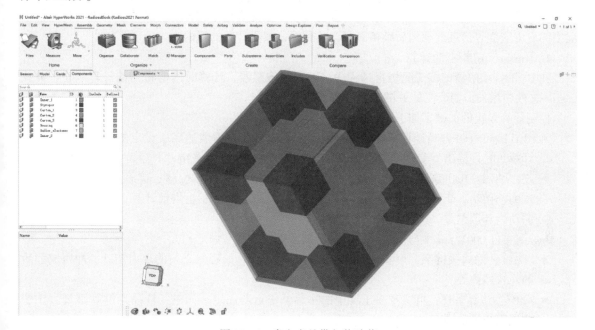

图 10-16　家电产品带包装跌落

家电产品建模的整个流程与电子产品建模有着诸多异同点。家电产品主要以注塑、冲压成型的板壳结构为主，通过外层二、三级包装来保证产品在运输过程中的安全性。复杂的注塑结构和冲压结构可以通过 HyperWorks Mid mesh 和 Batch mesh 功能实现快速中面抽取。而更重要的是，带包装跌落需要在泡沫和瓦楞纸的建模上多下功夫。针对不同类型的泡沫材料和瓦楞纸材料，可分别选取黏弹性、黏弹塑性、超弹性等材料本构，以及相应的材料失效模型，见表 10-8。

为了进一步降低模型网格准备的工作量，Radioss 求解器允许使用四面体对泡沫材料进行网格划分，并能保证四面体与六面体网格计算精度的一致性。

表 10-8　不同材料类型推荐的单元网格、材料本构和失效模型

	单元网格类型	材料本构类型	失效模型	其他
黏弹性泡沫	四/六面体	黏弹性材料本构 LAW38/70/100	拉伸、剪切失效	需要考虑应变率影响
可压缩泡沫	四/六面体	黏弹塑性材料本构 LAW33/76	拉伸、剪切失效	需要考虑应变率影响
瓦楞纸	六面体	各向异性材料本构 LAW28/58	三方向失效模型（材料本构自带）	

10.4.2　多工况仿真

Radioss 求解器可实现单元、接触、刚体等元素的生死设置，并支持求解计算重新启动。

Radioss求解器可在计算过程中实现以下功能。

- 显式、隐式求解切换：直接在 engine 文件中加入隐式计算卡片即可。
- 单元生死：单元激活/ACTIV 、单元删除 /DEL。
- 接触生死：在 engine 文件中加入接触，或者使用/DEL 删除接触。
- 重新设定边界条件：固定自由度、加载初始速度等；流体计算的边界条件修改等。

通过重新启动计算，可实现多工况连续仿真。在工程应用中，多工况的连续仿真可将之前工况中的应力应变等信息继承到后续仿真中，达到损伤累积计算的目的。

1. Radioss 重新启动计算

在 Radioss 求解器的多工况仿真过程中，可通过传感器、计算时间等将当前计算停止，并在 engine 文件中增加需要改变的关键字后重新启动计算。

控制计算停止的关键字如下。

- /KILL、/STOP：当计算任务能量误差、质量或者质量增量达到所设定的阈值时停止当前计算。允许输出当前时刻的动画和数据点，方便查找模型差错。
- /SENSOR：Radioss 提供多种传感器类型（时间、加速度、位移、接触力、刚体支反力、压力、做功、能量、逻辑等）。可结合/STOP/LSENSOR 停止当前计算，并输出当前时刻的动画和数据点。

engine 文件 0001. rad 中与重启动相关的比较常用的关键字如下。

- /IMPL：隐式关键字，可实现显式、隐式连续计算。如碰撞之前的重力加载、冲压成型后的隐式回弹等。
- /BCS：边界条件，可实现多工况中的边界条件重新固定。如电子产品连续跌落过程中多个地面边界的固定。
- /BCSR：边界条件释放，将个别节点从原有边界条件中释放出来。
- /INIV：初始速度，可实现初始速度、转动等重新加载。
- /DEL：单元生死、接触生死等。

Radioss 求解器的重新启动还适用于以下情况。

1) 任务突然中断后重新启动计算。

2) 计算中间改变动画的输出类型、动画和数据点的输出频率等。

Radioss 求解器的重新启动设置非常简单，只需要以下步骤。

步骤 1：将 engine 文件复制一份，另存为 RUNNAME_0002. rad 文件。

步骤 2：将/RUN/RUNNAME/1 改成 /RUN/RUNNAME/2，计算时间修改为所需要的时间。

修改之前：

```
# "/1"表示工况1
/RUN/TENSILE_LAW36/1
# 第一个工况求解终止时间为 30ms
30
```

重启动案例

修改之后：

```
# "/2"表示工况2
/RUN/TENSILE_LAW36/2
# 第二个工况求解终止时间，即 30~40ms 之间为第二个工况
40
```

2. 多工况仿真

在电子与家电行业存在很多国标以及公司内部标准，在仿真过程中需要考虑初始应力应变才

能保证计算精度，包括以下方面。

- 螺栓预紧跌落。
- 考虑过盈配合的跌落。
- 连续多方向跌落等。

（1）螺栓预紧跌落仿真

涉及的 Radioss 关键字如下。

- /PLOAD：用于实体单元螺栓预紧。
- /PROP/SPR_PRE：用于一维单元螺栓预紧。
- /INIV：预紧后加载初始速度。
- /ADYREL：自动动态释放。

本模型中，螺栓通过一维弹簧进行预紧（见图 10-17），然后进行跌落仿真（见图 10-18）。仿真步骤见表 10-9。

表 10-9　螺栓预紧跌落仿真步骤

分　析　步	时　间　序　列	分　析　内　容
Step 1	0 ~ 0.002s	通过一维弹簧进行螺栓预紧
Step 2	0.002 ~ 0.005s	使用 /ADYREL 进行动能释放，使模型回到平稳状态
Step 3	0.005 ~ 0.010s	在 engine 文件中加入 /INIV/TRA 加载初始速度

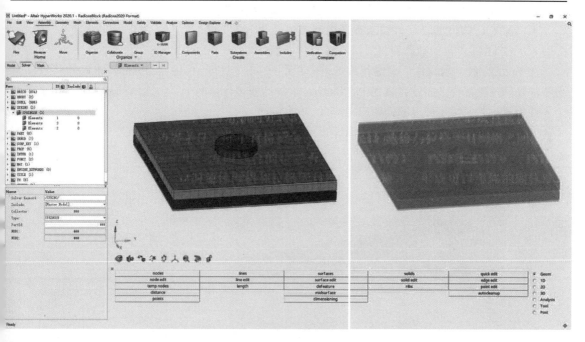

图 10-17　螺栓模型

设置 RWALL 无限平面刚性墙过程中，由于刚性墙接触为单方向，所以需要注意刚性墙初始方向为指向平板，并设置合理的搜索距离参数 Dsearch。

（2）考虑过盈配合的跌落

某些情况下，仿真过程中的螺栓、卡扣等零件与周围环境件的过盈配合无法忽视，这就需要在仿真过程中考虑过盈配合的过程。

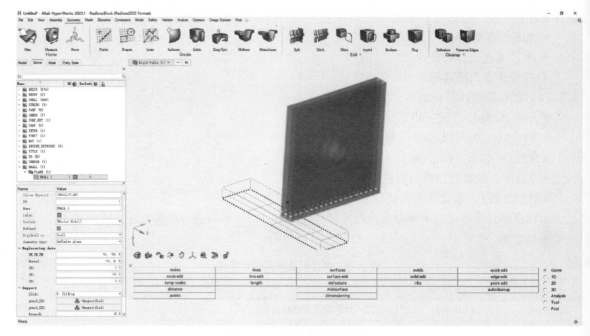

图 10-18　螺栓零件跌落方向

涉及的 Radioss 关键字如下。

- /INTER/TYPE24：线性罚函数通用型接触。
- /ADYREL：自动动态释放。

在 TYPE24 接触算法中，只需修改 Inacti 参数为 -1（见图 10-19），Radioss 求解器将自动考虑零件几何过盈配合。在计算过程中，Radioss 求解器通过计算两个零件之间的过盈接触力来将两个零件分开，并保留零件上的初始应力应变。

处理穿透过程中引入的动能过大时，可使用/ADYREL 进行自动动态释放。

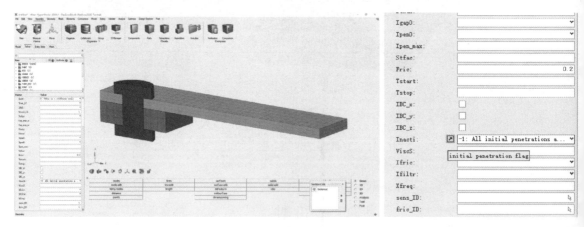

图 10-19　螺栓模型接触设置-TYPE24 INACTI = -1，处理初始网格交叉

10.4.3　准静态工况分析

在电子与家电行业，诸多试验工况可以简化为准静态仿真。通常情况下，大多数仿真工程师会

选择隐式求解器进行准静态仿真，并认为隐式求解器仿真精度优于显式求解器。这是一个认识误区。

隐式算法与显式算法有着各自的应用领域，而准静态工况仿真是隐式算法和显式算法的交叉区域，工程师需要对复杂物理过程进行分析，选取更合适的方法。

相比显式算法，当出现后屈曲、材料破坏时，隐式算法的收敛成功率会大大降低。这种情况下可以尝试使用显式算法，降低人工调整收敛效果的工作量，将其交给高性能计算资源。

1. Radioss 准静态工况设置

通过显式求解算法进行准静态仿真分析时，需要注意以下两点。

- 保证仿真模型动能远远小于总能：按照工程经验，无论使用强制位移还是强制速度，只要保证运动速度在 1m/s 以下，即可满足条件。
- 材料属性：在显式求解器中，通常要求输入多应变率材料参数，而在准静态工况仿真中，只需要保留准静态材料参数。例如，使用 LAW2 Johnson-Cook 单应变率材料本构；使用 LAW36 多应变率材料本构，只输入准静态材料数据。

Radioss 关键字如下。

- /FUNCT_SMOOTH：平缓加载曲线
- /SENSOR：力、位移、做功、逻辑等传感器。
- /ADYREL：自动动态释放。

2. Radioss 准静态工况分析案例

以手机三点弯仿真为例。当跌落仿真模型准备好之后，只需要改变边界条件即可实现三点弯仿真分析，如图 10-20 所示。

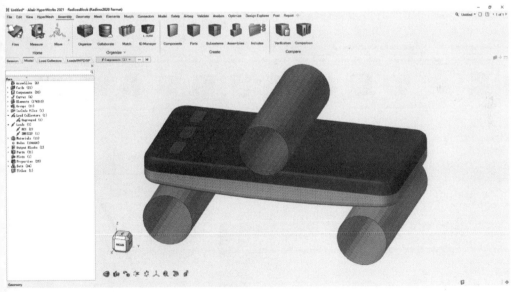

图 10-20　手机三点弯仿真模型

此模型中，通过缓慢加载强制位移来实现准静态仿真，并保证动能远远小于总能即可。

在/IMP_DISP 强制位移卡片中，分别设置 Ascale（X）为 0.005，Ascale（Y）为 −5，代表缩放强制位移曲线加载时间到 0.005s，加载距离为负方向 5mm，这样就能满足准静态仿真对加载边界条件的要求。

在施加强制位移边界条件时，需要使用平缓加载。与使用一条直线进行加载的区别在于，平缓加载可避免仿真计算过程中接触力的瞬时增加以及支反力的剧烈波动，并提升计算稳定性，如

图 10-21 所示。

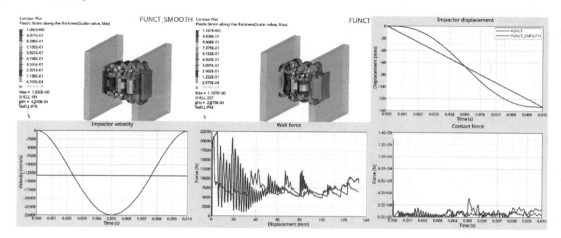

图 10-21 平缓加载与传统加载方式结果对比

用户可通过下式计算得到平缓加载曲线。该曲线可用于强制位移、强制速度等各种用途，x 和 y 轴数值无量纲。

$$A(t) = A_{\text{tot}}\left(\frac{t}{t_{\text{tot}}}\right)^3\left(10 - 15\left(\frac{t}{t_{\text{tot}}}\right) + 6\left(\frac{t}{t_{\text{tot}}}\right)^2\right) \tag{10-2}$$

式中，A 为 y 轴数值；t 为 x 轴数值；t_{tot} 为 x 轴总数值。

如图 10-22 所示，在 HyperWorks 软件界面中，可直接导入通过式（10-2）计算得到的平缓加载曲线。

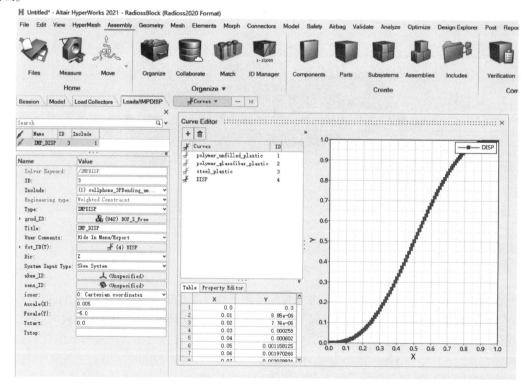

图 10-22 HyperWorks 中的平缓加载曲线设置

Radioss 求解器还提供了更简便的加载方式/FUNCT_SMOOTH，只需给出曲线的关键点信息，求解器将自动拟合数据，如图 10-23 所示。

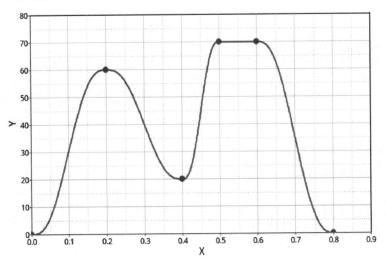

图 10-23　/FUNCT_SMOOTH 卡片功能演示

```
# ---1---- |----2---- |----3---- |----4---- |----5---- |----6---- |----7---- |----8---- |----9---- |---10---- |
/FUNCT_SMOOTH/4
SMOOTH_FUNCT DISP
# 下面一行为空行，代表缩放系数为默认值，即不缩放。

#          X              Y
           0              0
           1              1
```

最后，在 0001. rad engine 文件中加入/ADYREL 关键字，并且不需要输入任何参数。

```
# 总计算时间为 0.005s
/RUN/aPhone_3PBending/0/
0.005
# 时间步长缩放系数 0.9
# 强制节点时间步长为 4E-8s，对应质量增量约为 2%
/DT/NODA/CST/0
0.9    4.0E-08
# 自动动态释放
/ADYREL
```

10.4.4　Radioss 结合 HyperStudy 多学科优化

Altair 产品平台中提供了一系列优化相关的工具和模块。Radioss 可以通过等效静态载荷法（ELSM）与 OptiStruct 进行联合优化仿真，也可与 HyperStudy 结合起来进行多学科优化仿真。通过 Altair PBS Access Desktop 界面可以直接调用 HyperStudy，在高性能计算节点上直接进行批量多学科优化。

如图 10-24 所示，以手机背部跌落模型为例。智能手机的 LED 液晶屏在跌落过程中很容易因手机外壳变形和内部空隙影响而剧烈变形，从而导致液晶屏碎裂，此时可以使用 HyperStudy 结合 Radioss 进行多学科优化。

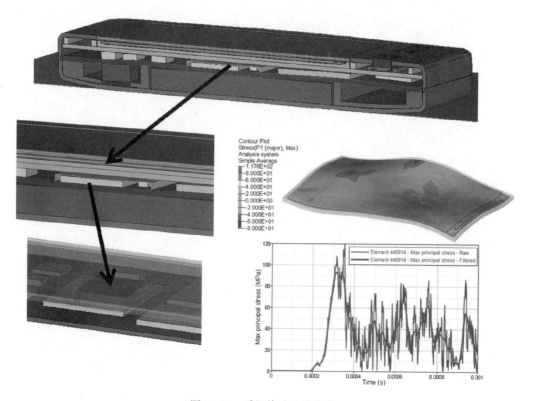

图 10-24　手机橡胶垫片优化

　　手机外壳几何外形、液晶屏幕与电路板之间橡胶垫片的厚度和材料等都可以作为优化参数，并以液晶屏边缘单元应力为优化目标，如图 10-25 所示。

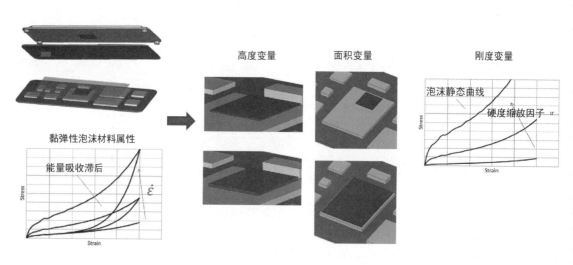

图 10-25　模型优化参数

通过 HyperStudy 优化分析可实现屏幕单元应力下降，如图 10-26 所示。

LCD屏边缘应力最高的五个单元网格

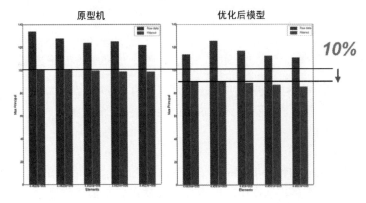

图 10-26　模型优化结果

示例：HS-4420 球形冲撞器。

第 11 章

Radioss 流固耦合

在 Radioss 中，流体与固体的接触（流固耦合）既可以使用 SPH 粒子的方法模拟，也可以使用 ALE 的方法模拟。下面分别介绍这两种方法在流固耦合仿真中的设置方法。

11.1 SPH 粒子法

本节介绍 Radioss 中的 SPH 粒子法，以及使用 SPH 粒子法时如何定义粒子分布、单元属性、材料、接触、边界条件等内容；另外还有 SOL2SPH 方法，既能加速计算又不会在大变形时由单元畸变引起负体积等问题。

1. 什么是 SPH

SPH 是 Smooth Particle Hydrodynamics（光滑粒子流体动力学）的简称，它是基于插值理论的无网格数值方法，是用许多相互作用的周边粒子（质点）来描述物体（连续体），遵从连续介质力学的理论。它将物体的材料特性、速度和质量以一定的权重分配给每个粒子。在计算过程中，连续性的改变是由于物体的变形引起的。SPH 将连续体动力学的守恒定律以偏微分方程的形式通过核函数 $W(r,h)$ 转化为积分方程。尽管粒子通常显示为离散点或球体，但在数学上，它们是连续的，如图 11-1 所示。

核函数 $W(r,h)$ 用于描述粒子与其周围半径 r 范围内的粒子的相互影响度。h 是光滑长度，在 Radioss 中可以由用户定义，粒子将与其周围半径 2h 范围内的粒子产生相互作用，如图 11-2 所示。h 定义得越大，粒子就与越多的周边粒子有相互作用，计算精度越高，但是计算资源消耗就越多，所以需要优化粒子分布以及定义适当的 h，在精度和性能之间寻求最佳折中。

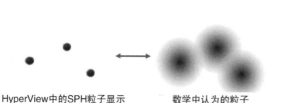

HyperView中的SPH粒子显示　　数学中认为的粒子

图 11-1　粒子示意图

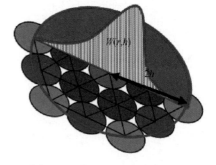

图 11-2　使用于 SPH 的核函数

SPH 方法实际上也是一种拉格朗日方法，与传统的拉格朗日方法相比，使用 SPH 在计算时不会出现由于单元畸变而引起的计算中的，没有沙漏能的问题，没有负体积问题，出现更少的时间步长问题。鸟撞、液体晃动、波浪工程、弹道学、气体流动等都可以用 SPH 方法。这些仿真通常具有较为严重的大变形现象，如果使用拉格朗日网格，单元变形会非常大，进而计算时间步长会变得非常小，计算效率便会很低。Radioss 中的 SPH 方法有很好的兼容性，例如，可以模拟两个物体相互作用，一个由拉格朗日有限元离散，另一个由 SPH 粒子离散，如图 11-3 所示。

2. SPH 粒子分布

使用 HyperMesh 可以轻松创建 SPH 粒子。可以从面板中的 1D-> sph 进入（见图 11-4），也可以从下拉菜单 Mesh-> Create-> SPH 进入，之后基于 surface 或 volume 创建 SPH 粒子。

图 11-3　球穿击板的 SPH 模拟方法
和拉格朗日模拟方法

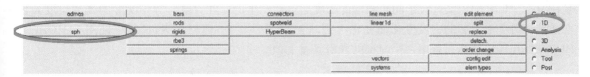

图 11-4　HyperMesh 中的 SPH 网格划分功能入口

Radioss 中的粒子有三种分布方式，即六边形密网分布法（HCP）、面心立方堆积（Face Centered Cubic，FCC）和立方体顶点分布法。由于使用 HCP 和 FCC 分布方式的粒子最为紧凑，所以推荐使用这两种方式，而且这两种方式得到的结果也是非常接近的，如图 11-5 所示。在 HyperMesh 中（如图 11-4 所示面板）可以直接找到 FCC 分布方式，而 HCP 分布方式需要从 Altair Connect 上下载一个 HyperMesh 的脚本，然后才能生成相应的 HCP 粒子分布。例如，图 11-6 所

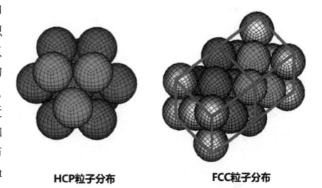

图 11-5　SPH 粒子的 HCP/FCC 分布方法

示就是在 HyperMesh 中设置间距为 1mm 的 FCC 分布粒子。建议一个模型中选用一种类型的粒子分布方式，并且所有粒子的间距（分布密度）要一样，因为不同尺寸粒子之间的相互作用可能导致异常，有些情况下接触会发生问题。

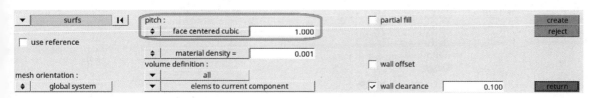

图 11-6　HyperMesh 中设置 SPH 粒子的面板

11.1.1　SPH 建模

SPH 建模与常规的建模稍有区别。下面介绍 SPH 粒子建模中涉及的单元属性设置、材料卡片选用、接触和边界定义等内容。

1. 粒子的单元属性

粒子的单元属性使用/PROP/TYPE34（SPH）。如果在 HyperMesh 中的粒子设置面板设置了 material density，那么 HyperMesh 会根据产生的粒子数目 n 自动计算每个粒子的质量 m_p。

$$m_p = \frac{\rho V}{n} \tag{11-1}$$

HyperMesh 自动计算初始的光滑长度 h_0，也就是粒子与其最近粒子的距离。

$$h_0 \approx \left(\frac{\sqrt{2}m_p}{\rho}\right)^{1/3} \tag{11-2}$$

如果是 FCC 分布的粒子，那么 h 取稍微大一些的 $\sqrt{2}h_0$，最大可以取 $2h_0$。图 11-7 所示卡片就是在 HyperMesh 中定义好粒子间距和构件密度后自动产生的。在计算过程中实际的光滑长度 h 值会随着材料变形引起的密度变化而变化（遵从 $\rho \cdot h =$ 常量），可以在 Radioss 中使用/H3D/SPH/DIAMETER 输出计算过程中每个时刻的光滑长度 h 值。

```
#---1----|----2----|----3----|----4----|----5----|----6----|----7----|----8----|----9----|---10----|
/PROP/TYPE34/3000001
SPH
#                 mp                   qa                   qb            alpha_cs   skew_ID      h_ID
               7.826                 2E-30                1E-30                  0         0         0
#    order                h            xi_stab
         0            1.4142                0
#---1----|----2----|----3----|----4----|----5----|----6----|----7----|----8----|----9----|---10----|
```

图 11-7 SPH 粒子的单元属性卡片

粒子单元属性卡片中的 alpha_cs 这个参数用于保证 SPH 粒子构件受拉时的稳定性。alpha_cs 的默认值是基于 FCC 粒子分布自动设置的，建议受拉时设置 alpha_cs = 0.1（也就是 10%），但是这样可能会导致能量的吸收，应在 HyperGraph 中检查 HE 能量，如图 11-8 所示。另外当流体受到负压时可以选用参数 xi_stab 来控制计算稳定性，此时这个参数通常推荐设置为 0.3。

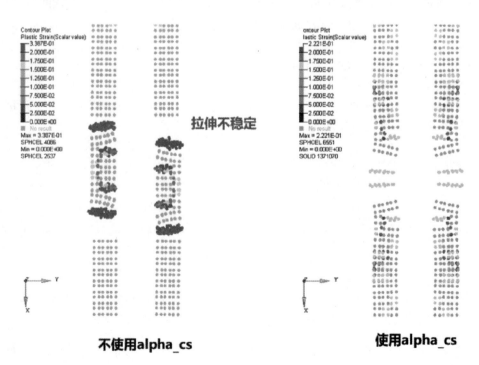

图 11-8 SPH 计算中参数 alpha_cs 对于拉伸行为的影响

在粒子单元属性卡片中还有 qa、qb 这两个关于人工黏度的参数，它们用于正确模拟冲击和高压缩区域粒子之间的相互作用。一般默认使用 qa = 2，qb = 1，用于模拟冲击波/波传播情况，比如冲击速度接近声速在材料中传播的速度时。在低马赫时，由于内部计算人工黏度时引入了过度阻尼，所以系数必须降低，qa、qb 应设置为不考虑阻尼的情况，即 qa = 2.0e-30，qb = 1.0e-30，比如鸟撞中的 SPH 鸟模型需要这样设置。此处要注意真实的物理黏度必须通过材料卡片设置，而不是在这里设置。

2. 全局单元属性卡片/SPHGLO

在 Radioss 中设置粒子的单元属性时还可以用/SPHGLO 卡片定义全局的单元属性卡片，如图 11-9 所示。这里的 Maxsph 在 14.0.22 版本后就不需要设置了，而是由 Radioss 自动计算。Nneigh 用于定义周边粒子的最大个数（上限），而 Lneigh 是对于每个粒子来说其周围参与 SPH 近似计算的最大粒子数。当在定义的 $2h$ 半径范围内搜索到数量超过 Nneigh 的粒子时，就在这些粒子中选取最靠近的 Lneigh 个粒子计算相互作用，所以通常 Nneigh≥Lneigh。这些参数推荐使用默认值。Alpha_sort 用于计算搜索相邻粒子的安全半径，也就是每个粒子会搜索大于安全半径的相应粒子数。通过这个参数可以再次扩大搜索半径（1 + Alpha_sort），默认的 Alpha_sort = 0.25。这个参数最好不要随意改动，增加这个参数后由于有更多的相邻粒子包含进去，将大大降低计算速度。

图 11-9　Radioss 中用于定义 SPH 粒子全局单元属性的卡片

示例：对于某个粒子来说，它的周边最大粒子数目可以是 Nneigh = 120，参与计算的最大粒子数目仅为 Lneigh = 100，在计算中该粒子需要每次重新确定那些在其（1 + Alpha_sort）×搜索半径范围内的周边粒子进入计算。

3. 粒子的材料卡片

在 Radioss 中，SPH 粒子法模拟的物体绝大多数可以用于实体单元的材料卡片，具体可以参见 Radioss 工具书关于材料卡片兼容性的章节。通常可以使用 LAW4（HYD_JCOOK）来模拟金属材料（SPH 粒子），常用于穿击金属板、切削金属等模拟；可以使用 LAW6（HYD_VISC）来模拟流体，比如水、油等。注意黏滞性是在材料卡片里设置，比如在 LAW6 中设置，而不是在单元属性卡片中的 qa、qb 中设置。各向异性的材料也可以用 SPH 粒子法，比如加筋混凝土使用 SPH 粒子法。由于各个方向上的配筋不同，加筋混凝土材料也需要定义为正交各向异性（使用 LAW24），此时需要在/PROP/SPH 粒子单元属性的卡片中使用 skew_ID 定义相应的材料方向，如图 11-10 所示，skew 中的局部 x 轴就是材料方向 1，如果没有定义 skew_ID，那么就认为材料是各向同性的材料。

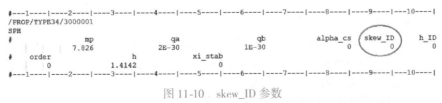

图 11-10　skew_ID 参数

另外材料卡片同样可以配合/EOS 卡片来描述材料状态，使用/FAIL 失效卡片来描述材料的失效。比如在穿甲仿真中使用 SPH 粒子模拟的金属铝材料（单位制 g，mm，ms），如图 11-11 所示。在 Radioss 中使用 SPH 粒子法的部件失效并不是采用删除单元的处理方式，而是停止计算粒子与其周边粒子的相互作用。

```
#---1----|----2----|----3----|----4----|----5----|----6----|----7----|----8----|----9----|---10----|
/MAT/HYD_JCOOK/1/1
Aluminium
#              RHO_I              RHO_0
                 2.8                  0
#                  E                 nu
                .734                .33
#                  A                  B                  n             epsmax             sigmax
              .0024              .0042                 .8                  0              .0068
#               Pmin
              -.0223
#                  C          EPS_DOT_0                  M              Tmelt               Tmax
                .062               1E-6                  1               1220                  0
#               RHOCP                                                      T_r
             2.59E-5                                                         0
/EOS/TILLOTSON/1/1
Aluminium
#                 C1                 C2                  A                  B
                .752                .65                 .5               1.63
#                 ER                 ES                 VS                 E0              RHO_0
                .135               .081                1.1
#              ALPHA               BETA
                   5                  5
/FAIL/JOHNSON/3
#                 D1                 D2                 D3                 D4                 D5
                .112               .123               -1.5               .007                  0
#              EPS_0   Ifail_sh   Ifail_so                                Dadv              Ixfem
                1E-6                  1
#---1----|----2----|----3----|----4----|----5----|----6----|----7----|----8----|----9----|---10----|
```

图 11-11　使用 SPH 粒子模拟的铝合金材料（考虑状态方程和失效）

4. SPH 粒子法中的接触设置

SPH 粒子的接触可以是粒子和粒子之间的接触，这个接触不需要特别的设置，它是始终存在的。还有一种是粒子与拉格朗日构件之间的接触，可以用/INTER/TYPE7 来设置。此时需要注意，拉格朗日的壳体或者实体需要设置为主面，SPH 粒子的间隙应该小于拉格朗日壳体或者实体的网格大小，否则不能呈现光滑的接触面，而是会出现图 11-12 所示的凹凸不平的现象。

设置接触时，其间隙值是粒子中心到壳体中面的距离，或者粒子中心到实体单元外表面的距离。在 TYPE7 的接触卡片中只能设置 Istf = 0 或者 1000，这样接触刚度就会使用拉格朗日的主面材料的刚度，如图 11-13 所示。

图 11-12　SPH 仿真中拉格朗日网格太大导致的凹凸不平的现象

图 11-13　SPH 粒子和拉格朗日网格之间的接触间隙定义

另外，绑定接触也可以设置，即使用/INTER/TYPE2 将贴近拉格朗日主面的粒子设置为绑定接触中的从节点，而且必须设置 *Spotflag* = 4，这样粒子就不会传递旋转自由度。还需要将距离接触表面 2*h* 范围（或更大）内的粒子添加到/INTER/TYPE7 接触中，以免这些粒子与拉格朗日构件在变形过程中发生穿透，如图 11-14 所示。

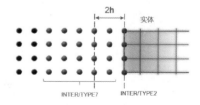

图 11-14　拉格朗日网格和 SPH 粒子之间的绑定接触示例

5. SPH 边界条件设置

SPH 粒子仿真中的边界条件有两种，除了边界约束，还有一种是定义边界出入口，即定义流体的出入口参数。

（1）边界约束

SPH 粒子法的边界设置与普通拉格朗日法中的边界设置有所不同。比如使用/BCS 时，拉格朗日法中只要设置最外面一层点的边界约束就可以，而 SPH 粒子法中这种约束还不够，最好约束 $2h$ 范围内的粒子，如图 11-15 所示。通常 SPH 粒子法中使用/SPHBCS 卡片进行边界约束，如图 11-16 所示。

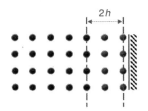

(1)	(2)	(3)	(4)	(5)	(6)	(7)	(8)	(9)	(10)
/SPHBCS/type/sphbcs_ID									
sphbcs_title									
Dir	frame_ID	grnd_ID		Ilev					

图 11-15　SPH 粒子使用/BCS 进行边界约束　　　图 11-16　Radioss 中专门用于 SPH 粒子的边界约束卡片

使用/SPHBCS 可以像/BCS 一样选取最外面一层的点，Radioss 计算时会产生相应的虚拟（ghost）点。比如图 11-17 中，"X"标识的点被选为边界，那么使用/BCS 会使得内部的点（实心圆点）在力的作用下，由于力没有平衡而越过边界。但是如果使用/SPHBCS 计算，Radioss 就会在相对的另一面产生虚拟点（空心圆点），在受力过程中能更好地得到力的平衡，而不会越过边界。

但是如果力太大，内部的点还是会越过边界的，那么参数 Ilev 可以用来处理这些越界的点：可以选择直接从计算中剔除，或者使用弹性冲击方程将这些点反弹回来，如图 11-18 所示。有多少个虚拟点会产生由/SPHGLO 卡片中的 Nghost 参数决定。另外还可在/SPHBCS 卡片中通过参数 type 定义粒子是在约束平面上固结（tied）的还是滑移（slide）的。

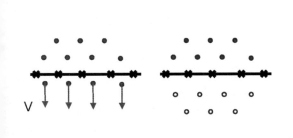

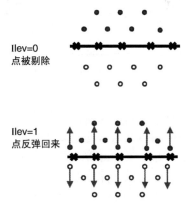

图 11-17　使用/SPHBCS 产生的虚拟点　　　　　图 11-18　使用不同 Ilev 参数的区别

示例：大坝泄水 SPH 仿真如图 11-19 所示。

（2）边界出入口

除了上面的边界约束，还可以定义边界出入口，比如模拟注水和放水（图 11-20 右图），只要在水管入口处使用/SPH/INOUT 卡片定义即可。以水管进出水为例，首先在水管的入出口用壳单元划分

图 11-19　大坝泄水 SPH 仿真

网格，这里要注意，入口处壳单元的法向顺着流体进入的方向，而出口处壳单元的法向逆着流体出去的方向，如图 11-20 右图所示。这些壳单元可以用空材料和空的单元属性进行设置（/MAT/VOID + /PROP/VOID）。

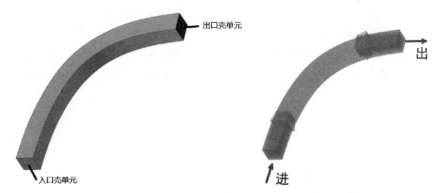

图 11-20　水管进出水模型示例

然后在/SPH/INOUT 卡片中，入口设置 ITYE = 1，表示入口，而出口设置 ITYP = 2，表示出口。如果 ITYP = 3 那么就是无反射出口（Non-reflective Frontier，NRF）；如果 ITYP = 4 那么就是控制流量的出口。在 surf_id 中就使用出入口的壳网格形成的面，如图 11-21 所示。

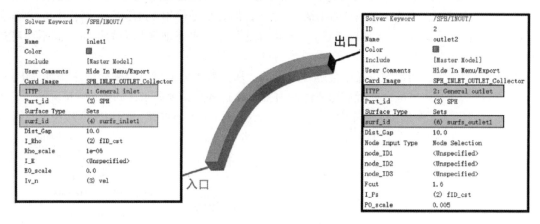

图 11-21　使用/SPH/INOUT 卡片定义进水和出水

设置完成后，入口位置注入材料的质量等于粒子的质量时，将创建一个粒子。如何计算注入材料的质量？可以在入口处定义进水的密度时间曲线，以及定义材料沿着入口法向的进入速度曲线来计算，即定义 I_Rho 曲线和 Iv_n 曲线。当粒子运动到出口位置时，通过计算压力来决定多少粒子可以出去，所以卡片中需要定义 I_Ps 这个压力曲线。如果选用的是 NRF 出口（ITYP = 3），那么还需要设置 Lc（即 l_c）这个长度，它用于得到类似无反射的区域，这样流体计算中的截止频率 Fc（即 f_c）也可以计算了，公式为

$$f_c = \frac{c}{4\pi l_c} \tag{11-3}$$

所以一般 lc 取大一点的数值，比如这个实例中，取整个 SPH 粒子域里面水管模型的长度就可以。任何一种 ITYP 的设置都需要 Disp_Gap 来控制粒子间距，一般 Disp_Gap 可以设置为 $2h$，如图 11-22 所示。

水管进出水的 SPH 仿真如图 11-23 所示。

```
Solver Keyword    /SPH/INOUT/
ID                7
Name              inlet1
Color             ■
Include           [Master Model]
User Comments     Hide In Menu/Export
Card Image        SPH INLET OUTLET Collector
ITYP              3: Non reflective frontiers (NRF)
Part_id           (3) SPH
Surface Type      Sets
surf_id           (6) surfs_outlet1
Dist_Gap          10.0
Node Input Type   Node Selection
node_ID1          <Unspecified>
node_ID2          <Unspecified>
node_ID3          <Unspecified>
Fcut              0.0
I_P               (2) fID_cst
P_0
Lc                990.0
```

图 11-22 无反射 SPH 出口的定义　　　　　　图 11-23 水管进出水的 SPH 仿真

11.1.2　SPH 计算时间步长

SPH 粒子法稳定计算的时间步长同样也有节点时间步长控制和单元时间步长控制两种。

单元时间步长为

$$\Delta t = \Delta t_{\text{sca}} \cdot \min_i \left(\frac{d_i}{c_i \left(\alpha_i + \sqrt{\alpha_i^2 + 1} \right)} \right) \tag{11-4}$$

其中

$$\alpha_i = \left(qb + \frac{qa \cdot \overline{\mu}_i \cdot d_i}{c_i} \right) \tag{11-5}$$

通常，粒子间距越大，稳定计算的时间步长就越大。使用单元时间步长控制（/DT/SPH-CEL）时，Δt_{sca} 一般建议使用 0.3。节点时间步长 $\Delta t = \sqrt{\dfrac{m_i}{K_i}}$ 中，m_i 是粒子的质量，而 K_i 是粒子之间的刚度，由核函数定义。使用节点时间步长控制时，Δt_{sca} 一般建议使用 0.67。使用 SPH 仿真时通常推荐使用节点时间步长控制，它比单元时间步长控制计算更加稳定。

11.1.3　SOL2SPH

在 Radioss 中还有一个功能是 SOL2SPH，在不接触时它就是普通的实体单元，当实体单元接触时，该实体单元就会变成相应的 SPH 粒子。这样比全部使用 SPH 粒子要更加高效，同时又可以在大变形区域使用 SPH 粒子来避免单元畸变，没有负体积等实体单元会碰到的问题，并且使用 SOL2SPH 和全部使用 SPH 粒子的计算精度相当。那么在定义 SOL2SPH 后，如何触发实体单元变为 SPH 粒子呢？有下面几种情况。

1) 对于定义了 /DT/BRICK/DEL 的控制，实体单元的变形导致当前时间步长满足所定义的最小时间步长时，这个实体单元不是删除而是成为 SPH 粒子。

2) 当实体单元的变形满足所定义的材料失效准则时，实体单元不是删除而是成为 SPH 粒子，如图 11-24 所示。

3）当定义接触（/INTER/TYPE7）时，如果从面中未触发的粒子进入主面的间隙，那么粒子就触发，原先相应的实体单元就没有了，而是由粒子代替。如果定义了一个主面对两个不同的 SOL2SPH 部件，那么这两个部件之间不需要接触，即使主面（由于失效）删除了，这两个 SOL2SPH 部件中的粒子也会触发，以保证它们之间的接触。

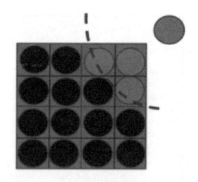

图 11-24　接触中触发的实体中的粒子

4）当/SPHGLO 中的 Isol2sph = 2 时，就不是不同部件（part）而是不同子集（subset）之间计算粒子接触才能引起 SOL2SPH 粒子的触发，如图 11-25 所示。

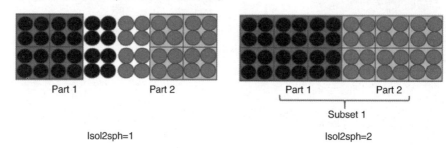

图 11-25　参数 Isol2sph 的不同选项

SOL2SPH 在模型中的设置也非常简单。以图 11-26 中的定义为例，如果定义 part 2 为 SOL2SPH，那么 part 2 需要两次/PART 卡片定义。

1）与常规的实体单元定义一样，只是在实体单元属性（/PROP/SOLID 或者/PROP/SOL_ORTH）中需要增加参数 Ndir 和 sphpart_ID。

2）与常规的 SPH 粒子定义一样，也是在 SPH 粒子单元属性（/PROP/SPH）中进行相应的粒子定义。

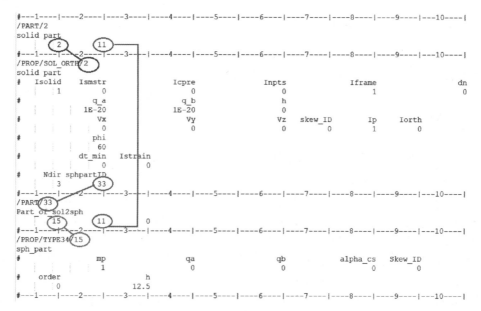

图 11-26　SOL2SPH 单元属性的定义示例

3）在实体单元属性参数 sphpart_ID 中索引 SPH 粒子的/PART 卡片编号（ID = 33），这样就将实体和粒子单元属性联系起来了。这里由于两个/PART 卡片描述的是同一个构件，所以使用的材料相同的（/PART 中使用了一样的材料编号 ID = 11）。

实体单元属性中的 Ndir 是指实体单元变成 SPH 粒子时每个实体单元中每个方向的 SPH 粒子个数。比如六面体单元中，Ndir = 3 就代表六面体每个方向上（r,s,t）有 3 个 SPH 粒子产生，即这个六面体有 27 个粒子，如图 11-27 所示。如果是四面体单元，Ndir = 2 就代表四面体每个方向（r,s,t）有 2 个 SPH 粒子，即这个四面体中有 4 个粒子，如图 11-28 所示。

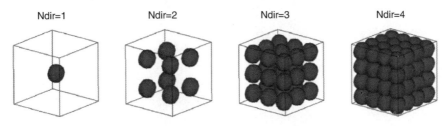

图 11-27　六面体单元使用不同的 Ndir 选项时粒子的分布

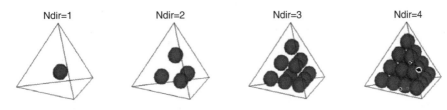

图 11-28　四面体单元使用不同的 Ndir 选项时粒子的分布

在使用 SOL2SPH 时要注意一些兼容性问题，比如只能用于六面体和四面体单元，不能用于 SPH 的 inlet 和 outlet，具体可以参见 Radioss 的工具书。

示例：转孔模拟如图 11-29 所示。

图 11-29　转孔示例

11.2　ALE

拉格朗日方法是观察者观察材料点的位置，也就是变形时材料和网格一起运动（$v_{网格} = v_{材料}$），材料和网格是绑定在一起的。这种方法常用于固体的应力应变计算，可以比较精确地描述结构或者物理的边界运动，材料可以很好地跟踪。然而在变形非常大，尤其是流体涡旋时，往往在显示分析中由于网格变形过大（畸变）导致时间步长过小而让计算变得非常缓慢，甚至常常导致数值计算失败。而欧拉方法是网格和材料相互独立的，也就是在变形中网格是不动的（保持最初的形状，$v_{网格}=0$），而材料是运动的，这样就不会发生上面所说的网格畸变问题，但是在变形过程中不太容易描述不同物理材料的边界。在 Radioss 中使用这种方法需要将材料用/MAT/EULER 激活。ALE 方法结合了上述两种方法的经典运动学描述的优点，同时尽可能避免各自的缺点。在 Radioss 中使用这个方法需要将材料卡片用/MAT/ALE 激活。值得注意的是，ALE 方法可以退化为拉格朗日方法（当 $w=u$，即网格速度等于材料速度时）或欧拉方法（当 $w=0$，即网格速度设置为零时），如图 11-30 所示。

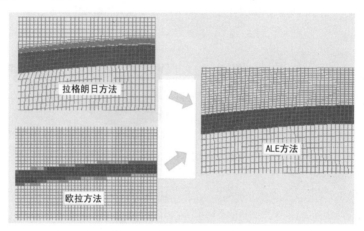

图 11-30　ALE 方法

11.2.1　ALE 边界约束和定义

在拉格朗日方法中常用/BCS 来定义边界约束，而在 ALE 中可以用/BCS 或者/ALE/BCS 来约束边界节点，或者使用/EBCS 定义面上的边界约束，也可以使用某些特定的材料卡片定义边界单元（比如用 LAW51，Iform =6 定义无反射边界）来描述模型的边界条件。/BCS 卡片中定义的是网格和材料的平动和转动，如图 11-31 所示。ALE 中通常不考虑转动，仅考虑平动。如果使用/BCS 在 ALE 网格中约束平动，则表示材料和网格某个方向的平动同时约束。使用/ALE/BCS 约束时，W_X、W_Y、W_Z 表示仅约束网格，L_X、L_Y、L_Z 表示与拉格朗日方法一样的网格和材料一起约束，如图 11-32 所示。

/BCS

(1)-1	(1)-2	(1)-3	(1)-4	(1)-5	(1)-6	(1)-7	(1)-8	(1)-9	(1)-10
			T_X	T_Y	T_Z		ω_X	ω_Y	ω_Z

材料平动DOF　　　　　　　材料平移DOF
　　　　　　　　　　　　　（ALE没有该项）

图 11-31　拉格朗日边界约束卡片/BCS

/ALE/BCS

(1)-1	(1)-2	(1)-3	(1)-4	(1)-5	(1)-6	(1)-7	(1)-8	(1)-9	(1)-10
			W_X	W_Y	W_Z		L_X	L_Y	L_Z

网格平动DOF　　　　　　拉格朗日DOF

图 11-32　ALE 边界约束卡片

/ALE/BCS 卡片设置示例如下。
- 000111：表示类似于拉格朗日方法，约束 X、Y、Z 平动方向，即 $w=v$。
- 000010：表示类似于拉格朗日方法，约束 Y 平动方向，即 $w_Y=v_Y$。
- 111000：表示仅约束 X、Y、Z 方向网格的平动，不约束材料运动，即 $w=0$。
- 010000：表示仅约束 Y 方向网格的平动，不约束材料运动，即 $w_Y=0$。

注意如果 ALE 网格和拉格朗日网格上的点重合，那么重合处节点的网格和材料类似于拉格朗日方法中的定义。另外在 engine 中还可以对约束进行修改，比如/BCS/ALE 用于约束，/BCSR/ALE 用于释放约束。使用 LAW11 和 LAW51 都可以定义计算域的边界。在 LAW11 中有下面几种边界。

- Ityp＝0：通过驻点（stagnation point）的数据来描述气体（perfect gas）入口。
- Ityp＝1：通过驻点的数据描述线性可压缩材料液体入口。
- Ityp＝2：直接强制定义材料入口/出口的状态来描述材料入口/出口。
- Ityp＝3：描述无反射边界。

而在 LAW51 中有下面几种边界。

- Iform＝2：可以定义子材料状态（密度、能量和体积分数），这些状态也用于计算全局材料状态。还可以在边界中定义强制的入口速度，如果没有在材料卡片中定义入口速度，则需要使用/IMPVEL 来定义强制的入口速度。
- Iform＝4：此边界可以模拟多物理材料中的气体入口条件（适用于 LAW51 中 Iform 为 0、1、10 或 11 这几种材料本构）。
- Iform＝5：此边界可以模拟多物理材料中的液体入口条件（适用于 LAW51 中 Iform 为 0、1、10 或 11 这几种材料本构）。
- Iform＝6：此边界可以模拟无反射的出口边界，可以用于描述无限域的建模，如最小化波浪反射和逆流问题。它既包括避免计算域外部边界上的波反射的声学处理，也包括体积分数的"连续性"模型。

非常推荐使用 Iform＝6 来定义无反射边界。它甚至可以不定义任何参数，Radioss 将根据相连单元中的材料参数自动计算（适用于 LAW51 中 Iform＝0、1、10 或 11）。因此对于这种建模方法，边界相交处的网格推荐按照图 11-33 所示方式进行划分，仅需要一层实体单元，而且去除角点位置实体单元，使得边界层的单元总有一个面（而不是一个点）与相邻的流体单元共面。

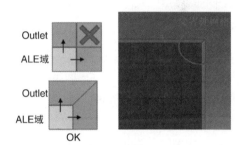

图 11-33　使用 LAW51 时边界相交处网格划分的建议

此外，/EBCS 卡片也可以定义面上的边界，这种方法定义的边界类型很多，可以定义边界处的压力和密度，定义强制的压力和密度入口或出口，还可以定义强制速度/压力或者定义初始速度/压力。

示例：泰勒杆冲击_ALE 边界。

11.2.2　ALE 材料

ALE 模拟中用到的材料模型和拉格朗日模拟中用到的材料模型不同，前者常常会使用状态方程来考虑材料的不同状态变化。另外，爆炸也常常使用 ALE 来模拟，所以涉及爆炸仿真的爆炸物、混凝土掩体、气体、液体等都是 ALE 中经常使用的材料。对于强冲击波，当固体中的压力远高于材料的强度时（$P > 10Y$），可以假设固体近似流体，这意味着主应力值彼此相等，即 $\sigma_x = \sigma_y = \sigma_z = -P$。当这些压力小于 $10Y$ 时，分析必须考虑材料的弹塑性，而不能只使用流体动力学分析。小剪切应力会对压力波衰减产生很大影响。声速与剪切模量有关，而剪切模量随着压力增加而增加。但是数值求解还是基于弹塑性材料模型，而不是流体模型，即使在高压下也是如此。所以固体中的应力由两部分组成。

$$\sigma = \sigma^{\text{hydro}} + \sigma^{\text{dev}} \tag{11-6}$$

也可以描述为

$$\sigma = \underbrace{\sigma^{\text{hydro}}(P,e)}_{\text{状态方程}} + \underbrace{\sigma^{\text{dev}}(P,\dot{\varepsilon},T\cdots)}_{\text{材料变形}} \tag{11-7}$$

1. 状态方程

首先状态方程（Equation of State，EOS）通常用来描述材料不同的状态（气态、液态、固态）。它通常描述材料压力、体积、能量之间的关系，如图 11-34 所示。材料的状态可以与温度有关，而在绝热状态下，当受到冲击时，低应变率下呈现固态而在高应变率下会呈现流体的状态。从状态方程中也可以计算声速：

$$c^2 = \frac{1}{\rho_0}\left(K + \frac{4}{3}G\right) \tag{11-8}$$

式中，K 是压缩模量，用于描述压缩波；G 是剪切模量，用于描述剪切波，如图 11-35 所示。

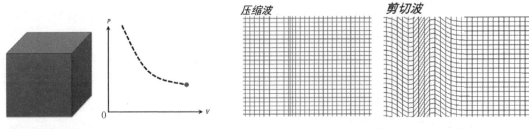

图 11-34　材料的状态方程描述体积与压力的关系　　　　图 11-35　应力传播中的压缩波和剪切波

Radioss 支持许多不同模型的状态方程描述，比如/EOS/COMPACTION 用于描述多孔介质（如土壤或泡沫）的压力，这些介质可以是压实或松散的；/EOS/GRUNEISEN 用于描述金属高温高压下的 Gruneisen 状态方程；/EOS/IDEAL-GAS 描述理想气体状态方程，此模型通常用于水的建模；/EOS/LINEAR 描述状态的线性方程以及描述初始压力和压缩模量；/EOS/LSZK 描述 Landau-Stanyukovich-Zeldovich-Kompaneets 状态方程，应用于爆炸波，此模型可用于引爆物模拟；/EOS/MURNAGHAN 描述 Murnaghan 状态方程，是地球科学和冲击物理学中用来模拟高压条件下物质行为的众多状态方程之一；/EOS/NOBLE-ABEL 描述状态的协量方程，应用于冷凝气体；/EOS/POLYNOMIAL 描述状态的线性多项式方程。

其他气体状态方程卡片参见 Radioss 帮助文档。表 11-1 是/EOS/GRUNEISEN 材料参数示例，表 11-2 是/EOS/TILLOTSON 卡片中常见材料的材料状态方程参数（g，cm，μs）。

表 11-1　/EOS/GRUNEISEN 材料参数示例

材料名称	$\rho_0 / \dfrac{\text{g}}{\text{cm}^3}$	$C / \dfrac{\text{cm}}{\text{μs}}$	S_1	γ_0	a
铜	8.9	0.394	1.489	1.97	0.47
不锈钢[1]	7.9	0.457	1.490	2.00	0.50
铝	2.7	0.533	1.338	2.18	0.48
铝合金[2]	2.7855	0.533	1.338	2.18	0.48
铍	1.8519	0.8	1.124	1.16	0.16
镁合金[3]	1.7794	0.452	1.242	1.63	0.33
钛	4.5249	0.47	1.146	1.3	0.20
镍	8.8968	0.465	1.445	2	0.50
铅	11.3379	0.201	1.54	2.84	0.54

[1] 合金 AZ31B，96%镁，3%铝，1%锌。

[2] 铝合金 2024-93，5%铝，4.5%铜，1.5%镁。

[3] 不锈钢 304，72%铁，19%铬，9%镍。

表 11-2 /EOS/TILLOTSON 材料参数示例[1]

材料名称	$\rho_0 \left/ \dfrac{g}{cm^3} \right.$	C_1/Mbar	C_2/Mbar	a	b	E_r/Mbar	α	β	E_s/Mbar	V_s
铜	8.9	1.390	1.10	0.5	1.50	2.892	5	5	0.123	1.18
铁	7.8	1.279	1.05	0.5	1.50	0.741	5	5	0.190	1.21
铝	2.7	0.752	0.65	0.5	1.63	0.135	5	5	0.081	1.10

2. 混凝土和岩石

混凝土和岩石在 Radioss 中可以使用 LAW10、LAW21、LAW102、LAW24 和 LAW81 描述，它们都使用 Drucker-Prager 屈服标准，这种屈服与用于金属的 Von-Mises 屈服不同。Drucker-Prager 屈服通常拉压区别明显，受压性能远大于受拉性能，这也是混凝土和岩石的特性。这些材料卡片的介绍详见附录 B 的混凝土相关内容。

3. 金属

在爆炸中金属在高温、高压、高应变下会表现出类似流体的形式，所以金属材料在 ALE 中常常使用 LAW3 和 LAW4，这两种材料都是在 Johnson-Cook 的基础上配合了状态方程的卡片（如/EOS/GRUNEISEN 、/EOS/TILLOTSON），可考虑压力和体积应变之间的非线性依赖性，并且提供了基于最大塑性应变的内置失效标准。

4. 爆炸物

爆炸是不同材料发生剧烈化学反应的过程，在这短暂的过程中放热膨胀形成高压。爆炸物的材料本构是描述材料压力（P）和相对密度（μ）的关系，如图 11-36 所示。

Radioss 中的材料卡片 LAW5（JWL）和 LAW97（JWLB）可用于描述爆炸物（炸药）。以 LAW5 为例，其中的材料参数 A、B、R_1、R_2、ω 可由圆柱体测试（或球体测试）确定，通过拟合 P-μ 关系得到。

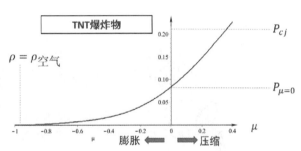

图 11-36 TNT 爆炸时空气压力和相对密度的关系

$$P_{jwl} = A\left(1 - \frac{\omega}{R_1 V}\right)e^{-R_1 V} + B\left(1 - \frac{\omega}{R_2 V}\right)e^{-R_2 V} + \frac{\omega(E+Q)}{V} \tag{11-9}$$

$$\mu = \frac{1}{V} - 1 \tag{11-10}$$

除此以外，LAW5 中还有 B_{frac} 参数需要了解，这个参数用于描述单元内燃烧部分材料的份额。当单元中没有燃烧的份额时，$B_{frac} = 0$；当单元中充满了燃烧的份额时，$B_{frac} = 1$。B_{frac} 的取值在 0~1 之间。B_{frac} 参数用于描述爆炸过程中连续释放的压力，图 11-37 所示的 T_{det} 是点火时间。

$$P = B_{frac} \cdot P_{jwl} \tag{11-11}$$

Radioss 中燃烧的推进方法有时间控制方法和体积压缩控制方法。

1）时间控制方法：

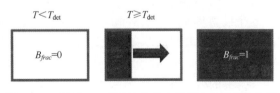

图 11-37 通过 B_{frac} 来描述单元中燃烧和未燃烧的比例

$$B_{f1} = \begin{cases} \dfrac{T - T_{\det}}{1.5\Delta x} & T \geqslant T_{\det} \\ \\ 0 & T < T_{\det} \end{cases} \tag{11-12}$$

2）体积压缩控制方法：

$$B_{f2} = \frac{1 - V}{1 - V_{CJ}} = \frac{\rho_0 D^2}{P_{CJ}}(1 - V) \tag{11-13}$$

通过 I_{BFRAC} 选项可以更为灵活地控制这两种方法的使用。

1）$I_{BFRAC} = 0$（默认）时：

$$B_{frac} = \min(B_{f1}, B_{f2}) \tag{11-14}$$

2）$I_{BFRAC} = 1$（时间控制）时：

$$B_{frac} = \min(1, B_{f1}) \tag{11-15}$$

3）$I_{BFRAC} = 2$（体积控制）时：

$$B_{frac} = \min(1, B_{f2}) \tag{11-16}$$

这里注意 JWL 材料模型不用于考虑冲击而引起的爆炸，它是用于模拟点燃引起爆炸的有效数值模型。在 Radioss 中通过/DFS 卡片支持图 11-38 所示的各种形式点燃。

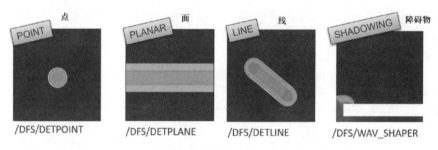

图 11-38　Radioss 中的点燃形式（点，面，线，障碍物）

除了 LAW5，LAW97 也可以在多物理材料 LAW51 中设定爆炸物，也是用 JWL 模型。如果要模拟冲击引起的爆炸可以使用 LAW41，它使用了 Lee_Tarver 模型，描述异物（炸药中的气泡、孔隙、粒子、副产品、不纯物、封闭的裂缝、结晶形状等）在冲击期间产生热点，实现冲击到引爆的转换，如图 11-39 所示。

这个模型假设点火从激波前沿通道的局部热点开始，并从这些热点向外扩展。在爆燃过程中，反应速度由压力和表面积控制。

图 11-39　冲击波触发的爆炸

爆炸物的压力为

$$P(v, T) = A^p e^{-R_1^p v} + B^p e^{-R_2^p v} + R_3^p Tv \tag{11-17}$$

未反应爆炸物的压力为

$$P(v, T) = A^r e^{-R_1^r v} + B^r e^{-R_2^r v} + R_3^r Tv \tag{11-18}$$

爆炸和未爆炸的空气压力的区别如图 11-40 所示，多物理场描述爆炸过程如图 11-41 所示。

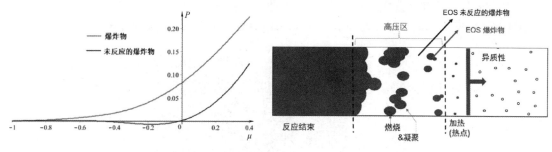

图 11-40　爆炸和未爆炸的空气压力的区别　　　　图 11-41　多物理场描述爆炸过程

5. 多物理材料

Radioss 中有一类材料可以用一个材料卡片模拟多种不同的物理材料，包括 LAW20、LAW37、LAW51、LAW151，其中非常推荐使用 LAW51 材料卡片，它可以描述气体、液体、固体、爆炸物、混凝土等材料。多物理材料用于爆炸过程中时，一开始单元定义的要么是爆炸物要么是空气。爆炸时，爆炸物会向外膨胀，这样单元会在某一时刻既有空气又有爆炸物。如果使用单物理材料卡片定义，那么这个混合单元中材料的状态方程不易描述，也会造成计算结果在初始界面上的不连续，如图 11-42 所示。而使用多物理材料卡片可以解决这个问题，混合单元中材料的状态方程可以很方便地按照各种材料参数来计算，哪种材料在这个单元中影响度高由材料的比例决定，如图 11-43 所示。

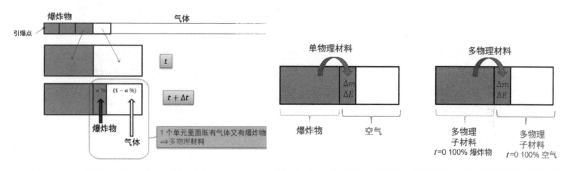

图 11-42　爆炸时单个单元中的多物理材料　　图 11-43　多物理描述爆炸相较于单物理描述爆炸的优势

LAW51 材料有两类，一类用于描述边界单元（见 11.2.1 节），另一类用于描述多物理材料。第一类中通过参数 Iform 又可以分为几个不同的类型。

- Iform = 0：材料基于界面扩散的技术。在 ALE 计算中常用于描述流体（空气、液体等）。
- Iform = 1：材料基于界面扩散的技术。最多能处理三种不同的弹塑性材料（气、固、液）。
- Iform = 10：这种材料卡片最多可处理四种不同的材料，包括三种不同的弹塑性材料（固体、液体或气体）和一种高爆炸性材料（JWL EOS）。如果 ALE 计算中要同时描述炸药可以使用这个材料卡片。
- Iform = 11：这种材料卡片最多可处理四种材料，包括三种不同的弹塑性材料（气、固、液），能够考虑多项式的状态方程，并且可以遵循 Johnson-Cook（常用于金属屈服）或 Drücker Prager 屈服准则（常用于混凝土和岩石的屈服）；一种具有 JWL 的考虑状态方程的高爆炸性材料。如果 ALE 计算中要同时描述金属、混凝土、炸药等材料，可以使用这个材料卡片。
- Iform = 12：通过指定材料标识符和初始体积分数，可以定义多达四种不同的子材料（固体、液体、气体和爆炸物），推荐用于普通的多物理材料的定义。

比如图 11-44 所示简单爆炸的例子，可以使用 LAW51 来定义所有材料和边界。

图 11-44　使用 LAW51 描述爆炸的示例

11.2.3　ALE 网格/单元属性

只有六面体单元 BRICK（或二维分析中的四边形单元 QUAD）以及四面体单元 TETRA 与 ALE 或欧拉计算兼容。通常推荐使用六面体网格，如果要创建四面体单元，常见的方式是先在表面用三角形单元进行网格划分，然后用 Hyper Mesh 中的 tetra mesh 自动划分。由于这样划分的四面体网格有可能在某些地方较小，一般使用这种方法时，建议三角形网格的尺寸比预期的四面体网格尺寸大 3.5 倍左右。为了平衡计算效率和计算精度，必须根据两个标准仔细定义网格的创建。

1．准则一：对流

由流体的速度和压力梯度决定，也就是在靠近障碍物或者墙（湍流壁）附近域时，网格大小通常计算如下。

1）每个涡旋最少由 10 个单元描述。

2）在声源感兴趣区域的频率范围之内，局部施特鲁哈尔数 Str（Strouhal Number）不超过 1/6。

$$Str = f\frac{h}{v} < 1/6 \tag{11-19}$$

例如：$f_{max} = 600 \text{Hz}$，速度 $v = 30 \text{m/s}$，那么网格大小 h 不要超过 8mm。

2．准则二：声学传播

在远离声源的临界区域，沿传播方向每个波长至少有 6 个单元（一般是 12 个单元）。

例如：$f_{max} = 600 \text{ Hz}$，声速 $c = 300 \text{ m/s}$，那么网格大小 h 不要超过 8cm。

3．权衡

ALE 计算时也需要为了稳定计算时间步长而满足 Courant 条件。

$$dt = \frac{\min(h)}{c} \tag{11-20}$$

总时间应为模型中存在的最小频率的倍数。总 CPU 时间与计算步个数成正比（最终时间除以时间步长），单元数和每个单元的计算成本（取决于计算机）计算公式为

总时间 = 计算步数目 × 单元数量 × 每个单元每个计算步所需的 CPU 资源　　(11-21)

一般网格应至少具有四种不同的区域划分，即粗网格（除障碍物/关键区域周围环境外的所有计算域）、细网格（靠近障碍物/关键区域）、入口单元（inlet，一层单元）和出口单元

（outlet, 一层单元）。假设 i 是障碍物/关键区域的大小，其他区域的大小划分推荐如图 11-45、表 11-3 所示。

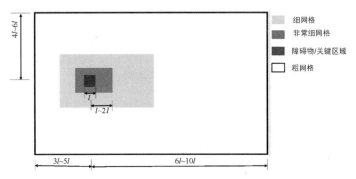

图 11-45　ALE 分析中流体网格划分的建议

表 11-3　每个区域中的单元大小推荐值

区　　域	单元大小推荐值	备　　注
非常细网格	a	推荐每个方向至少有 20 个单元
细网格	$2a \sim 3a$	
粗网格	$4a \sim 6a$	其余区域

如果求解的问题最感兴趣的频率是 f，那么单元的网格大小至少为 $c/10f$，c 是流体中的声速。入口和出口单元的厚度应为计算域相邻单元的 1/10。

11.2.4　ALE 接触设置

ALE 和拉格朗日网格之间的界面是如何处理的？最简单的是通过公用节点形成直接耦合，从而形成不可滑移的固体壁边界条件。除了直接耦合，还有在 ALE 流体与拉格朗日网格之间建立接触形成流固耦合。在 Radioss 中，流固耦合的接触有/INTER/TYPE1、/INTER/TYPE9、/INTER/TYPE18 和/INTER/TYPE22，这时流体网格和拉格朗日网格相互独立，形成可以滑移的固体壁边界，如图 11-46 所示。

对于流固耦合的接触，目前推荐使用 TYPE18（使用罚函数方法）。使用这个接触时，拉格朗日网格可以在流体网格内部，并且可以自由划分网格而不受流体网格的任何影响，并且也不会产生拉格朗日接触计算（如 TYPE7）中遇到的穿透问题，这样可以适应复杂的几何形状。TYPE18 也是需要定义接触间隙的，这个间隙可以定义为 1.5 倍的流体网格大小，如图 11-47 所示，拉格朗日单元能保证与至少一个流体网格接触到。这里注意从节点必须定义在流体网格上，而主面必须定义在拉格朗日网格上，建议拉格朗日网格稍大于流体网格，如图 11-47 所示。

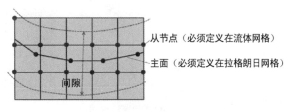

图 11-46　流固耦合中可滑移与
　　　　　　不可滑移界面的区别

图 11-47　TYPE18 接触示例

在 Radioss 的 TYPE18 流固耦合接触中需要输入的参数除了上面的间隙，还有一个参数就是接触刚度系数 *Stfval*。*Stfval* 通常计算如下。

$$Stfval = \frac{\rho \cdot v^2 \cdot S_{el}}{Gap} \tag{11-22}$$

但是对于可压缩的跨音速（比如 $0.9 <$ 马赫数 < 1.1）下的问题，*Stfval* 的计算公式为

$$Stfval = \frac{\rho \cdot v \cdot c \cdot S_{el}}{Gap} \tag{11-23}$$

式中，ρ 是流体（最大）密度；v 是模型中估算的相对速度；c 是流体中的声速，但是当描述超音速（马赫数 >1）时，通常使用冲击波的速度，对于爆轰，使用 Chapman-Jouguet 速度；S_{el} 是拉格朗日网格中单元的平均面积。

如果这个 *Stfval* 参数不按照式（11-22）和式（11-23）合理输入，很可能会引起数值计算问题，所以使用 TYPE18 通常建议检查这三点：首先主面和从节点是否定义在正确的构件上；其次 *Gap* 的大小是否定义恰当；最后参数 *Stfval* 是否定义恰当。

11.2.5　ALE 常用功能推荐

下面介绍 Radioss 中 ALE 的一些其他常用功能：MUSCL 技术（/ALE/MUSCL）、初始体积（/INIVOL）、初始静水压力（/INIGRAV）和随动计算域。

1. /ALE/MUSCL

MUSCL 技术将 Upwind 方法与体积分数场的二阶重建相结合，使得流体之间的界面有更好的局部化，数值扩散更少，这样计算的结果更加精准，如图 11-48 所示。卡片设置也非常方便，只要在 starter 中加入/ALE/MUSCL 卡片，所有参数使用默认设置即可。

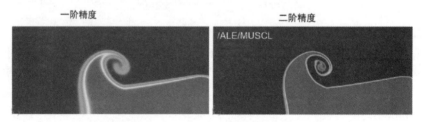

图 11-48　ALE 一阶精度和二阶精度计算结果对比

2. /INIVOL

/INIVOL 可以通过自定义的曲面来定义任意的初始材料区域划分，使用多物理材料时，对于多种材料的复杂几何分布可以通过这个功能轻松设定。曲面作为区域划分界面需要调整为法向一致，这样就可以通过 FILL_OPT 选项选择在曲面的哪一侧填充材料，如图 11-49 所示。

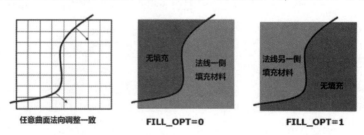

图 11-49　任意曲面划分后使用多物理材料描述的不同子物理材料

示例：使用 LAW51 多物理材料定义三种不同的子材料，然后使用/INIVOL 通过两个不同的曲面（surf_ID）来定义哪一侧填充哪个子材料，并且可以通过 FILL_RATIO 定义填充的比例。这样复杂的多物理材料初始区域分布就定义好了，如图 11-50 所示。这个例子的详情可以参见 Radioss 帮助手册中的 Example 5000。

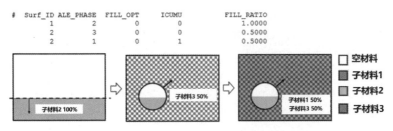

图 11-50　使用/INIVOL 划分复杂的子物理材料分布

3. /INIGRAV

使用/INIGRAV 可以定义由于重力引起的初始静水压力，这在水面迫降时的水体模拟或数值水池的水体模拟中非常有用。卡片输入也非常方便，首先需要定义一个点（如图 11-51 中的 B 点），将它定义为参考点，输入参考点的参考压力。通常在水平迫降模型中选取水平面上的点为参考点，这样参考压力可以设置为一个大气压的值。参考面以下的单元根据其与参考面的距离会有相应的附加压力，而参考面以上的单元也是根据其与参考面的距离会有相应的压力减少。另外还需要调用模型中设置的重力场卡片以获得重力场数据。

4. /ALE/LINK/VEL

/ALE/LINK/VEL 用于 ALE 网格与指定的运动物体（通过定义主节点 M1、M2）运动速度的绑定，从而产生一个运动的计算域，如图 11-52 所示。

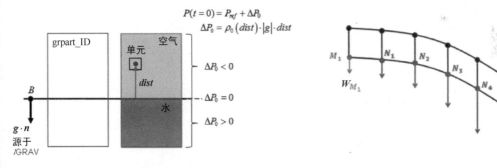

图 11-51　使用初始静水压力/INIGRAV
时压力的分布

图 11-52　N_i 点跟随 M_j 点移动

比如用于水面迫降时，如果不用/ALE/LINK/VEL，那么由于飞行器的水面滑行距离很大，就需要建立一个很大的完整的计算域，计算成本大；如果使用/ALE/LINK/VEL，就可以建立一个小得多的计算域，只要能包含飞行器的计算域就可以了，这样大大降低了计算成本，加快了计算速度，如图 11-53 所示。

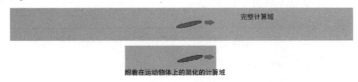

图 11-53　使用附着域和完整域计算的比对

11.2.6 ALE 输出控制

ALE 计算常用的设置见表 11-4。

表 11-4　ALE 计算常用的设置

	Animation 动画输出格式	H3D 动画输出格式
用于检查 ALE 上是否有增加的虚拟质量（这会给模型增加虚拟的流体）	/ANIM/NODA/DMAS /ANIM/NODA/DT /ANIM/MASS	/H3D/NODA/DMASS /H3D/NODA/MASS /H3D/SHELL/MASS /H3D/SHELL/DT /H3D/SOLID/MASS /H3D/SOLID/DT /H3D/SPRING/DT
用于检查加速度等是否正常	/ANIM/VECT/DISP /ANIM/VECT/VEL /ANIM/VECT/ACC /ANIM/VECT/CONT /ANIM/VECT/FEXT	/H3D/NODA/DIS /H3D/NODA/VEL /H3D/NODA/ACC /H3D/NODA/CONT /H3D/NODA/CONT2 /H3D/NODA/FEXT /H3D/NODA/FINT
用于检查初始压力、密度和多物理材料的初始比例	/ANIM/ELEM/DENS /ANIM/ELEM/P /ANIM/ELEM/VFRAC /ANIM/ELEM/SSP /ANIM/ELEM/BFRAC /ANIM/ELEM/SCHLIEREN	/H3D/SOLID/P /H3D/SOLID/VFRAC /H3D/SOLID/SSP /H3D/SOLID/MACH /H3D/SOLID/BFRAC /H3D/SOLID/SCHLIEREN /H3D/SOLID/VORT /H3D/SOLID/DENS

11.2.7 ALE 计算的检查

下面介绍进行 ALE 计算时如何检查数值计算的正确性，以及数值计算出错时如何调整模型设置。例如，在 ALE 计算时时间步长正在迅速下降，通常这会导致计算失败，它在大多数情况下是由计算不收敛、沙漏现象以及不兼容的边界条件所引起的。此时建议查看时间历程曲线（设置/TH 卡片，并用 HyperGraph 打开 * T01 文件），如动能、湍流能量、旋转能量、沙漏能量、材料变量等，关注出现异常情况的时间点前后哪里有异常以便理解问题。如果 starter 计算就崩溃了，则打开 starter 输出（_0000. out）文件并转到末尾，查看最后打印的数据信息寻求提示。如果 engine 由于负密度或时间步长问题而停止，那么重启动并使用下面的设置来详细了解出错前的信息。

1）/PRINT/-1：打印每一个计算步的信息。

2）/TFILE/：用于详细查看计算时间历程。

这样可以在 * 1. out 输出文件、动画文件以及每个周期的时间历程输出文件中检查可能的问题。在动画中经常会看到速度场显示出一些不规则性，这些不规则性很容易与边界条件中显示不规则区域的设置有关。如果报错中有负密度问题，通常是由于质量从单元中逃逸太多（多过其本身的质量）而导致的，如图 11-54 所示。

图 11-54　负密度问题通常是由于质量从单元中逃逸太多而导致的

　　建议检查边界条件。材料可以通过边界域逃逸，可通过检查自由边等方法研究运动学约束和基本边界（材料 LAW11）设置是否正确。或者检查状态方程参数，不一致的状态方程可能导致不稳定的压力变化（比如非常高的值），然后导致非物理对流。如果报错中显示计算不收敛，那么意味着某些变量变得太大，比如问题的定义不明确（数学上）或者时间步长大于理论临界时间步长（数值上），就可能出现这种情况。可尝试通过运行时间历程和动画程序在时间和空间上定位问题。寻找反常的速度、湍流能量和黏度，或者尝试使用流体力学的经典假设来验证。查找网格中的泄漏（非重合节点、非平面对称、忽略边界条件），如果正在使用湍流模型，请确认至少有一个湍流墙。寻找沙漏速度模式。如果有集中的通量、具有不良纵横比的单元，或者沙漏系数（/PROP/SOLID 中的参数 h）设置为非常小的值，也可能导致不稳定的压力变化和非物理对流。

　　总的来说，计算不合理或者数值计算结果可疑时，建议首先检查下列内容。

　　1）时间步长是否设置合理，时间步长缩放比例是否设置为 0.5。

　　2）是否设置合理的材料参数，如果不确定材料是否合理，可以用帮助文档中案例的相应材料卡片代替试算；如果试算没有问题，那原因非常有可能是材料参数设置不合理，需要检查用户的材料数据。

　　3）是否设置合理的接触参数，尤其是 Stfval 参数。

　　4）是否设置合理的边界。

　　下面是两个 Radioss 使用 ALE 方法的仿真示例。其源文件在本书资料中。

　　示例：NACA 水上迫降_ALE。

　　示例：降落伞_ALE。

参考文献：

[1] TILLOTON J H. Metallic Equation of State for Hypervelocity Impact [J]. General Dynamics, 1962.

附　录

附录可扫描二维码直接阅读。